# 饒舌(じょうぜつ)な動植物たち

ヒトの聴覚を超えて交わされる、クジラの恋の歌、ミツバチのダンス、魚を誘うサンゴ

カレン・バッカー［著］
和田佐規子［訳］



築地書館

野生の場所を聞くと、私たちは自分たちの言語ではない言語での
会話を聞く聴衆になります。
——ロビン・ウォール・キマラー『植物と叡智の守り人』

THE SOUNDS OF LIFE:
How Digital Technology Is Bringing Us Closer to
the Worlds of Animals and Plants
by Karen Bakker


Japanese translation published by arrangement with Princeton University Press
through The English Agency (Japan) Ltd.



Japanese translation by Sakiko Wada
Published in Japan by Tsukiji-Shokan Publishing Co., Ltd., Tokyo

# はじめに

系統樹上の同類と比較して、人類の聴力は弱い。[*1] 人間の可聴域のさらに下方に超低周波音がある。雷や竜巻、ゾウやクジラの出す音の範囲だ。超低周波音を聴き取ってコミュニケーションできる生き物は数多い。超低周波音は空気中や水中、土の中や岩石の中を簡単に通過して長距離を進む。動物界で最もよく知られた繁殖行動だが、クジャクのオスは強力な超低周波音を、尾羽を持ち上げることで送り出している。人間はこれを視覚的なディスプレイとして知覚しているが、実際は音波による呼びかけなのだ。[*2]

最も低い超低周波音は地球自体が生み出しているものだ。仮に人間が地球の超低周波音を感知できるとすれば、ゴロゴロという氷河の流れや火山のうなる音、地球の反対側の台風がゴウゴウと鳴り響く音が聴こえるだろう。[*3] 最も低い音、地球の周期的な超低周波の脈動は私たちの足の下や大気中に響きわたっている。海の波が大陸棚でぶつかり合う時、周期的な振動を地殻に与える。地球の心臓の鼓動だ。[*4] 地震が起きて地球の表面を激しく振動させる時、大気中を伝う振動が生まれ、大気は無音のベルのように鳴るのだ。[*5]

地球の超低周波音のコーラスは絶え間なく人間の周りにあふれている。カワラバトやヘビ、トラ、ヤマビーバーなど、この低周波音が聴こえる動物は多いが、人間はそうではない。[*6] 一般的に私たちの聴力は比較的狭い周波数帯域に限られている。二〇ヘルツから二〇キロヘルツの間で、この範囲は加齢とともに狭くなっていく。せいぜい、動悸がするとか、不安な気分に悩まされるといった時に、超低周波音を感じ取っている可能性はある。[*7]

正反対の側、人間の聴力の範囲を超えるところに、超音波がある。振動が高速すぎるため人間には聴き取れない高周波の音だ。ハツカネズミや蛾、コウモリ、クワガタムシ、トウモロコシやサンゴなど、驚くほど広範囲の種が超音波音を出しているが、人間には聴こえない。[*8] 人間の祖先は、かつてはこのような高周波の音を聴き取る能力があったのかもしれないし、メガネザルやコビトキツネザルのような小型の霊長類の仲間には、超音波を使ってコミュニケーションをとることができるものもいる。[*9] しかし、現代の人類はこの能力を失ってしまっている。[*10]

さらに、超音波を利用して世界を視覚的に捉えて、長距離の移動の際のルートを知ったり、繁殖相手を見つけたり、獲物を追いかけたりする種も存在している。いわゆるエコーロケーションを使って、コウモリやハクジラの仲間は周囲の像を描き出す超音波を出して、戻ってくるエコーを分析するのだ。バイオソナー（エコーロケーションともいう）は音響によるフラッシュライトのように機能する。しかも進化によって磨きがかけられてきて、その正確さは最も精巧な医療機器と同程度にまでなっている。精密さは劣るが、アナツバメやアブラヨタカ、夜行性のトガリネズミやドブネズミなどもこのエコーロケーションを利用して、音響によって周りの世界を見ている。[*11] 動物界にあってはこうしたコール音は、これまで録音された中でも最も大きな音の部類ではあるのだが、人間の耳には聴こえない。[*12] 聴覚の優れた人なら、動物のエコーロケーションで最も低いレベルの音を時折かすかに聴き取ることはある。しかし最も大きな音で超音波を直接耳に当てたとしても、私たちの多くは空っぽの風がふわりとひと吹きした以上には感じられないだろう。

ブラックフット族の哲学者、リロイ・リトル・ベアーはこう言う。「人間の脳はラジオの局のようなもので、ある一か所に留まって、それ以外の局の放送を聴くことはまったくできない。(中略)動物や岩石、樹木は同時に感覚の全領域にわたって放送中なのだが」[*13]。私たちの生理機能——おそらく心理もまた——は人間以外の種の声を聴く能力を制限している。しかし、人類はその聴力を拡張し始めている。デジタル技術といえば、人間を自然から疎外させるものとして連想されることが多いが、人間以外の存在に耳を傾ける機会を高性能な手法で提供し、自然界とのつながりを再生してくれるのである。

近年、科学者たちの手によって、北極からアマゾンに至るまでの、ほぼすべての生態系にこうした音を聴き取るための機材が設置され始めている。これらの集音マイクはコンピュータで制御され、自動化され、デジタル・センサーやドローン、衛星とネットワークで強力につながり、深い海の中でクジラの母親が子クジラにささやく声も聴き取ることができる。小型マイクがミツバチやカメに取り付けられ、サンゴ礁や樹木に聴音器が当てられている。このような集音ネットワークが相互に連結して、すべての大陸と海底を網羅することができるかもしれない[*14]。アマチュアの人々もオーディオ・モス(スマートフォンサイズのオープンソースの機器)のような安価な集音機器を用いて自然の音に耳を澄ませている。一〇〇ドル以下で十分自作できるものだ[*15]。複合的に使えば、このようなデジタル機器は地球規模の集音機器と同様の機能を果たし、私たちの知覚能力の限界を超えた自然の音も観察し研究することが可能になるのだ。

本書は、人間以外の生き物が出す隠されていた音の世界をこのようなデジタル技術を用いて解読する科学者たちと、彼らの聴いている驚くべき音の物語である。最近の科学の大躍進によって、広範囲の種が、人間の聴力を超えた驚くほど多種多様な音を発していることが明らかになってきた。そして、それはつまり、ごく最近まで、それがそこにあるとも思われていなかったのだし、素晴らしいとも考えられていなかったのだ（本書を執筆するにあたって、一〇〇〇種を超える生物に関する研究と、科学的発見のごく一部で生物音響学に関係するものを概観した。生物音響学とは人間以外の生命体の出す音を聴き取る科学を表す専門用語である）。マイルカやシロイルカ、ハツカネズミやプレーリードッグは（ちょうどシグネチャー・ホイッスルのような）独特の発声を行って、お互いを呼び合う。私たちが個々に名前を使っているのによく似ている。[*16] 赤ちゃんコウモリは母親に向かって「喃語（なんご）」のような音を出し、母親はそれに対して「母親言葉」を返す。人間の母子とそっくりだ。孵化したばかりのカメは、以前は音を出していないと考えられていたが、殻の中からお互いに呼びかけ合って孵化のタイミングを合わせている。動物たちは音を出すことで、お互いに警戒したり、保護したり、おびき出し合ったりしている。教え合ったり、楽しませ合ったり、名前を呼び合ったりしているのである。

人間以外の世界の音に注意深く耳を澄ませることによって、広範囲にわたってさまざまな種が行っている複雑なコミュニケーションが明らかになってくる。そしてそれによって、人間だけが特別に言語を獲得したのだという主張に対して異議が唱えられることになる。このような異議は霊長類や鳥類に関して言えば妥当なもののように見える。しかし、デジタル技術が明らかにしている内容は、自然界を横断する広い範囲に及ぶ音波によるコミュニケーションなのだ。聴覚器官や、あるいは目視できる聴覚手段を持たない種が、音を通じて運ばれる複雑な情報を理解したり、それに応えたりする能力を有することが、デジタル生物音響学を用いることで科学的に立証されてきた。広い海に散らばっても、魚やサンゴの幼生（わずか数ミリの大きさで、中枢神経系を持たない生物）は、海中の不快な音の中から自分の棲みかの岩礁の音を聴き分けて、そこへ戻っていく。植物は乾燥したり傷みが出たりすると超音波音を出す。ミツバチがブンブン音を立てると、花は期待するかのように甘い蜜を出す。地球全体は絶え間なく会話し合っている。今や、デジタル技術を使うことによって、私たちは周りで起きている生き生きとした音響パノラマに耳を傾け、人間以外の生き物が奏でている音の秘密を聴き取ることができるようになったのだ。

## 鳴り響く地球

本書が扱っている研究の大躍進は主に二つの分野で起きている。生物音響学と生態音響学の分野だ。こうした学問分野のおかげで、自然界で進行中の、これまで人間の耳では聴くことができなかった会話をデジタル技術が仲介して、聴くことができるようになった。地球上のはるかかなたの場所の会話であっても可能になったのだ。以下の章で見ていくように、この技術は生物と生態系を監視し、環境変化を捉える人間の能力を劇的に高めた。また、生物音響学と生態音響学を使って、生態系を回復させるための実験が行われている。自然の音が植物や動物の、さらに私たち自身の健康を増進するために利用できることがわかってきた。一方で、環境騒音が自然界に及ぼす危害が急増しており、大きな汚染原因となっている。したがって、人間が出す騒音を減らすことは現代における環境保護の大問題の一つである。[*17]

生物音響学とは正確にはどのような学問か。単純に言えば、生きている有機体が出す音の研究だ。[*18]この分野の研究者たちは聴く技と科学の両方において熟達している。聴覚学者としての訓練を受けていて、データサイエンスの技術があり、作曲家の感性も備えた、フィールド研究の生物学者を想像してみよう。

そうすれば、現代の生物音響学者の持っている専門知識のおよそ半分がイメージできる。[19]生物音響学は未開地域の研究に大きな洞察力を与えてくれる。この方法でまったく新しい種が発見されたり、すでに絶滅してしまったと考えられていた種が見つかったこともあった。カメラが捉えるのは森の道を歩いている動物だけだが、デジタル録音機は茂みの中に隠れている動物も聴き取るのだ。

生態音響学は音響生態学ともサウンドスケープ研究とも呼ばれているが、地形全体が生み出している環境音を聴くことが含まれている。[20]熱帯の森の真ん中に立っていると想像してみてほしい。木々の葉が擦れ合う音や、鳥たちのさえずりや、滝の轟音（ごうおん）が聴こえるかもしれない。こうした複合的な音はいわゆるサウンドスケープを形作っている。[21]サウンドスケープは生態系の基本的な状態を非常によく表すことができる。状態が悪くなった生態系は、健康な生態系とはかなり異なる音を出す。心臓の雑音を聴き取る聴診器のように、生態音響学は健康な音を出しているか否かを聴き分けるのだ。それぞれの地形環境は独特のサウンドスケープを持っている。動物（人間を含む）や植物、地質学上の音までも含んだ音響上の名刺のようなものだ。[22]単純に聴くだけで、生態音響学者は商業用に樹木を育てているところと、自然の森林の違いを説明できるし、健全そうに見える生態系の中に侵食作用の初期の兆候を見つけ出すこともできる。生態音響学を使えば、その地に足を踏み入れなくても、未開地域を調査することができる。[23]放射線技師がＭＲＩ画像を見て、健康と病気のかすかな兆候を見分けるのと同じく、生態音響学者は地形環境に耳を傾ける。

生物音響学、生態音響学はともに、人間が長距離を隔てて自動で聴くことができる新世代デジタル録音技術によって近年大きく変質した。[24]自然の音をアナログ録音していた初期の頃には、機材は大きくて扱いにくく、高価だった。今日では、重量のある磁気テープは軽量化し、持ち運びが楽な安価で長期保存の利くデジタルレコーダーに置き換わっている。数十年前には、野外録音をするために必要な機材で、小型のミニバンがいっぱいになっていた。現代のデジタルレコーダーはバックパックに収まるし、ズボンの後ろポケットにだって入る。こうしたデジタル集音機器はほとんどの場所に設置できるし、連続使用が可能だ。カメラが映像を捉えるよりも広い範囲の音を捉えることができる。おかげで地球上のはるか遠くの音まで、系統樹の端から端までの音に耳を傾けることができる。

どんな分野でもデジタル化によって、情報は津波ほどにも大きくなる。この情報の洪水に対処するにあたって採用されたのは、人工知能によって生み出された、デジタル音響記録を分析する新しい技術だ。[*25]もともとは人間に対して使用するために開発されたアルゴリズム（スマートフォンの自動音声認識アルゴリズムなど）が、他の種の発声を分析し翻訳するために改造されている。[*26]こうした生物音響アルゴリズムは過去数年で急速に性能が良くなってきた。種の区別ができ、個体の認識も可能だ。音声認識ソフトウェアにも近い。[*27]このようなアルゴリズムの能力は現段階では過大評価しすぎないことが重要だ。汎用性はまだそれほど高くないし、ある程度は手作業による確認を必要とする。[*28]同時に、野外で使用される基本的なハードウェアには課題がある。例えばセンサーへの電力供給に限りがあることは重大な問題だ。

だが、これらの課題が処理できるなら、人類は動物版のグーグル翻訳の発明一歩手前まで来ているのかもしれない。[*29]このようなデジタルの集音機器と人工知能を結びつけることによって、人間が聴き取れない音を録音するのと同様に、それを解読する研究が始まっている。研究者の中には人工知能を使って、西アフリカゾウや南オーストラリアのイルカ、太平洋マッコウクジラの辞書を作っている者もいる。ロボットと人工知能を介在させることによって、人間以外の生物との双方向のコミュニケーションに成功した研究者もいる。デジタル技術は今や、生命体ごとに独特のコミュニケーションのパターンにまで、人間を接近させてくれる。私たちの音声言語ではイルカのクリック音のような音や、ミツバチのブンブンいう音は出せないけれど、コンピュータやロボットならまさにそれができる。モノのインターネット（IoT）で私たちが使用しているのと同じ技術が、今、人間以外の生物と根本から新しいやり方で意思疎通するために開発されつつある。

こうした技術が生み出した科学的発見は、私たちの自然界に対する理解を革命的に変貌させた。この後に続く章でそのような発見について書いていくのだが、その際、次の三点を強調しておきたい。まず、研究者が認識していた以上に多くの人間以外の生物が、音を出したり、音を感じ取ったりしているという点。次に、これまでに理解されていた以上に多くの種が、より豊かで複雑なコミュニケーションと社会的行動様式を有している点。最後に、これらの発見によって、環境保護と種を超えたコミュニケーションの両方に新たな可能性が生まれている点である。

こうした科学的発見は、最初は懐疑的に見られた。（多くの種が音を出し、さらに多くの種が聴く力を有していることを私たちはすでに知っているのだが。）当初、人間以外の生物が人間の聴力を超える音を出しているという主張を退ける研究者は多かった。人間でない生物が複雑な情報を伝えるかすかな音を出しているという考えを嘲笑する者も多数いた。このような資質は人間だけにあると考えられていたのである（だが、私たちは今や真実はその正反対であると知っている）。本書に登場する業績をあげたのは、骨の折れる研究を通じて同僚たちからの反対を乗り越えてきた研究者たちだ。それは何十年もの歳月をかけて成し遂げた、人間以外の世界の音が持つ普遍的な重要性に関する発見の集大成だ。

こうした考察を提供するに際して、聴くという伝統的なやり方の優位性を認めることは重要だ。「深く聴く（ディープリスニング）」という行動は尊重すべき古代の技であり、自然界の真実を明らかにする効果の高い手法として今も行われている。実際、本書中に列挙されている「発見」はしばしば、古い形の環境知識の再発見に過ぎないものも多い。ポタワトミ族の植物生態学者ロビン・ウォール・キマラーが述べているように「Xを発見したという同僚に、私はほほ笑む。それはコロンブスがアメリカを発見したと主張するような話だ。実験は発見の問題ではなく、他の生き物の知恵に耳を傾け、それを翻訳することだ[*30]」。人間がはっきりと心を開いた質問を投げかけ、忍耐強く注意を払っていれば、自然は私たちにその答えをくれると、キマラーの言葉は私たちに思い出させてくれる。多くの事柄がこの方法で学習できる。伝統的な生態学的知識から私たちが教わるべきことは非常に多い。また、「深く聴く」という姿勢は、デジタル技術を使った生物音響学という新しい世界のための大変貴重な指針となる。しっかりと根付いた責任感と管理責任を提供してくれる。これが備わっていないなら、新奇のデジタルツールはさらなる搾取と支配を可能にする力を人類に与えるだけに終わり、他の種を保護したり、他の種とつながったりするツールとはならないだろう。

## 聴覚で覆われた地球

五〇年以上前、哲学者ピエール・テイヤール・ド・シャルダンはコンピュータによるデータ処理の未来について述べている。コンピュータネットワークがどこにでも広がっていることを、詩的な比喩を用いて、私たちの惑星は「脳で覆われている」と予見的な表現をした[*31]。その後、マーシャル・マクルーハンはベストセラーとなった著書『グーテンベルクの銀河系』の中で、シャルダンの説明をさらに詳細に述べることになる。[*32] ワールド・ワイド・ウェブが発明される何十年も前に、マクルーハンは、コンピュータネットワークの相互連関が地球の神経系にたとえられるデジタル革命の兆しを見ていた。その上、デジタルネットワークの出現は地球意識の新しい形態を生み出すと予言している。マクルーハンによれば、テクノロジーはただ単に人間が設置するだけではなく、人間の行動や意識を個人のレベルでも、社会全体のレベルでも変革するものだという。例えば、一四五〇年頃のグーテンベルクによる活字の発明は、書籍や新聞といった大量印刷メディアを通じて、知識を標準化し、画一化し、そして完全に自動化して、文化的に生産するという発展の転換点となった。

マクルーハンの主張の中心はテクノロジーと人間の感覚の間の相互作用にあった。活字の発明で、人間の知覚をめぐる習慣が変化したのだという。印刷技術が口頭語と筆写の文化に取って代わることで、視覚認識の重要性が高まった。すなわち、口頭と聴覚による知覚の重要度は減少した。もはや情報を思い出す必要も記憶しておく必要もなくなった一方で、今度はそれを収集して組織化する必要性が高まったのだ。長い叙事詩の暗唱は終わった。それまでは、暗唱することで記憶の技を磨いてきた。これが、情報の分割に取って代わられた。こうして知識の専門化が深まっていったのだ。読み書きという文字による伝達は口頭で伝えるやり方を超え、十部門分類法がホメロスの『オデュッセイア』に取って代わった。

また、マクルーハンは口頭語の文化の復活を予言した。印刷文化が固定されたテキスト（書物）を間に置くことで、物語の語り手を聴衆から切り離した一方で、デジタルなコミュニケーションが相互に作用し合う物語の復活につながるだろうとも予見している。すなわち、物語の語り手と聞き手の間の相互作用、コール・アンド・レスポンスの型、それからストーリーラインの、模倣的で協働的な発展だ。異論のあるところではあるが、TikTokや対話方式のコンピュータゲームのようなインターネット現象の出現はマクルーハンの主張（新時代の部族主義〔電子メディアの出現により、興味や価値観を同じくするコミュニティが地理的な制約を超えて生まれるという考え〕が登場するだろうという予見を含む）を裏書きしたともいえる。しかしながらマクルーハンとド・シャルダンが予見しえなかったことは、こうしたデジタルでネットワーク化した文化を人間以外の存在にまで拡張することだ。デジタル生物音響学とインターネットを通じて行う種を超えたコミュニケーションの可能性から、二人なら何をなしえただろうか。

　動物たちと話をする物語は人間の歴史と同じくらいに古い。北米太平洋岸北西部の先住民のコミュニティではTxeemsim（オオガラス）――トリックスターや思い通りに変身できる人、悪戯者、シャーマン――が均衡と調和をどのように人間に教えるのかを物語る。この二つは人間が自然の中で暮らす時に、人間を形作り、支えているものだ。[*33] ペルシャの叙事詩『シャー・ナーメ』の中で、不死の神の鳥シームルグは捨てられた王子ザールを人間の世界に返すにあたって、知恵を授ける。[*34] キリスト教の伝統では、聖フランシスコは悔い改めることとオオカミや鳥たちへの愛を語っている。中世の文章や寓話の中には、しゃべる動物がたくさんいる。中世の動物寓話集には腹話術で人間の道徳を語ったり、人間の可謬論や神の慈悲、人間の自然に対する行為の偽善性を証言したりする動物が登場する。[*35] 耳を傾けることさえ忘れなければ、こうした物語から私たちは自然が教訓の源であることに気づかされる。

　しかし、多くの西洋科学者や哲学者の考え（アリストテレスからアウグスティヌスに至る、またアクィナスからデカルト、そして現代に至る直線上にいる人々から擁護された）は、人間だけが動物の中で言語を有している、したがって思考能力を持っているのは人間だけだというものだ。[*36] 科学的研究の新世代によってこうした考え方は今や覆されつつある。しかし、動物の言葉をめぐる人間の矛盾した考え方は、私たち人間のステータスの不確かさにつながる。私たち人間は動物の中の一種なのだろうか。あるいは、言語とか道具作り、活字といったものは真に人間を他の動物たちと区別しているのだろうか。[*37] 動物の言葉に関する議論は宇宙における人間の役割の不確かさを試す試金石だ。

私たち人間がどういった存在なのかという問題は、自然と人間の間の相反する関係にまで広がっている。動物と会話する能力は多くの文化のオリジンストーリー（起源神話）に見られるが、こうした声は聴き取れないようにされていたのだと神話は伝えている。ギリシャでは全権を与えられた神官は聖なる森に住んでいて、生命ある大地の神々に助言を請うたが、森林破壊の猛攻撃は止まなかった。仲間の市民が島々の樹木や生き物を滅ぼしたので、ギリシャの詩人たちは木を切り倒すことは殺人を犯すことと同種の行為だと書いた。[*38] かつて人間と動物は同じ言葉を話していたと、ロビン・ウォール・キマラーは説明する。ところが、入植者がやってきた時、人間以外の声は聴き取れなくなったのだと、アニシナアベ族の法を研究しているジョン・バロウズは書いている。[*39] 他の種とコミュニケーションができる、すでに失われていた能力を回復したいという欲求は、激しい疑いから、再びつながることへのあこがれへと、強烈な感情をかき立てる。本書の中で語られる物語はこの緊張状態を探究するものだ。音はデジタルなデータ以上のものであることを心に留めつつ、同時に複数の真実を求めていく。データかつ情報としての音、音楽や何かの意味を持ったものとしての音、場所や人間以外の生物が持っている真の言葉としての音だ。聴くということは科学的な活動でもあるし、私たち人間の存在をこの惑星の上の客人として認識し、系統樹の離れた場所に位置している他の種との間の、親密な関係を抱きしめるさまに立ち会うことでもあるのだ。

デジタル技術は科学と結びつけられて、人間を他の種から距離を置かせる手段として、またそうした物の見方としてしばしば描写される。本書の物語はそれとは異なる見方を提示する。すなわち、デジタル技術によって高められ、「深く聴く」ことと織り合わされた科学の潜在能力が、自然界を再発見する旅へと人間を導いていくのだ。このようにして、私たちは支配ではなく交流を、地球を所有するのでなく、地球との密接な関係を育てていけるのかもしれない。

イヌピアット族の人々が西欧の科学者に、伝統的な知識をどのように共有していったのかを、まずは詳しく見ていくことから始める。科学者たちはデジタル技術を用いて、北極圏の人々がすでに長い間知恵として持っていたもの——沈黙しているとかつて考えられていたクジラたちの歌う声の活発さ——を改めて発見したのである。

# もくじ

## 第10章　命の系統樹の音に耳を傾ける　263



本文中の〔　〕は訳者による注、＊は巻末の脚注の番号に対応しています。

# 第1章　生命の音

ハーバート・L・アルドリッチは死の床でクジラの音楽を発見した。結核にかかって余命一年未満と宣告されていながら、衝動的といえるほどの決断をした。ニューイングランドの捕鯨船団の航海に加わってホッキョククジラを求めて北極圏へ向かうのだ。アルドリッチはニューベッドフォード・イブニング・スタンダード紙の記者で、船には乗ったことがなかった。一八八七年、二七歳の時である。[*1]

ニューヨーク・タイムズ紙によれば、その二〇年前には、アメリカの捕鯨産業の中心地ニューベッドフォードは合衆国で「おそらく最も裕福な場所」と表現されている。[*2] 旧世界から新世界まで、鯨油は工業化を加速させ、街灯を灯し、ピストンやボールベアリングの潤滑油となった。クジラの脂肪を使うことで、石鹸やマーガリン、口紅を柔らかくすることができた。クジラの髭（ひげ）を湾曲させてドレスの下に着るコルセットを作った。[*3] ゴールドラッシュでユーコン準州の山々に人があふれるようになる以前から、クジラ・ラッシュで北極圏の海には多くの船が集まっていた。[*4] クジラ一頭は（今日の通貨に換算して）一〇〇万ドルを超える値打ちがあった。成功すればわずか数回の航海で大金を手に入れて、引退することができるほどだったという。[*5]

しかし、アルドリッチが航海に出た時には、捕鯨の栄光の日々は終わっていた。クジラは東部北極圏では絶滅に近い状態まで漁獲されていた。西部北極圏も大差はなかった[6]。捕鯨船団自体もこの数年後には操業を打ち切ることになるのだった。ニューベッドフォードの名士たちはこの若者の旅のために寄付を募った。死にゆく産業と死期の迫った男の記念にと。

捕鯨業は気弱な人間にできる仕事ではなかった[7]。毎年何隻もの船が浮氷群のために航行不能となった。浮氷はどんどん寄り集まって船のマストを超える高さにまでなり、船体を押し潰してばらばらにしてしまうのだ。完全に無防備だという感じをアルドリッチは「浮氷の中の卵の殻のように壊れそう」だと表現した[8]。そのわずか一〇年前には、四〇隻の船団が氷に飲み込まれていた。一〇〇〇人もの男女、子どもが小さな手漕ぎボートで避難した[9]。『白鯨』のイシュメイルは言う。「捕鯨業に死は付きものだ――一言も発する間もなく人間を混沌に巻き込んで、あの世へと押し込むのだ[10]」。

危険はあっても、クジラは非常に魅力的な獲物だ。クジラの数が減少するにつれて、捕鯨漁師たちははるか遠方の危険な海域にまで船を進めることになった。こうして、イヌイット〔北アメリカ先住民〕やイヌピアット〔アラスカの先住民〕の達人たちでさえ、死の危険と隣り合わせの漁に出たのだった。イトィアンアト・アックサーリョックはクィキクタアルク（バフィン島）での浮氷の端をかすめながらの漁について記している[11]。揺れ動く氷と開けた水の境目に沿って進みながら、嵐になると氷の上に小舟を引っ張り上げて、ひっくり返して避難所とし、氷が割れて陸地から離れることがないようにと願ったのだった。

アルドリッチがヤング・フェニックス号に乗って三月上旬に出発した時、アラスカ沖にはまだ氷が密集していて、太陽は水平線の上をゆっくりと移動していた。濃い霧の中、三〇隻を超える船団が氷の細い隙間を縫って航行した。氷の切れ目は船が通り過ぎるとすぐさま閉じてしまう。別の切れ目ができると船は先へ進むことができるが、そうでなければ、浮氷がどんどん押し寄せてくるのをただ見ているばかりとなる。氷の牢獄を一つまた一つと抜け出していくのは、相手方がどんどん入れ替わる危険なチェスのゲームに興じるようなものだった。アルドリッチの乗った船の船長エドマンド・ケリーは自分の船セネカ号を数年前に失ったばかりだったが、ヤング・フェニックス号自体も、その後アラスカ沖で数隻の船が破壊された嵐の中で、結局は失うことになる。[*12]

氷の通り道ができるのを待つ間、水夫たちはセイウチやアザラシを獲ったり、ギャンブルに興じたり、物語を語ったりして時間を過ごしていた。アルドリッチはエリザ号からハンター号へ、ホッキョククジラ号からスラッシャー号へと次々に乗り換えては、スコービル製のカメラで航海の様子を撮影した。[*13] しかし、大体いつもイライラとして過ごしていた。ある晩、ケリー船長は彼をなだめるために「歌を歌っている」クジラの話をした。初め、アルドリッチは騙されやすいよそ者、西部北極圏への捕鯨船団に同行した最初のライターの自分に、冗談を言っているのだと思った。そしてある日、船が獲物を追っている時に、彼もクジラの音楽を聴いたのだ。

アルドリッチが詳述しているように、最初にクジラの歌を聴いたと仲間に話した時、ケリーは馬鹿にされたという。しかしケリーの漁の優れた才能が結局はあざける仲間を黙らせた。ケリーはごくかすかな音だが船体に響いてくると主張して、船団を率いて音の後を追っていった。「ケリー船長が錨(いかり)を揚げて帆を張ると、他の船もみなそれに倣った」とアルドリッチは書いている。[*14] 他の船の船長たちも態度を変えて、昼も夜もクジラの歌を求めて見張り続けた。
クジラが銛（もり）で仕留められた後、ケリーは張り詰めた引き綱に耳を当てて、音を聴いた。アルドリッチは次のように記している。

ケリーは自分が仕留めたクジラが深く重い、まるで人が痛みに苦しんでいるようなひどく苦しげなうなり声を上げているのを聴いた。ホッキョククジラではその鳴き声は「フウウウーウ」というフクロウのような声だが、それよりは長く引っ張るような鳴き声で、ハミングするような声だ。「ファ」で始まり、「ソ・ラ・シ」と上がっていって、時には「ド」まで行って、「ファ」に徐々に戻っていく。ザトウクジラでは、音はずっと細く、ヴァイオリンのE線の響きであることが多い。[*15]

クジラたちが広大なボーフォート海へ通じる狭い海の門、ベーリング海峡を移動する時、クジラたちの発声を聴くと、ケリーはホッキョククジラを追い詰めることができた。その年、船団には驚くほど多くの獲物があった。クジラの髭二七〇トン以上という漁獲量の最高記録はその後数十年もの間破られなかった。[*16]

捕鯨漁師たちにとって、クジラの歌は漁の際の便利な道案内だった。しかし、アルドリッチは何のために歌を歌うのだろうかと考えた。[*17] クジラたちの歌は「ベーリング海峡を抜けて進む時、北へ向かっていること、さらには海峡にもう氷がないことまでも、お互いに知らせ合うある種の呼び声か、あるいは合図なのだろうか[*18]」。マストの先で見張りをしている乗組員たちの報告によると、クジラが一頭、銛を撃ち込まれると、近くにいる他のクジラたちも常にその苦しみの鳴き声を聴いて怖がっているという。

それより二年前のこと、ケリーの船はマッコウクジラに一撃を与えたところ、「すぐさま、五キロかそれ以上ばらばらに離れていた群れ全体が傷ついた仲間の方に向かって動き始め、その一頭の周りをぐるぐる回りながら寄り集まってきて、まるで『一体どうした?』と言っているかのようだった[19]」。アルドリッチは仲間にクジラの歌の意味を尋ねてみた。しかし、みんなこの大捕り物の「物珍しさと興奮」にすっかり夢中で、クジラのコミュニケーションに関するアルドリッチの考えごとなどはねのけてしまった。

八月最後の日、ヤング・フェニックス号はアメリカ合衆国最北端で、北極線の五〇〇キロ以上も北にあたるバロー岬に到着した。この戦略的要所は、最も狭いところで幅が五キロしかないベーリング海峡からボーフォート海へ向かって扇子を広げるように海が開けている。アルドリッチが海岸に沿って進んでみると、まだ氷で覆われているビーチがあった。北極の方角を見つめて、その風景を彼はこう記している。「北と東の方角へ視界が及ぶ限り目を凝らしても、見えるものは氷だけだった。それは青く、花崗岩のように突破不能だ[20]」。

現地のイヌピアットはこの場所をウトキアグヴィック、野生の根っこが集まってくる良い土地(*utqiq*)と呼んでいた。彼らの主な食料はホッキョククジラで、オットセイの毛皮(*umiat*)で作ったボートに乗って漁をした。南方の船では進めないような狭い氷の隙間を、すり抜けて進むことができるボートだ。クジラの姿がまったく見えない時でも、イヌピアットはさらに北方の小さな群れを追いかけると言った。しかし、捕鯨船団はその先へは進むことができなかった。舳先を南へ向けて帰路につくと、氷は船の後方で閉じていった。

ヤング・フェニックス号の航海は、捕鯨船団として行われたものではほぼ最後のものだった。ホッキヨククジラはほとんど絶滅状態となっていた。アルドリッチはクジラの激減について次のように書いている。「捕鯨漁師たちがやってくる前は、現地の人々はたくさんいたクジラやオットセイ、セイウチなどを生活圏内で獲って暮らしていた。今や漁師たちは遠くまで行かなければならない上、獲物が手に入ることもほとんどなくなってしまった。クジラたちは年々人間を避けるようになり、これは現地の人々にとっても捕鯨漁師たちにとっても不利なことだ[*21]」。

アルドリッチは健康を回復し、八八歳まで生きた。この時の航海から戻ると、旅のことを書物にまとめて出版し、捕鯨業や北極圏に関して広く講演して回った。しかし、クジラの出す音に関する彼の説明はほとんど人々の注意を引くことがなく、じきに完全に忘れられていった[*22]。人類学者ステファン・ヘルムライヒが指摘しているように、大衆文化は海洋を静止したものという枠に入れがちだ。ジャック・クストーの著書『沈黙の世界』から、ラドヤード・キプリングの海に関する詩的表現（「深海の砂漠には音もなく、したがって反響というものもない」）に至るまで、海洋は音が死に絶えた領域、墓場のように静まり返った場所であると考えられてきた[*23]。

二〇世紀に入る頃には、船の乗組員たちにもクジラの歌はもはや聞こえなくなっていた。スクリューの回転音、エンジン音でかき消されたのだ。しかし、ケリー船長の技には先見性があった。当人は意識していなかったのだが、彼は海洋生物音響学――海洋生物によって作られる音の研究――のパイオニアだったのである[*24]。

## 海軍とやっかいな生き物

マイクロフォンが発明されるとすぐに、ありとあらゆる生き物からのガーガーいう鳴き声や、口笛のようなさえずりが何の気なしに収集されるようになった。注意を払う人間はほとんどいなかった。生物音響学の研究は多くの場合、一風変わった科学者によって行われた。スロベニア人生物学者イワン・レーゲンは昆虫の出す音を録音し、それを他の昆虫に聴かせて反応を注意深く観察した。レーゲンの最もよく知られた実験は、当時最新技術だった電話を用いて、オスの昆虫が同じ種のメスを呼ぶように機材を準備したものだ。

当時はこのような難解な実験に興味を持った者はほとんどいなかった。ただ一つの例外は軍部だ。[*25] 第二次世界大戦後、世界の軍隊は極秘研究を行うようになった。海洋の音を潜水艦対策の基礎資料として研究するものだ。軍部はまもなく、水面下の音響は貴重な情報の宝庫であることを理解するようになった。海軍は深海サウンドチャネルとして知られている、海洋の特別な層に注目するようになった。[*26] 中緯度の海域で海面からおよそ八〇〇メートルのこのチャネルを通して、音波は何千キロも移動することができる。一九四〇年代に発見されたこのチャネル（SOFAR——測音位置確定——と命名された）は、軍関係機関から強い関心を集めることとなった。レーダーに相当する海洋音響として、船舶の水中音波探知機から音を検知するために利用することができたからだ。[*27] 水中で音を捉えるハイドロフォンをSOFARチャネルへ入れれば、何百キロも離れた場所を航行している潜水艦の音を拾うことができると軍は発見したのだった。

SOFARチャネルを活用することは冷戦の時代、安全保障の最優先事項だった。ソビエト潜水艦隊の急速な強化に直面して、合衆国海軍はSOSUS——音声監視システムの頭文字——と呼ばれる、海底に固定された聴音哨をつなぐ世界規模の機密ネットワークを構築した。SOSUSネットワークの価値はすぐに証明された。ソビエトの潜水艦は遠く離れたところにいても、配備された魚雷の音やかすかなスクリュー音でさえも、極めて感度の高い機器によって検知された。[*28]

ＳＯＳＵＳは対潜水艦戦争におけるアメリカの「秘密兵器」となった。しかしながら、ＳＯＳＵＳを操作する海軍の技術者は、ブツブツいうような低い雑音が背後に聞こえていて録音の邪魔になると、しばしば不満を述べた。海軍の科学者たちは困惑した。このような雑音は熱水噴出孔から出るものなのか。それとも地震なのだろうか。音の中には潜水艦やその他の軍関係の機材の音と間違えかねないものも混じっていたため、緊張状態の続く冷戦期においては誤った警報を出してしまう危険性が高まった。

海軍はこうした音の中には海洋生物の発する音が混じっているのではないかと考え、生物音響学者を数名雇用した。その中に、マリー・ポーランド・フィッシュ博士が入っていたことは、好都合だった。フィッシュ博士はアメリカ海軍研究局の指揮のもと、二〇年以上にわたって、捕獲した海洋生物を電気ショック付きの牛追い棒のようなもので突くという実験を行った。そして、生物が出す音を録音し、海洋生物の出す音と潜水艦の音を聞き分けることができるように対潜水艦用船舶の技士たちを訓練した。[*29]海哺乳類から貝類に至る三〇〇種を超える生物を研究して、海洋生物には何らかの音を出すことができる種がかなりの数存在すると博士は報告した。生物学者たちによるのちの研究で、これらの音の多くは筋肉が激しく収縮することによって発生するもので、通常の状態の動物が出している典型的な音ではないことがわかった。[*30]おそらくこれが理由で（あるいはフィッシュ博士の実験が肉体的な苦痛に近いものだったから）、博士の実験は広く再現されず、また正しく評価されなかった。[*31]

こうした初期の実験があったにもかかわらず、海軍の技術者が聴いていた非常に奇妙な音の中には説明のつかないものが残っていた。海の深いところから出てくる音だ。カチッ、カチッというクリック音、風のようなヒューヒューという音、うめくような声、ホーホーと聞こえる音だ。奇妙なのは、こうした音の中には、同時に何か所も、それも遠く離れたまったく別の海域の聴音哨でキャッチされるものがあることだった。技術者たちはこのような不思議な音に機械や架空の動物の名前を付けて分類した。A列車、イゼベル（またはイゼ）・モンスター、コンマ、農家の庭のコーラスなどだ。ついに海軍の研究者たちは、これらの怪物の鳴き声のような音がクジラの出す特徴的な音であると考えるに至った。[*32] 海に潜った状態でクジラたちは、お互いにSOFARチャネルを通じて連絡を取り合っていた。クジラたちの歌は何百キロ、あるいは何千キロも邪魔されることなく伝わっていたのだ。海軍が当時発見したばかりだったことに、クジラたちはすでにはるか昔から熟達していたのである。

海軍によるクジラの声に関する知見は第二次世界大戦後に急速に拡大したが、この分野の科学的研究論文で一般に手に入るものがやっと最初に出版されたのは、一九五七年のことだった。論文の著者たちは軍隊時代のクジラとの出会いに触発されていた。もともとハーバードで古生物学者としての教育を受けていたビル・シェビルは、戦時中アメリカ海軍で働いていた時にクジラが音を出すことを知った。彼はSOSUSの水中聴音技術の開発に携わっていた。海軍の聴音哨は普通、水中の窓のない部屋で、指導的地位にいる海軍の監視員たちはクジラの出す音を単なる「魚の出す雑音」と呼んでいた。[*33] シェビルは非常に興味を感じて、古生物学研究を断念し、周囲をうまく説得して、ケープ・コッドにある有名なウッズホール海洋研究所に職を得た。

彼はウィリアム・ワトキンスと協力して研究した。ワトキンスはアフリカ人宣教師の息子で、海の哺乳動物の音声を録音するために、独学で最初のテープレコーダーを発明した人物だ。ワトキンスはもともと技術者として雇用されていたのだが、言語学への興味を持ち続けていた（アフリカの方言を三〇種類以上習得したのちに、五五歳の時、東京大学で博士号を取得した。日本語で学位論文の審査を受けることを選択している）。[*34] ワトキンスとシェビルは世界中の海を四〇年間にわたって巡って、ヨットでクジラのそばに近寄って、移動を探知できるように無線のタグを取り付けた。[*35] シェビルの妻、バーバラの助力を受けて、二人は数百回ものハイドロフォンによる研究を行い、成果を発表した。ワトキンスの海洋生物音響学のデータベース——七〇種を超える海洋哺乳類の鳴き声が二万回分——は、今日なお軍部が水中音響の技術者の訓練に利用している。[*36]

## クジラ目のコミュニケーション法

ワトキンスとシェビルの研究は、音響を重視して生きる生き物、クジラの新しい理解の基礎となった。クジラは他の海洋生物と同様に、世界を音を通じて見ているのだ。七〇〇〇万年以上前に、今日の水中哺乳類の祖先で陸上にいた動物が、生命が始まった海に戻った。そこで、動物たちは水中生活に再適応し始めた。

水面下では音の方が視覚に勝る。光の進み方は水中では空気中より悪い。また三〇メートルを超える距離からでは正確に知覚される物体はほとんどない。それとは対照的に、音は空気中よりも水中の方が四倍も速く伝わる。水中では海洋生物は遠くのものを見るよりも聴く方がうまい。進化の過程で、クジラは海洋の音の環境に順応し、音は狩りや仲間との交流、捕食者から逃れる手段の主たるものとなった。超低周波の音を聴き取る能力を発達させた種もあれば、高超音波を聴き取れるように進化した種もあった。クジラの聴覚神経節（神経細胞）の混み具合は陸上の平均的な哺乳類の二倍だ。このように聴覚神経繊維の数が例外的に多いということは、クジラが人間を含むほとんどの陸上哺乳動物より複雑な信号処理回路に接続されているということである。[*37] コーネル大学の生物音響学者クリストファー・クラークは次のように言う。「クジラは音響を重視して生きている。彼らの意識や自己認識は音に基礎を置いているのであって、視覚ではない[*38]」。

大ざっぱに言えば、クジラ目の動物（クジラ、イルカ、ネズミイルカといった海洋哺乳類）は音を使ったコミュニケーションとして三種類の異なる方法を使っている。[*39] 一つ目のタイプ――仲間に対するコール音――は大部分が人間の聴覚で捉えられる範囲の音だ。私たちにはこのような音のほとんどが、ホイッスル音や、脈打つようなキーキー音、ギャーギャーという音で聴こえ、そのパターンはさまざまだ。一例をあげると、シャチの赤ちゃんは、生まれると喃語のような音を出し、生後数か月で自分の家族が出す音のまねをし始める。人間と同様にシャチは音を使って個体同士を認識し、情報を交換し、仲間同士で交渉し合う。それぞれの群れのコール音には独特のダイアレクト（方言）があって、子どもたちは母親から何年もかけてそれを学ぶ。これは動物界で最も複雑な文化的コミュニケーションの一つである。[*40] 群れの仲間は死ぬまで一緒に過ごすので、そのダイアレクトはアイデンティティの重要な一部を形成しており、強固な文化的絆を示すものだ。異なるダイアレクトを持つシャチ同士が長時間交ざり合うことはほとんどない。[*41]

このようなダイアレクトは非常にはっきりしているので、研究者（よく訓練したアマチュアでも）は音を聴くだけで群れの区別をつけることができる。クジラのコール音の中には非常に大きな音もある。マッコウクジラは世界で最も大きな音を出す生き物で、二〇〇デシベルを超える音を出す。ロケットの発射時の音や、離陸時のジェットエンジン音の大きさを超える音だ（もし近くを泳いでいたら鼓膜が破れるほどだ)。

二番目のタイプはハクジラ亜目(イルカ、シャチ、ネズミイルカ、マッコウクジラを含む七〇を超える種のハクジラ)が使うもので、バイオソナー、あるいはエコーロケーションと呼ばれるものだ。動物がバイオソナー(人間の耳には一連の速いクリック音のように聴こえる)を使う時、彼らは高周波音波を出し、そのエコーの結果から物体のある距離と方向を識別することによって周囲の環境を視覚化する。病院にある超音波検査機のようなものだ。エコーロケーションを使うことでハクジラの仲間(コウモリのような動物も)は「見る」ことができ、周囲がどうなっているかを知り、獲物を見つけ、他の動物の体内をスキャンすることもできるのだ。人間が目を使ってやっているように、シャチは音を使って絶え間なく自分の周囲をスキャンしている。素早く動く魚や、接近してくる船の船体から反射して戻ってくるバイオソナーを聴き取る能力は生存に直結しているのだ。[*42] クラークはこう表現している。「彼らの心の目は心の耳だ[*43]」。

三番目のタイプは、長くて低いリズミカルなパターンを持つ音で、クジラ目のヒゲクジラ(ヒゲクジラ亜目)が出すものだ。一般的にクジラの歌といわれるものだ。もっぱらオスのみが出すと考えられており、交尾の相手を求める行動と関連しているのだろうが、これは動物界で最も複雑な音の一つである。可聴下音響の範囲で歌うクジラもいれば、人間の耳にも聴こえる周波数を使うクジラもいる。いろいろな種が独自の歌を歌うのだが、ザトウクジラの歌が最もよく研究されている。発声パターンの違いは種によって異なるクジラの生息地と、その水深で現れる音の特性の間の、進化の微妙なバランスを反映する。深いところで暮らす種では、長距離でも確実に届くように、単純な音で、間隔を空けて出さなければならない。浅い場所では海の音響上の性質により同じように遠くまでは伝わらない。したがって、浅い海にいる種は、より幅広い可変性を持ったパターンと周波数を使ってコミュニケーションとナビゲーションを最適化している。長い音で歌うクジラもいれば、短い音のクジラもいる。ザトウクジラとホッキョククジラがソネット〔感情や思想を凝縮して表現する特定の形式を持った言葉〕を朗唱するとすれば、シロナガスクジラとナガスクジラは海中の禅の公案〔悟りを得るための修行の一環として禅宗の修行者に師が与える問い〕マイスターだ。[*44]

腐食性の塩水、嵐、海流と果敢に戦うことを前提として、クジラの出す音を記録しようという、時間と金と理解のある人間は海軍以外にはまずいない。一方からもう一方へ巻き取られるやっかいなテープレコーダーは、小型スーツケースのサイズで、明らかに防水性もないため、この仕事は特に困難なものになった。一九九一年以降、最初の音声監視システムの録音はある程度は機密扱いが外れたが、新しいバージョンのものは機密扱いのままとなった。[*45] 予期せぬ出会いによって、クジラの歌が世界にもたらされるまでは、クジラの生物音響はほとんど知られないままだった。

## 三一年分の秘密

一九六七年、研究者のロジャー・ペインとケイティ・ペインはクジラを見るために北大西洋のバミューダへ向かった。[*46] 悲劇的な出会いから生まれた不思議な冒険だった。ケイティはクラシック音楽の教育を受けた音楽家だった。ロジャーはコウモリとフクロウを研究する生物音響学の学者だった。ハーバードでの学部時代の指導教授はドナルド・グリフィンで、コウモリが人間には聴こえない周波数の音を使って反響定位（エコーロケーション）を行っていることを発見した研究者だ。ロジャー・ペインはグリフィンの後を継いで、コーネル大学で博士論文を完成させ、科学者として成功を収めていた。しかし、自分の仕事には現実の社会へ直接関連するものがないことに悩みを感じていた。「自分――や他の何人か――が興味を感じることはやっていた。しかし、野生動物の世界の破壊を食い止めるという目的には貢献していなかった」と、のちに回想している。[*47]

ある晩、遅くまでタフツ大学の研究室で仕事をしていたペインは、ラジオで地元の海岸に死んだクジラが打ち上げられているというニュースを聞いた。彼がその場に到着した時にはクジラはすでに切断されていた。尾は切られて、おそらく記念品として持ち去られたのだ。二人の人間が横腹にイニシャルを刻んでいた。誰かが噴気孔にタバコの吸いさしを突っ込んでいた。「私はタバコを抜き取って、長い間そこに立っていた。どう表現したらいいかわからない気持ちだった」と後年ペインは書いている。「誰にもその後の人生に影響を与えるような、そんな経験があるものだ。おそらく何度か。あの晩のことは自分にとってそんな経験だった。当時、クジラが人間に出会ったら起きる典型的なことだったけれど、あの経験は決定打だった。私は機会があり次第、クジラについて学ぼうと決心した。そうしてクジラの運命にいくらかでも影響を与えたいと思った」[*48]。

ペインが自分の使命に目覚めた時、商業捕鯨にはまだ規制がかかっていなかった。第二次世界大戦後、捕鯨船は世界の海に広がっており、南極のようなそれまで手の届かなかった海域にいるクジラの個体数は激減しつつあった。だが、クジラがどこで暮らしているのかに関してほとんど知られていなかった。ペインはまだ一度も生きたままのクジラを見たことがなかったし、どうやったら見ることができるのかわからなかった。幸運にも、ニューヨーク動物学協会の理事をしていた富豪で内科医のヘンリー・クレイ・フリック二世がペインに助言をくれた。学会の会合の時、ザトウクジラならバミューダの自分のプライベートビーチの沖を泳いでいるところを家族がしばしば見ていると、フリックがふとペインに話したのだった。[*49]

機会が訪れるや、ペイン夫妻は飛行機で島へ向かった。到着するとフリックの関係者の一人が夫妻をフランク・ワトリントンという海軍の技術者に紹介した。ワトリントンは二〇年前から赴任しており、バミューダ諸島の南の先端のサウサンプトンにある、米海軍水中システムセンターで軍の聴音哨の一つを指揮していた。受信機材を設置して三〇年以上苦労してデータを集めていた。しかし、自由になる時間も多く、海への愛情を持っていた。彼の祖先は一六〇〇年代にバミューダに定住し、クジラ漁をしていたのだった。[*50]

ある日、ワトリントンは普段よりも少し遠くまで沖に出て、ハイドロフォンを少しだけ深く沈めた。水面からの深さが四五〇メートルを超えたところで、彼は不気味で忘れられない音を聴いた。不思議に思って地元の漁師に録音を聞かせてみたところ、これはクジラが出す音だと言われた。ワトリントンはすっかり心を奪われて、何年もこの音を録音し続けた。[*51]これは簡単な仕事ではなかった。初め彼はドラム式の記録装置を使ってみた。それによってハードコピー録音が可能になった。このシステムでは、熱線ペンを使って蠟引き（ろうび）きの紙の表面に海の音を焼き付けるのだ。音響エッチングは保管に十分な注意が必要だった。その後、二分の一インチの磁気テープに録音するようになった。二四時間の録音にはアンペックス・リールを一本すべて使い切った。[*52]時には信頼している人に録音を聞かせることもあったが、ほとんどの場合は秘密にしていた。上司がうわさを嗅ぎつけたり、商業捕鯨の漁師が悪用してクジラの居場所を調べて殺す心配があったからだ。[*53]

ペイン夫妻に面会するとすぐに、ワトリントンはふと何かに心を動かされて、二人に秘密の記録を見せた。ワトリントンの船のエンジンルームで流された録音を聞きながら、ケイティはのちに次のように語っている。「あんなものはそれまで聞いたことがなかった。涙が頬を伝って流れた。私たちは完全に釘付けになっていた。素晴らしい音で、力強くて驚嘆した。とても変化に富んでいた。あとで知ったのだが、たった一種類の動物の声だったのだ」[*54]。この声がザトウクジラのものだということはすぐに理解できた。科学者としてこれを証明する道具は持っていた。ワトリントンは何百時間もの録音のコピーを渡し、夫妻はこれを持ち帰ったのだった。この贈り物には「クジラを助けに行ってほしい」という要望が添えられていた。

四人の子どもの世話をする合間にケイティは録音テープを何時間も聞いた。何度も繰り返し再生するうちに、そこにパターンがあることがわかった。そしてそのパターンに入念に注釈をつけていった。クジラの歌は入り組んだ曲と同じくらいに複雑だと彼女は気がついた。初めは懐疑的だったロジャーもじきにそれを信じるようになった。クジラたちの歌は解析しうる内部構造を持っていた。しかし、何百時間ものそのような未知の音をどうやって解析するのか。この非常に困難な仕事に、ペイン夫妻はプリンストン大学の友人であるスコット・マクベイに援助を求めた。マクベイは簡単なスペクトログラムを作る機械を使える立場にあった。これを使えば、録音を三秒ごとの断片にして分析し、グラフに印刷すると、時間に対する周波数を示すことができる。ケイティはその機械の使い方を習得し、印刷された紙はじきにペイン家の居間の床と壁を埋め尽くした。

こうして研究は録音の三一年分をカバーした。個体ごとに異なる声も共通するパターンも聴き分けられるようになるまで歌を聴いて、ケイティはスペクトログラムがどんどん吐き出してくる音楽的なラインの切り抜きを作った[*55]。個々の歌は六分から半時間を超えるくらい続き、クジラたちはその歌を何度も繰り返し、一度に数時間も歌い続けることがあった。ちょうど優れたミュージカルの作曲のように、歌には型があり、フレーズやテーマ、クライマックス、解決部があった。クレッシェンドがあり、デクレッシェンドもあった。彼女はクジラの歌を暗記するまでになった。その迫真の演奏は時に客たちを驚かせることもあった。美しく、異質なサウンドは田舎のアメリカ人ママの身体から発せられているように響いた。

## クジラの歌がミリオンセラーに

サイエンス誌に発表された歴史に残る論文の中で、クジラたちはうなったりでたらめな気味の悪い音を立てているのではなく、その混み入った音は音楽のような複雑な構造とリズムを持っているのだと、ペインとマクベイは大胆に論じた。[*56] 二人は意識的に「歌」という議論を呼ぶ用語を使い、「かなりの精密さをもって反復される」「美しい変化に富んだ音」を表現しようとした。分析はクジラたちが複雑なコミュニケーションができることを示唆するもので、この勇気ある仮説に対して科学者たちの間に議論の嵐が巻き起こった。[*57]

それ以前の科学的研究にも、クジラの複雑な音を説明するものはあったが、音楽との類似性を取り上げたものはほとんどなかった（これには主流の科学者たちが敬遠する人間中心主義が感じられたからだ）。クジラ目の動物たちが「美しい音楽」を作り出しているといった主張は、多くの研究者たちにはあまりにも行き過ぎた一歩だった。だがそれでも、クジラの出す音を音楽に喩えることは否定しがたいとも感じていた。北カナダのシロイルカの音について、最初の論文ではホイッスル音とか、ギャーギャーとか、ニャーニャー、鳥のさえずりのような声、鋭くピシャリと打つ音、カチカチとかコツコツとか、ベルの鳴るような音から、オーケストラがチューンアップしているような、あるいは「子どもたちの集団が遠くの方で叫んでいるような」音まで、さまざまな表現が使用されていた。[*58] シロイルカはその多弁なところから「海のカナリア」と呼ばれていたが、研究者の間では音楽として描写するのではなく、コミュニケーション機能への過大な憶測を呼び込まないよう、音を説明するに留めていた。

ケイティとロジャー・ペインはこのような科学者の沈黙にもくじけなかった。彼らは四人の幼い子どもたちを連れてアルゼンチンのパタゴニア海岸へ引っ越し、そこで一五年間クジラの発声について研究した。クジラのコミュニティ内で、また複数のコミュニティ間でその歌が文化を伝達していることや、複雑な社会組織が存在していることを示す証拠を集め始めた。のちに、ケイティは驚くべき発見をした。繁殖期のザトウクジラのオスは特定の海域では同じ歌を歌うというのだ。こうした歌は一年ごとに少しずつ進化し、数年後には、五年前や一〇年前に録音された歌からは何も残っていないほど違うものになっているという。[*59] さらに、長い歌になると、内部構造を持っていることもわかった。それをケイティは節（あるいは韻）に喩えているのだが、一定の間隔を置いて、あるいはフレーズの冒頭と末尾で繰り返されるというのである。この深層での押韻のような反復があることから、人間と同様にクジラも、長い歌には記憶を助ける合図を使っているという可能性が高まった。[*60]

ケイティの発見から何十年も経て、ザトウクジラの間で歌が伝承されることは、地球規模での社会的相互作用や発声の学習、文化の進化を示すエビデンスとして、現在は認められている。[*61] 太平洋のある一角で発生した歌は、まったく別の海域の別のザトウクジラの個体群の中に次第に広がっていくのだ。こうした「歌の循環」の正確なメカニズムはいまだに完璧に理解されているわけではない。しかし異なる群れの間を移動していく個体によってか、または同じ定期的な移動ルートを利用しているとか、地理的に近いところのルートを使っているとかによる音声学習が原因だと考えられている。[*62]

商業捕鯨が続いていることを憂慮して、クジラの窮状に広く注目を集めたいとの願いから、ペイン夫妻は思いもよらない行動に出た。クジラの声の録音をアルバムとして制作したのである。一九七〇年に発売された『*Songs of the Humpback Whale*（ザトウクジラの歌）』は数百万セットを売り上げる大ヒットになり、現在もずっと自然史分野でのベストセラーを続けている。[*63] ライナーノートにはクジラの出す音を音楽（「喜びにあふれた、絶えることのない音の流れ」）だと述べてあり、ワトリントンによるオリジナル録音も添えられた。あるトラックには「*Solo Whale*（クジラの独唱）」とタイトルが付けられた。このレコーディングは人間の動物界に対する認識を変える記念すべきものとなった。世界最大の生き物が深い海の中から歌う声は多くの人々の注目を集めた。[*64] 続いて起きた議論は、クジラを銛で仕留めることや、鯨油を口紅やエンジンの変速機油として利用することに人々の不安を深め、商業捕鯨の禁止への支持を過熱させたのだった。[*65]

一九七一年、ロジャー・ペインはロックフェラー大学の学者としての地位を離れて、自らオーシャン・アライアンスを設立し、クジラとその環境の保護に専念することにし、世界各地を回って、耳を貸してくれる人々に向けてクジラの歌について広く伝える活動を始めた。「この音を人間の文化の中に組み込むことができれば、クジラ保護の運動が進むだろうと私は考えた[*66]」と、彼はのちに語っている。ペインの努力は世界的な運動を巻き起こした。グリーンピースはアルバムの発表直後にクジラ保護運動の最初のキャンペーンを行ったし、一九七二年にストックホルムで行われた国連人間環境会議では、商業捕鯨に対し一〇年間の一時停止が提案された。一九七三年、もともとアメリカが作成していた危険にさらされている種のリストと、新たに制定された「絶滅のおそれのある野生動植物の種の国際取引に関する条約」の両方が、クジラの仲間の何種かを絶滅が危惧されている種と認定した。[*67] 科学者たちと一般の人々からの圧力で、国際捕鯨委員会（ＩＷＣ）――もともとは商業捕鯨の調整のために設立された――は一九八二年、商業捕鯨の一時停止を実施した。ＩＷＣによる禁止は、すんでのところでクジラの仲間の絶滅を食い止めたのだった。[*68]

## 長距離コール音が必要な理由

数年経って、ロジャー・ペインはさらに信じがたい主張をするに至った。ある種のクジラ――ナガスクジラやシロナガスクジラのような、ザトウクジラよりも声の大きい種類――の歌は、ＳＯＦＡＲ周波帯内で、海洋が好ましい状態であれば、何百キロ、何千キロと伝わるというのだ。[*69] 海洋学者ダグラス・ウェブと共に活動しながら、ペインはクジラの音声の音量と周波数に基づいてその歌がどれほどの距離を伝わるのか計算した。なぜクジラはこれほどの距離を超えてコミュニケーションをとる必要があるのだろうか。この能力は、特定の種では繁殖地不足から発生したのではないかとペインは考えた。何千キロも離れたところにいる同種のクジラとコミュニケーションをとる能力があれば、オスとメスが出会う場所は必要ではなくなるのだ。あるいは、長距離のコール音は狩りの際に有用なのかもしれないとペインは考えた。遠く離れた海でオキアミの群れが大発生するのは予測できないが、その位置を共有するのに長距離コール音は役立つのだ。

長距離コミュニケーションに関する主張を、大半の科学者は疑いを持って聞いた。ペインの議論を好意的に迎えたのは、有名な生物学者ピーター・マーラーのようなごく一部の者たちだけだった。マーラーは言う。「人間の耳にはほとんど聴き取れない超低周波を使用し、中程度の深さにいることで、この種のクジラの仲間は数百キロの長距離を隔ててもお互いの声を聞くことができると、ペインは主張している。ほとんど信じられないような現象だが、世界各国の海軍が水中で音響信号システムを用いて成し遂げたのと同じことだと考えると頷ける」[*70]。その他大勢の科学者たちは、ペインを極度に偏見に満ちた活動家であるとして退けた。のちにペインはこう述べている。「自分の活動の中で、キャリアすべてをだめにしてしまう危険がこの時最も高まっていた」[*71]。

　しかし、それから数十年経った最近、クリストファー・クラークは、近年機密扱いから外された海軍による録音資料を使用することで、ペインの理論を根拠づけた。「私はアイルランドでクジラの歌を聴いていました。そしてバミューダ沖でもそれに耳を澄ませていたのです」とクラークは述べている。「『なんてこった、ロジャーが言っていることは正しい』と考えた時のことを思い出すと、首の後ろの毛がいまだに逆立つよ」[*72]。海軍のデータはペインの主張の反駁不可能な証拠となった。ナガスクジラとシロナガスクジラは何百キロもの海を越えてお互いにコミュニケーションをとっているのだ。

　市民の意識の高まりと一九七二年の海洋哺乳類保護法の成立にもかかわらず、海軍の録音のほとんどが機密扱いのままであった。その他のクジラ目の研究が始まり、ハクジラ亜目（ハクジラの他、イルカを含む）とヒゲクジラ亜目（ヒゲクジラ）との差異が発見された。その声の構成要素が綿密に分析され、コミュニケーションのためのコール、歌、エコーロケーションなどに分類された。作業の多くには、それまで系統立った録音がなされていなかった個別の種の研究が含まれていた。ミンククジラの発声を録音した最初の音声資料は、一九七二年の南極の呼吸穴（呼吸用に氷に開けられた穴）から録音されたある個体のものだった。[*73]

こうした音と社会的行動の関係も研究されるようになった。例えば、一九八〇年代の記念すべき再生実験でクラークと共同著者は、ミナミセミクジラ（*Eubalaena australis*）が自分と同種のクジラの発声に応えることを証明した。水中スピーカーからミナミセミクジラの別の個体の声が聞こえてくると近づいてきたが、ザトウクジラの声やホワイトノイズ〔すべての周波数成分を均一に含むノイズ〕の場合は近づいてはこなかったのである。[*74]

科学者にとって、海洋の音の知識は地球上で最も知られていない生態系、すなわち全球海洋の理解を深めることになった。ところが、軍部にとって海洋音響の知識は戦略的資産だったのである。水中の生物の出す音声は、海軍が敵を正確に発見する能力に干渉して、魚群に向かって攻撃を仕掛けるという恥ずかしい行動をとってしまうリスクが増大するというわけだ。ある時には、生物音響の録音が冷戦時の衝突をそらしたという事件があった。アメリカ軍が低周波の音声——ソビエト軍がアメリカの潜水艦の位置を特定するために使用していると考えられた——を捉えて厳戒態勢に入った時、研究者たちはその音が実際はナガスクジラが獲物を狩っている時に出している音だと証明したのである。[*75]

この知識が実用面で明らかに重要なものであるにもかかわらず、海洋哺乳動物の出す音響シグナルを分類するために考えられた研究計画を海軍が最終的に支援したのは、一九九二年のことだった。[*76]しかし、ほとんどの場合、一般の科学者は海軍の水中聴音ステーションにアクセスできなかった。クジラがまだ生き残っている遠く離れた場所に聴音哨を設置した研究者もわずかにいたが、自由自在に使える重要な手段はなかった。数少ない例外としては北極の西側、アルドリッチが絶滅寸前のホッキョククジラを獲った場所だった。

アルドリッチが訪れてから一世紀後、バロー岬ではイヌピアットと共同で行う新しい研究がスタートした。その成果は世界的な論争を巻き起こし、続く議論はホワイトハウスにまで到達することになる。クジラを追跡するためではなく、クジラを理解するために音が利用され始めたのだった。

# 第2章　海は歌う

アルドリッチの探検から一世紀、南国の人々がクジラを求めてバロー岬に戻ってきた。折しもホッキョククジラの将来に関する国際的議論の真っただ中のことだ。[*1] 一九七八年、国際捕鯨委員会（ＩＷＣ）は一方的に北極圏での生存捕鯨――その地のコミュニティが食料などとして消費するためのクジラ漁――を禁止した。数の少ないホッキョククジラを救うためには、禁止は緊急に必要なのだと委員会は論じた。イヌピアットの人々はこれに反対した。クジラの生息数はかなりの数であり、立ち直りつつあるというのだ。彼らの議論は、南方の科学者や政治家は商業捕鯨という自分たちが作った犯罪で先住民族を罰しているというものだった。しかし、南方の科学者と政治家が犯した最も深い過ちは、クジラ自身の声に耳を傾けなかったことだ。

イヌピアットの人々にとっては、自分たちの生存捕鯨の権利がかかっていた。ホッキョククジラが一頭獲れれば一村全体が一年間豊かな暮らしを約束される。[*2] ホッキョククジラの肉と脂肪（*maktaaq* マクタークク）はタンパク質とビタミンCのような栄養が豊富で、農業が不向きな土地に暮らすほとんどのイヌピアット人の健康を支えている。この食料源の代わりを見つけるとしたら、何千万ドル、何億ドルとかかり、とてもイヌピアット人に払える金額ではない。また、クジラは食料になるだけではない。鯨油は熱源にも光源にも使用されていた。ヒゲクジラのヒゲ——温めると柔軟になる——は革砥（かわと）、カヤックの枠組み、銛の綱やそりにもなった。クジラの皮膚は太鼓や衣類にも利用された。[3] あばら骨とあごの骨は屋根の支柱や筋交いとなったし、背骨やその他の骨は道具類やお守りになった。最も大きなあばら骨は地面に固定されてアーチを形成し、一軒の家やコミュニティの入り口を定めるのに利用された。[4] バロー岬のレックス・オカコック・シニアは次のように説明した。「我々の祖先はクジラとの儀式的な関係を通じて、クジラとその場所との間に血族のような関係を醸成してきた。（中略）クジラは我々の食料でもあり、音楽でもあって、クジラとはすなわち我々自身なのだ」[5]。

音楽と儀式、食料、道具、衣類、シェルターであり、熱源、光源でもある。イヌピアットの人々の生活はホッキョククジラによって維持されていたのだ。狩猟の儀式と共同体内での肉の分配から見ても、ホッキョククジラはイヌピアット人の社会の焦点であった。[6]「私たちの社会では、私たちを一つにつなぐのはクジラなのです」と捕鯨船船長の妻メイ・アギークは言った。[7] クジラ漁の準備、それからクジラを加工する習慣的な行動はコミュニティの季節的なリズムを構成していた。イヌピアット人の表現に *kiavallakkikput agviq* というものがあり、文字通りには「クジラの生態系サイクルに入る」という意味だ。これは文化地理学者の榊原千絵が *cetaceousness*（クジラ的意識）という言葉で表そうとした、イヌピアット人社会のすべての面に浸透しているクジラの意識のことだ。人類学者の古い世代は植民地時代の視点から、北極地方の西側地域の生活を統べる「クジラ崇拝」に言及している。[8]

何千年もの間クジラと親しく暮らしてきたことから、クジラの生息数に関して外部の人々よりも詳しい見識を持っていると、イヌピアットの人々は主張した。委員会側の科学者の推定では生息数は六〇〇頭以下だというのに対し、イヌピアット人はその数倍は生息しているとした。長老たちは、一世紀前に捕鯨業者たちが入ってきてホッキョククジラを激減させたことを記憶していた。しかし、クジラの生息数は再び増加に転じていると強く述べた。

政府系の科学者は、生物学者が海岸に立って散発的に行う目視調査に地域の調査を加えて、クジラの数を計測した。クジラは危険な氷山を恐れて、狭い海域（氷原の水路と呼ばれている）に限って行動していると考えられた。目視調査と地域の調査は、クジラの個体群の大きさを知る正確な手法となるのだという。これに対して、地域のハンターは異なる考え方をしていた。何百頭、いや何千頭もいるホッキョククジラはその多くが氷原の水路ではなく、氷の下をくぐりながらウトキアグヴィックのそばを移動するという。クジラが氷の下を通過しているというイヌピアット人の言うことが正しければ、政府関係の学者たちの出した数は、ホッキョククジラの個体群の大きさを相当少なく見積もっているということになる。

イヌピアットと委員会との間の論争は地球規模の大論争に発展した。一九七〇年代半ばにも捕鯨反対の運動は拡大し続け、ＩＷＣに対して生存捕鯨により厳しい割り当てをするように迫っていた。圧力団体は西部北極圏でのホッキョククジラの捕獲量割り合てを定めるよう強く求め、公に委員会への反対運動を始めた。一九七七年――イヌピアット人との協議もないままに――委員会は生存捕鯨へのそれまでの免除措置を撤廃した。その翌年には西部北極圏での捕獲量の割り合てをゼロとした。ホッキョククジラがわずか数百頭しか残っておらず、このまま生存捕鯨を続けていけば絶滅をまぬがれないという見積に基づくものだった。委員会はイギリスにある本部から捕鯨の禁止を宣言した。イヌピアットは驚き、そして怒り、西側の科学者が考えているよりも多くのホッキョククジラが生息しているのだと訴え、これまで数千年にわたって続けてきた捕鯨の権利を強く主張した。[*9] 委員会は一歩も譲らず、割り合て数はそのままだった。

この論争の中心にはこの世界に対する二つの見方が存在していた。伝統的で総合的な知識と、西欧の還元主義的科学である。[*10] クジラの生息数調査の最も良いやり方は、複数年にわたって体系的に行われる生物音響学的な調査によるものだと、イヌピアット人は主張した。この方法はそれまで試みられたことがなく、科学者も規制当局もその可能性には懐疑的だった。その代わりに提案されたのが、航空機からの調査と反響定位によるマッピングを使用することだった。しかし、イヌピアット人はこれを拒否した。航空機や水中音波探知機を使えばクジラを怖がらせる。[*11] 生物音響学的手法ならより正確な調査結果を出せるというのだ。ところが、委員会はクジラの研究に生物音響学的手法を使うという考えを受け入れなかった。

イヌピアットの人々は粘り強く自分たちの手で組織を作り上げた。アラスカ・エスキモー捕鯨委員会といい、これはイギリスに本部を置くＩＷＣへの辛辣な挑戦としての命名だった。イヌピアットのクジラ漁の伝統的な管理法に基づいて、海岸沿いの各村々の捕鯨の指導者たちが委員として指名された。石油景気による税金収入を利用して、エスキモー捕鯨委員会は野心的な科学研究をスタートさせた。この種の研究は北極地域では初めてのものだった。ホッキョククジラの数年にわたる生物音響学的研究で、過去最大の調査である。[*12] バロー岬海軍北極圏調査研究所はもともと冷戦時代の聴音哨を支援するために設置された（遠距離早期警戒線と名付けられた）のだが、これが民間の科学研究のための施設に改変されたのだ。ノーススロープ郡——新たに形成されたイヌピアット人が運営している地方自治体——がプロジェクトの監督のために二人の研究者を雇った。ペンシルヴェニアから来たベトナム人トム・アルバートは野生生物保護管理を行う部署を統括し、有名なナチュラリストの家系から出た登山家で、コロラドから来た生物学者ジョン・クレイグヘッド「クレイグ」・ジョージはフィールドワークを率いることになった。

海の音に耳を傾けるという科学者たちの探究は、通俗的な文化が海を沈黙したものとして枠にはめている世界では現実離れしているかに見えた。[*13] しかし、トム・アルバートは周りの人に比べて物事に制限を設けない心を持っていた。クジラやそのほかの生き物の出す音に関して、地域のハンターたちがする話を科学的な仮定と捉えて、新しい実験を計画したり、実験のための設備を考えたりした。地元のイヌピアット人ハンターは重要な協力者だった。ホッキョククジラの声を聴くことにかけては、鋭い観察力を持っていたし、記憶も正確で、忍耐力は抜群、大地や風、水、そして空の動きを読む能力は研ぎ澄まされていた。年長のイヌピアット人、ハリー（クパーク）・ブラウアー・シニアは研究を計画して始動させ、中心となって指揮した。地元ハンターから疑問視されもしたが、ブラウアーはクジラの頭数把握調査は西洋の科学者とハンター、伝統的な知識を持った人々とが緊密に協力し合って行うべきだと主張した。[*14] アルバートは後日、次のように語っている。

一九七八年、私がホッキョククジラの研究を始めた時、ハリーは「自分のところで私の面倒を見てくれ」、ホッキョククジラについて何時間も私に教えてくれた。クジラが氷の間をどのように移動するのか彼が観察したことや、バロー岬沖を通る春の移動の様子を辛抱強く説明してくれたことは、ホッキョククジラの頭数把握上、非常に重要なものとなった。私たちの生息数調査計画は大部分をハリーがくれた情報に基づいていた。私たちは長い年月と多額の費用を使って、科学的な手法で彼の基本的な野外観察結果を確認したのだった。[*15]

研究を先導した生物音響学者はコーネル大学のクリストファー・クラークだった。ロジャー・ペインとケイティ・ペインからパタゴニアでのクジラの声の録音旅行に招待されて、大いに刺激を受けると、エンジニアとしてのキャリアから一転、クジラ研究の道に進んだのである。イヌピアットの団体から招待が来た時にはクラークはすでに独力でクジラ研究者としての地位を確立しており、北極地方での研究への誘いに飛びつかんばかりに応えた。

バロー岬周辺の海域はクジラの生息には理想的な場所だとクラークは知っていた。集落は海洋生物の世界有数の季節移動の中心地に位置している。ベーリング海峡が北に向かって開ける、シベリアと西アラスカがほとんど触れ合うような場所だ。この極北の地は一年の大半、太陽の光も差さず、氷と雪に閉ざされている。しかし、春になって太陽が戻ってくると、氷は北へと後退する。北太平洋は海岸に近づくにつれて、南方からの温かい海水と、湧き上がる北極の栄養豊富で冷たい水とが混ざり合う。その結果、ここはたくさんの生命体を一気に生み出す世界で最も豊かな海の一つとなるのだ。植物プランクトンが大量に発生すると、これが何百万という数の小さな動物プランクトンの餌になる。この多くが、バロー海底谷で濃く集中し、ホッキョククジラは毎年この海を移動の目的地としている。クジラは微小の生物を長い髭で漉（こ）し取るのだ。世界で最も巨大な生物の一つが最小の生き物を餌としているのである。[*16]

動物プランクトンは甲殻類や魚類の餌になり、渡りの途中のアビやキョクアジサシ、ミツユビカモメのほか、シロイルカやセイウチ、アザラシ、クマなどを引き寄せる。[*17] 生物多様性はアフリカのサバンナにも類似している。

この餌の豊富さからして、ホッキョククジラがここに数多く生息しているというのは理屈に合っているとクラークは考えた。だが、この推論を証明する手段が必要だった。イヌピアット人のチームは野心的でリスクを伴う生息数調査を、新しい観察手法――生物音響学と伝統的知識とを結びつけたもの――を用いて、複数年にわたる実験によって行おうとしていた。これは以前から行ってきた目視による生息数調査よりもホッキョククジラを正確に数える手法だった。イヌピアット人の指揮のもと、科学者たちは氷の上に出ていき、複数のモニタリングステーションを設営し、クジラの動きを聴き取る調査が始まった。数か月にわたって、別々の場所の録音を三角測量で聴き取るのだ。待望の結果とは、正確なクジラの頭数確認だ。

## 音声から突き止めた氷の下の生息数

理論上は単純な話だ。ところが、実際は氷上に出ていくことはしばしば海との「戦争のように」感じられた。ほとんどの場合、科学者の方に勝ち目のない戦いだった。[*18] 例年の北方への季節移動のタイミングからすると、録音調査は四月に始めなければならないということになる。まだ気温は氷点下である。かさばる録音機材は屋根付きの小屋に入れ、そりに載せ、イヌピアット人ガイドに案内されながら、スノーモービルのあとから研究者たちが引っ張って歩くのだ。クジラの動きについていこうとすると、絶え間なく変化する海岸沿いの氷が小山となって、常に行く手を塞いだ。[*19]

氷の上へと出ていくことは戦いの半分に過ぎなかった。本当の戦いは、音響データと視覚データを十分に収集した上で、生物音響学的手法が正確かどうかを証明し、それからようやく、（正確である場合に限り）クジラの生息数調査を始めることになるのだ。視覚的な観察を行うチームは、氷同士が押し合い圧力が高まって盛り上がった氷の尾根の上で、位置を変える物見台の「そりの小屋」の中に座って、二四時間の監視を四か月間休みなく続け、クジラの目撃情報をすべて入念に記録するという任務に就いた。音響モニタリングのチームはハイドロフォンを、氷の端から水の中に落とすか、または分厚い安全な氷にドリルで穴を開けてそこから入れる。そのシグナルは聴音観察者のもとへ無線周波数を通じて伝えられる。危険な氷前線が何の前触れもなく攻め寄せてくることがあるので、機材は急な知らせで移動させなければならないことも多い。気温が氷点下の状況で、スノーモービルや発電機、セオドライト（水平面と垂直面における角度を精密に測量する機器）、衛星経由のＧＰＳ機器、それに扱いの難しいハイドロフォンなどは、すべて取り扱い要注意の機材ばかりだった。

自分たちの故郷が気難し屋で、穏やかな日もあれば、およそあてにならない日まであることはイヌピアット人にはわかっていた。氷が解けて流れ出すと、監視員も立っている物見台もそりも、常に水没の危険にさらされるようになった。北極の真夜中の太陽のもとで見張りに立った者は、睡眠はほとんどとれなかった。[*20] ある研究者はこう語る。「道具を組み立て、物見台を設営し、そこにドシン。海の氷がドシンだ。それですべて終わり。全部。戦争と同じことだった。私たちは鉛蓄電池を使っていた。二〇キロの電池。電池の酸で私たちの衣類は全部だめになった」。

小屋全体がだめになる。電池は極度の寒さでもろくなって、ピシッと音を立てて割れてしまう。[*21] 何十人という人間が設備を組み立て、宿営地の維持をする、物見台に見張りに立って、ホッキョクグマが現れはしないかと警戒する。突然、氷が流れてくる。これでものの数分の間に、宿営地全体が破壊されることもある。そうでなくても、氷原が裂けて監視人が海に流されることもある。一年もの苦労が数秒間で失われることだってある。そしてもしも思いがけずなんとかデータが集められていたとしても、その後の作業は困難を極める。サウンド・スペクトログラム――音声録音を視覚的にグラフで表現するもので、周波数の変化を時間と共に見せてくれる――は視覚的な観測結果と突き合わせる必要がある。ここは人の手によるクロスチェックで、何か月もかかる作業だ。[*22]

海が歌う音声の収集は苦労をするだけの値打ちがあると考える科学者は多い。イヌピアット人の経験知を頼りに安全な観測地点を選んでいると、研究者たちは地形環境に対して異なった見方をするようになった。初め氷は脅威の塊と見えていた。ところが、何日も、何週間も、何か月も氷の上に出て観測を続けるうちに何かが変わってきた。イヌピアット人の長老ウェズリー・エイケンはかつて次のように述べていた。海の氷は美しい庭に似ている。そこで人は食べ物を集め、旅をし、くつろぐのだ。物質の、感情の、そして精神の重要な意味を持った場所なのだと。[*23] クラークはのちに次のように思い出を語った。

> ハイドロフォンを海中に沈めると、聴こえるのはさまざまな音声や歌声の不協和音だ。それはちょうど（中略）黄昏時のようなまったくの異世界なのだ――シロイルカやホッキョククジラ、アゴヒゲアザラシと氷だ。そしてこう言うんだ。「オーマイゴッド。氷の下はジャングルだ[*24]」。

クジラの水中音を聴いたのはクラークが最初ではない。イヌピアット人ガイドに自分のイヤホンを渡したが、ガイドはすでにどの動物がこの特別な音を出しているのか知っていた。「彼らの文化では、オールの手元側を顎の高さまで上げて止め、先を水中に入れて、耳を傾ける」とクラークは記録している。[*25] ハイドロフォンとオールでは異なった方法で聴く作業を行う。前者が音声をデジタルに測定するのに対して、後者はアナログな測定を行うのだ。巧みに配置された多数のハイドロフォンであればクジラの位置を正確に測定できるが、イヌピアット人は同様の情報を自分たちの聴く力で得ることができる。彼らはクジラの出す複雑な音声に初めからよく慣れているのだ。ブーンという音や、脈打つような音、ブウブウ響く音やうめくような声、断続する音がメロディーのある音調を伴って急に現れたりする。[*26] イヌピアット人が長年知っていたことが、クラークにも次第にわかってきた。ホッキョククジラが歌うこと、その歌は複雑さの点で研究の進んでいるザトウクジラに匹敵すること。

背景の海の音は研究者の仕事を一層難しくしていた。音声の種類は実に豊富で、簡単に分析することなどできなかった。氷や風の出す音、アザラシやセイウチ、その他多種多様な生き物の出す音は、解読が非常に難しい。音声を出しているクジラの正確な位置の特定に、ハイドロフォンを多数使用する設備で初めて成功するまでには、何度も試行錯誤が必要だった。その後、一九八四年に研究チームは初めて有意の進展を見た。[*27] その年の氷の層は非常に厚く、クジラが水面で呼吸するための氷のない水面がなかった。視覚的な調査では三頭しか確認できなかった。しかし、音響学的な記録からは少なくとも一三〇頭のクジラが氷の下を通過したことが突き止められたのだ。[*28] 研究チームは二年後にも同様の結果を得た。五万五五二回のホッキョククジラのコール音を確認した。視覚的な観測からはごくわずかなクジラしか確認できなかった。[*29] 統計学的手法を用いて音響学的データを解析することで、水中のクジラの移動を十分正確に追いかけることが可能だった。それによって二重に数えてしまうことも防ぐことができた。[*30] こうして科学者たちはイヌピアット人の仮説を単独で立証できた。音響データは移動してくるホッキョククジラの頭数調査を正確に行うことができたのに対して、西洋科学の研究者による視覚調査は不正確で、その数を少なく見積もるものだったのである。[*31]

西洋の科学者とIWCにとって、これは論理的に不可解な事態だった。数十センチの厚さの氷で覆われた海をクジラはどうやって北へと泳いで移動できるのか。イヌピアット人はその答えを知っていた。クジラが氷を割っている様子が観察できる場所へ、ハンターは科学者を案内した。巨大な弓の形をした頭蓋骨を、厚さ一〇センチ前後の氷にぶつけて穴を開けるのだ。クジラは視覚も音響的な合図も使って氷の下を移動し、氷を突き破る最適な場所を選んで呼吸しているのだと、イヌピアット人は説明した。[*32]これにより、ホッキョククジラの奇妙な頭の形（これにより英語名の bowhead が付けられた。湾曲した頭という意味）の説明がつく。この頭が破城槌（はじょうつい）のような働きをするのだ。

さらにもう一つ、長い間謎のままだった科学的疑問をイヌピアット人は解き明かした。ホッキョククジラの一段高くなった噴気孔の形だ。突き出した噴気孔のおかげで、クジラは氷に開いた穴が非常に小さくてもそこから呼吸ができる。氷の上が静かであれば、イヌピアット人ハンターたちはクジラが小さな穴から呼吸する音を聴き取ることができる。それどころか海氷のプレッシャー・リッジ〔氷丘脈。氷の板がぶつかり合い、山脈のようになったもの〕の中にできた空気だまりから呼吸する音もわかる。[*33]東北極圏のイヌイット人ハンターは、長距離を隔ててもクジラの呼吸パターンとその音声をはっきりと認識できるばかりか、氷の上を旋回するキョクアジサシからもクジラのいる場所を特定することができた。アジサシは、クジラが呼吸するために水面近くまで上がってくる時に一緒に運ばれる小さな海洋生物を餌にしているのだ。[*34]クジラの音声に耳を傾けることは何世紀もかけて磨かれた繊細な技術なのである。

クジラもまた人間の出す音を聴いているのだと、イヌピアット人は言う。モーターでなく帆で動く伝統的なアザラシ皮のボートが漁に使用され続けている理由がそれだ。当時はクジラの聴力に関する西洋科学上の根拠は限られており、クジラの聴力について生理学上十分に理解されていなかった。しかし、その後の研究で、ホッキョククジラがシャチやディーゼルエンジン、砕氷船が近づいてくる音や、離れた場所の掘削船や浚渫(しゅんせつ)機、遠くから響いてくるエアガンの振動などに対して反応を示すことがわかった[*35]。またしてもイヌピアット人が正しいことが証明されたのである。

## 闘いの終結と新たな問題

イヌピアット人のクジラに関する知識が西洋科学を超えていたもう一つの分野は、クジラの社会生活に関するものだった。クジラは独自の複雑な社会を有しており、その歌は一つの文化指標で、世代を超えて受け継がれているとイヌピアット人は言う。その根拠の一つが古い海軍調査研究所で発見されたクジラの組織サンプルを採ろうとしていたところ、体内から石槍の先端部分が見つかった。イヌピアット人は一八八〇年代に金属製の銛に切り替えており、クジラが一〇〇歳を超えていることを示していた。この発見から、正確に年齢を測定する技術が確立し、ホッキョククジラの通常の寿命はほとんど一五〇年に近いということが証明された。世界で最も長生きの哺乳動物ということになる。あるクジラは二〇〇歳を超えていることがわかった。イヌピアット人はこれも知っていた。毎年同じクジラがバロー岬を通過する様子が目撃され、クジラの個別の模様についての情報が世代から世代へと継承されていたためである。

クジラの長寿に関するイヌピアット人の主張は一度は疑われたが、正しかったことが証明された。子どもが何年間も母親と一緒に行動するこの長生きの生き物が、種として、文化を伝承するという仮説はより信憑性があると考えられた。[*36] のちに一連の生物音響学的研究によって、異なる群れは異なる歌を歌うことが明らかになった。人間社会でもコミュニティによって言語学的に異なる方言を持っているのと同様だ。こうして、ホッキョククジラの文化的行動と、世代を超えての文化の継承もまた実証されたのである。[*37]

クジラの声を聴き取る研究が進むにつれて、IWCが考えるよりも多くのクジラが生息しているという、最も大きな議論を巻き起こした件についても再検討された。[*38] クジラたちは氷も氷原の水路に閉じ込められることも「怖がって」はおらず、それどころか氷の下を泳いで進んでいくし、必要に応じて氷に穴を開けて呼吸するのだ。[*39] 組織的にクジラの生息数調査を進める上で、生物音響学は強力な基礎になった。イヌピアット人が初めから主張していたことはこの調査で証明された。目視による観察だけの調査よりもずっと多くのクジラがいたのである。実際、バロー岬を通過するホッキョククジラは西洋の研究者が見積もっていた数の数倍もいたのだ。長年の科学的調査——と困難、地元のハンターたちは割り当て頭数の少ないことから、食料不足、逮捕と収監への恐れに何年も苦しめられた——の後、イヌピアット人の正当性が証明されたのだった。[*40]

IWCは初め疑ってかかっていたが、次第にエビデンスの重みを受け入れるようになった。いいニュースは、群れのサイズが大きくなっていることだ。これによってイヌピアット人は生存捕鯨を再開できるようになった。伝統的な知識へのリスペクトが高まり、継続中の西洋科学の研究者との共同研究に加え、合衆国政府との捕獲割り当ての設定に向けた共同作業が始まることとなった。これにより、連邦法が改正されて、イヌピアット人のホッキョククジラの生存捕鯨の合法性が認可されたのである。さらに、数十年にもわたって集積されてきた音響データによって、増加に転じているホッキョククジラの生息頭数を包括的に調査できるようになった。そしてこのデータが今日のホッキョククジラの頭数を証明し続けることで、捕鯨が持続可能な活動であることを保証するのだ。[*41] イヌピアット人は自分たちの主権を主張し続け、ＩＷＣに対してロビー活動を展開し、規制の変更を働きかけた。そして二〇一八年、ＩＷＣは先住民族の生存捕鯨の権利を（健全な資源の保全を条件として）永久に認可した。これと同様に重要な点は、イヌピアット人の文化にとって捕鯨が根本的な重要性を持っているとＩＷＣが認定したことだった。四〇年以上にわたった闘いの結果、委員会は「捕鯨とは、これらのコミュニティではその他のいかなる活動よりも、その全生活様式の根本に流れるものである」[*42]と認めたのだった。

ＩＷＣとの闘いにはイヌピアット人が勝利したものの、ホッキョククジラには新たな脅威が現れた。貨物輸送船による海洋騒音公害が一〇年ごとに倍増しているのだ。[*43] 二倍となった海洋騒音はクジラたちのコミュニケーション範囲を半分に減少させている。例えば二〇年以上の間に、音響の届く範囲は一六〇〇キロからわずか四〇〇キロに減少し、クジラが泳いで移動したり、餌を見つけたり、交尾の可能性のある相手の位置を特定したりする範囲が狭くなってきているのだ。[*44] 輸送船の音に加えて、他にも多くの人間活動が生み出す音（例えば油田やガス田を探す調査で使用される水中銃の耳をつんざくような音）が、海洋のサウンドスケープを汚染している。[*45] したがって、クジラにとって機能している音響範囲は驚くほど狭まっているのである。クラークの研究は「音響スモッグ」[*46]と彼自身が呼んでいる、環境騒音の効果に注目する方向に次第に変わってきている。どんどん氷が失われて、定期航行する船舶が増えていく北極で、環境騒音による公害が拡大しているため、クラークは全体の騒音レベルがクジラたちを圧倒してしまうのではないかと危惧している。[*47]

北極に住んでいる人々は一様に気候変動に不安を感じている。北極地方は地球上でも最もその変化が速い地域の一つだ。[*48] 海水温が上昇するに伴って、氷で覆われた場所が減少していく。残っている氷は予測不能で、ハンターや旅行者にとって脅威となる。[*49] 北極地方で氷のない場所がどんどん増えてきたことで、ベーリング海峡を航行する貨物船などの船舶は過去一〇年間で明らかに増加した。[*50] 船舶はクジラに新たな脅威をもたらす。騒音やゴミが出るし、漁網に巻き込まれることもあれば、船との衝突も起きる。[*51] 海水温の上昇によって、シャチがより北方までやってくるとも言われている。ホッキョククジラに先行してやってきて、クジラを邪魔するというのだ。

北極地方から氷がなくなることで、ホッキョククジラにとって新たな「脅威の地形」が作られると主張する（かなり議論の余地はあるが）研究者もいる。[*52] 二〇一九年は記録に残る最も暖かい夏で、氷も最低レベルで、バロー岬を通過したホッキョククジラは一頭もいなかった。クジラたちは海岸から十分に距離を置いていたか、あるいはまったく北方へと移動しなかったかだ。[*53] 商業捕鯨を避けるために氷の中へ逃げ込んだクジラたちだったが、気候変動はクジラたちに隠れる場所を残してくれない。

## デジタルで捉えるクジラ

ハリー・ブラウアーやアラスカ・エスキモー捕鯨委員会委員長ジョージ・ナンウクのような年長者は、生涯を通じてイヌピアット人主導の音響調査のデジタル変換を監督した。ブラウアーは、アザラシ皮の小舟にハンターたちを乗せて海へ出て、クジラの声を聴く伝統的な技と観察方法を教える活動を毎年行った。他方で、委員会は飛躍的にデジタル化が進んでいる調査プログラムを監督していた。高度な衛星遠隔計測法や三次元移動タグ、空中からの無人ドローンを採用して、受動的音響モニタリングを取り入れて、一年を通じて北極海のより広いエリアでクジラを追跡した。[*54] 北極のクジラ研究におけるデジタル化の新段階は、特に冷戦の終結によって、また軍事資源としての二重利用を促したいというアメリカ政府の意欲によって一層加速した。[*55] 合衆国海軍はクジラの移動を追跡し、その歌声を録音する一般研究者にSOSUS音声監視システム、すなわち海中にある軍のハイドロフォンのネットワークの使用を認めるようになった。これによって、世界の海を移動する大型クジラを追跡するそれまでにはなかった能力が研究のために利用可能となったのである。[*56] SOSUSの成功はさらに身軽に動ける、そしてよりコストを抑えられる民間ネットワークの発展への関心を生み、最長一年までの継続的録音が可能な自動音響記録装置が開発された。これは世界中の海に配置しうるものだった。

　結果として集まったのはクジラの歌を含んだ前例のないほどの大量のデータで、生身の研究者の力で分析できる量を超えていた。自動化されたソフトウェアが開発されて、データの洪水を分析できるようになり、したがって人間が検証する必要は減少するか、すっかり不要になった。二一世紀に入る頃には、バロー岬の研究者たちの英雄的な努力は大部分が不必要なものとなった。コンピュータが人間の作業の大半を自動化したのである。[*57] 今日では、新しいタイプの機械学習のアルゴリズムが開発されている。これはディープニューラル・ネットワークに基づいて、海洋哺乳類の出す音を自動分類するものだ。この新しい手法は、誤検出率を大きく減少させ、比較的少ないデータ量の学習からでもコール音を検知する能力が実質的に向上した。レコーディングはたった一か所で、数日の範囲で十分なのだ。[*58] その他の新発明にはディープラーニングを使用したレコーディングの「雑音除去」によって、自動化されたアルゴリズムの正確性の向上が含まれている。要するに、受動的音響レコーディングでは高い確率で混入する雑音をフィルターで除去するのだ。[*59]

海洋生物音響学的研究の視野もまた拡張を続けている。科学者たちは音響レコーディングを使って、一つの季節ではなく一年にわたるクジラの行動記録や、クジラ同士の影響関係や生息地、人間の脅威などの研究も始めた。こうした次々に発展していく分野を追いかけるために配置されたデジタルな生物音響機器はスケールが大きいが、最も奥の深い洞察は小型化されたデジタルテクノロジーによってもたらされたものだ。デジタル音響録音DTAG――「音と方向のセンサー」とも呼ばれる――は一例である。[*60]極小のハイドロフォンと加速度計、磁力計と固体メモリーを搭載したDTAGは、非侵襲的カップを使ってクジラの背に慎重に取り付ける。これは深海の高水圧にも耐えられる。たった一つのDTAGがクジラの背に乗って、水深一六〇〇メートルでクジラの音声を記録する。深度、水温、方向、スピード、「左右上下の揺れ」や尾が一回水を掻くごとの動作までも、クジラの一つひとつの動きを追跡するのだ。タグは周囲の環境に存在する音も記録し、人間が生み出す外的な音に対して海洋哺乳動物がどのように反応しているかがわかる。[*61]タグが生み出すデータに受動的音響モニタリングと衛星によるトラッキングデータが組み合わされて、自動化されたアルゴリズムによって分析される。それによって数十メートルの精度でクジラの位置を特定できるのである。[*62]単純にそれぞれの個体に固有のボーカル・シグネチャー――つまり、クジラの音声認識システム――に基づいて、アルゴリズムがクジラの個体を特定できる場合もある。

DTAGによって、熱心に研究に打ち込んできた科学者でさえ存在すると考えていなかった、完全に新しい行動が明らかになった。例えば、最近までクジラたちがコミュニケーションのために使っていた比較的大きな音しか認知されていなかった。こうした低周波の音は長距離を伝わって、水中で簡単に聴き取ることができる。シラキュース大学（ニューヨーク州）の生物音響学・行動生態学研究所の第一人者スーザン・パークスは、クジラはもっと他の、より静かな音も出すのではないかと考え始めた。そこで彼女はタイセイヨウセミクジラ――セミクジラ科の仲間でホッキョククジラの近しい仲間――を研究することに決めた。他のホッキョククジラの仲間と同様、セミクジラも動きはゆっくりで死ぬと浮かんで流される。それゆえに、セミクジラの英語名 right whale の right は仕留めるのに「都合が良い」クジラということだ。昔からの生息地であるボストンとフロリダの間の合衆国東海岸では、セミクジラは簡単に狙えるターゲットにされていた。

おとなのセミクジラは、天然の捕食動物がほとんどいないので、静かにしている必要はないのではないかと、パークスは仮説を立てた。しかし、子どものセミクジラはシャチやサメからは攻撃されやすい。海岸近くの水が濁ったあたりはセミクジラが暮らしていて餌を獲ったりする海域だが、子どもたちの発声を傍受すればシャチやサメがクジラの子どもを見つけやすい場所でもある。[*63] 赤ちゃんクジラは捕食者に見つけられないように、非常に静かな音を出しているのではないだろうかとパークスは考えた。

一つの実験の中で、パークスとその研究チームは数年間連続で、フロリダとジョージアの沖のクジラの出産場所へ通い続けた。そこはホホジロザメとシャチもまた集まってくる海域だ。チームはＤＴＡＧの装置を母と子のペアと、その近くにいる赤ちゃんのいない他のクジラに取り付けた。数百時間に及ぶ録音データを分析した結果、母子のペアは科学界にまったく知られていない音を出していることがわかった。子どもに乳を与えている母クジラは非常に短く柔らかい喉音で、ブウブウいうような音を出す。そしてその音はごく近いところからしか聴こえない。[*64]「こうした音は人間のささやき声のようなものだと考えられる」とパークスは言う。「母と子が触れ合うほど近くにいることで、自分たちの存在を付近の捕食者に知られないで済む」[*65]。

ホッキョククジラについての同様の研究から、ホッキョククジラもまた高周波の音を出していることがわかった。その音は歌の中に組み入れられ、ザトウクジラでよく知られているように、歌は徐々に発展していくのだ[*66]。ホッキョククジラは複数の歌を一年の間に歌うのだが、一風変わっていて、その歌は同時に複数の調和しない音を含んでおり、著しく複雑である[*67]。ザトウクジラが海のオペラスターであるとするなら、ホッキョククジラはジャズシンガーだ。ホッキョククジラの歌はバリエーションに富んでいることが多く、それによって、群れの頭数を数えたり追跡をすることができるばかりか、彼らの社会構造や健康状態、行動についても理解する手段となる。小鳥たちの歌の多様性が生存能力の指標としてよく知られているように、ホッキョククジラの歌の多様さと複雑さは、北極海で急速に悪化が進んでいる変化の指標となりうるのである[*68]。

こうした考察が可能になったのは、デジタル録音機器の使用のおかげだ。これには人工知能に基づく強力で自動化の進んだコンピュータ技術が組み合わさっている。今日のクジラ研究は、環境保護と密接に結びついたスーパーコンピュータの進歩の典型的な例である。クジラ目の仲間はほとんどの時間を深い海中で過ごすため、その生態の追跡は特に難しい課題となっている[*69]。陸上で動物研究者たちがゴリラやオランウータンやライオンなどの行動を観察する際は、動物たちに知られないようにしたり、あるいは自分たちの存在に慣れさせたりする方法を長年とっている。海洋での研究はそれ以上の困難を伴う。観察用のボートを見られないようにすることはできないし、一八〇〇メートルにも及ぶ深さまでクジラの追跡をすることはできないのだ。こうした障害を克服することはごく最近まで非常に困難だった。しかしＤＴＡＧのような装置によって、クジラの行動に関する未知の世界は開かれ、人間が立ち入ることが困難な深海の生態系の状況に関する貴重な考察が可能となったのである。

ジェニファー・ガブリスが述べているように、動物の身体は知覚ネットワークの中に組み込まれている。「知覚装置を運んでいることや、その知覚装置上に現れる生態系が環境の状態についてのデータと情報を供給することから、生物はさながらコンピュータのようだ」とガブリスは書いている。[*70] 私たちは今や海洋をクジラと同じように、目からではなく耳から知覚することが可能になった。生物音響学の機器がデジタル翻訳機のように機能することで、私たちは波の下で暮らしているものたちの音の風景を知覚し、その歌を訳すことができるのである。

## 夢のクジラの物語

デジタルな生物音響器具は便利な道具だ。しかし少し距離の離れたところから使うものである。デジタル機器が伝えるクジラとの関係はスパイあるいは覗き見の関係に近い。クジラのことを本当に知りたいなら、イヌピアアット人がするように、近寄って直接見なければならない。[*71] 漁師とクジラの調和は狩りの中での親密な関係から生まれる。イヌピアアット人は小舟に乗って狩りを続けている。アザラシの皮(シールスキン)を張った小舟かアルミニウム製のボートか、いずれにしてもクジラよりも格段に小さい。クジラは銛で獲られるのだが、クジラにとってみれば、人間にとっての小さなねじ回しくらいの大きさだ(今日の銛は爆発物が先端につけられている場合が多い)。狩りの間、イヌピアアット人は何時間もかけてクジラを観察しながらゆっくりと近づいて、クジラの方も人間たちをじっと見る。時にはクジラは、安全に銛を打たれるように自分の位置を選ぶことがある。そうでない時は泳いで逃げていく。彼らの話によると、ちょうど人間がクジラを観察するのと同様にクジラも人間を観察しているということだ。[*72]

クジラは複雑な社会やコミュニケーション、そして感情を持っていると、イヌピアット人は知っている。クジラが人間と同様に社会的な生き物であるという理解が狩りの成否を決定する。クジラは人間に対して自分を差し出すことを選択しているのだと、イヌピアット族の長老ハリー・ブラウアーは説明する。ただし、人間がそれに値する場合に限る。漁師たちが小さなボートに乗り込んで近づいていくと、クジラとの対話が始まる。クジラは人間が礼儀正しいかどうかを評価しているのだとイヌピアット人は言う。クジラは聞き耳を立てて、漁師が礼儀正しくないか、自分勝手である場合には、近寄ってこないことを人々はよく知っている。漁を成功させるにはボートの中が静かで調和的であることが必要だ。女性たちがアザラシの皮を縫っている時でも穏やかに話していなければならない。漁師とその妻はクジラの肉を寛大な心でコミュニティの全員と分け合う意思を持っていなければならない。[*73] 捕鯨とは、平凡で手の汚れる不可欠な、そして同時に儀式としての行為なのだ。

水の中の世界はクジラの精神によって生気を帯びるのだと、ブラウアーは知っていた。クジラは生物学的にも知的にも人間と同様の能力を持っており、耳を傾けてくれる人間に対しては、自分たちが何を必要とし、何を望んでいるのか、伝えてくるのだと信じていた。デジタル技術はデータの流れを作り出し、イヌピアット人の洞察が正しいことを証明した。しかしその知識は何世代もかけて形成されたクジラとの触れ合いの中から生まれてくるものだ。人間を超越した宇宙観で、クジラは親族として理解されるのである。

死期が近づいた頃、ハリー・ブラウアーはある話を語った。アンカレッジの病院のベッドに横たわっている彼のもとにホッキョククジラの赤ちゃんが訪れたというのだ。ブラウアーの身体は病院にあるのに、若いクジラが彼を一〇〇〇キロ以上離れた北方のウトキアグヴィックの家へ連れ帰った。ブラウアーとクジラは一緒に氷の脇をすり抜けたり水に潜ったりしながら旅をした。そこではイヌピアット人の漁師たちがアザラシ皮のボートに乗っていて、自分の息子もいた。漁師たちが子クジラと母クジラに近づいていく時、ボートの中の男たちの顔をブラウアーは見た。それから銛が母クジラの身体の中に入っていくのを感じたという。忘我の境地にいるかのように、彼はクジラが殺された時の話をした。クジラがどのように死んでいったのか、どの漁師が殺したのか、そしてクジラの肉がどの冷凍庫に貯蔵されているのかを詳しく。病気から十分に回復して家に帰った時、正夢だったことを知って驚いた。ブラウアーはどうやって知ったのだろうか。『*The Whales, They Give Themselves*（自分を差し出すクジラたち）』の中でブラウアーは語る。「子クジラが私に話しかけたのです。彼は私に、氷の上での一部始終を語りました」[*74]。クジラの物語を書いたのには目的があった。ブラウアーは捕鯨船の船長たちと夢を語り合う。そして、この会話から子クジラを連れた母クジラの漁を制限する新しいルールが生まれたのだった。

イヌピアットの人々の言葉に従うと、クジラは人間と共通の意識を持っているのだという。クジラ的意識（*cetaceousness*）という概念は人間のクジラに関する認識を表すだけではなく、クジラの私たちに対する認識をも表している。デジタル技術による生物音響はこの宇宙論の中のどこに収まるものだろうか。受動的音響モニタリングのおかげで、今やイヌピアット人も科学者たちも世界のどこからでも、居心地の良い研究室でクジラの行動を継続的に監視できるようになっている[*75]。ケリー船長はかつてクジラの歌を利用して無差別に捕鯨を行っていたが、科学者たちは今や音を使ってクジラの頭数を調査し、居場所を追跡し、理解して保護している。それによってクジラは注意深さと尊敬と感謝の念を持って獲られるのだ。バロー岬での研究は社会性を有する生き物としてのクジラへの科学的関心を促進した。生物音響学という科学によって、イヌピアット人やその他の伝統的な捕鯨文化が長い間伝承してきたことが新たな手法で発見されることになった。それは人間以外の生き物が複雑なコミュニケーションをとることができ、豊かな社会的行動を有しているということだ。これが理解できるのは自ら進んで注意を向けると決めた人間だけである。

この後の章で詳しく語ることになるが、クジラの生物音響に関するこうした革新的研究はその他の種——これまで音を出していないと考えられていた多くの種を含む——の研究にも新たな道を開いた。生物音響学の初期のパイオニアとなった人々は、私たちの周りに存在する生き生きとした——また意味のある——音に目と心を開いた。この世界は結局沈黙してはいない、という考えに科学者たちは目覚めた。どのように聴き取るのかを学ぶ必要があるだけだったのだ。次なる音響学上の驚くべき大発見は、海の中ではなく陸の上の話だ。思いもよらないゾウの音声の力が明らかになる物語である。

# 第3章　音のない雷鳴

ケイティ・ペインが一九八〇年代半ばにアフリカを旅した時、ゾウの大量虐殺が行われている最中だった。二世紀前はゾウがアフリカ大陸を支配していた。人間の住んでいる島はゾウでいっぱいだった。[*1] それから一世紀と経たないうちに大勢は逆転した。象牙貿易に勢いを得てゾウの密猟は一九八〇年代にピークを迎え、生息数の半分が一〇年の間に消えた。[*2] ケニアでは推定で一〇頭のうち九頭が一九九〇年までに殺された。[*3] 非常に多くのゾウの死体が捨てられており、科学者たちは生存しているゾウの頭数を推定するために、死体の数を調査したのだった。またゾウ全体の健康状態を算定するために残酷な名前の計測方法が考え出された。死骸割合（死んだゾウの頭数を生きているゾウと死んだゾウの合計で割った数）だ。[*4] ジャーナリストたちはこの様子を「ゾウの大虐殺」と呼んだ。[*5]

ペインはゾウの世界初の辞書を作るという野望を持ってアフリカへ渡った。しかし様子が明らかになるにつれて、研究の目的が予想よりも拡大することにペインは気がついた。ゾウの音響学的創造性とその複雑さを証明しようとアフリカにやってきたはずが、結果的には絶滅に瀕した種の音声を録音することになった。

折しも保護活動家たちがゾウの驚くべき知性と、高度に複雑化した社会生活を記録し始めたところだった。この生き物の並外れて鋭い能力の一つは、沈黙したまま群れ全体で整然とまとまって長距離を移動できる計り知れない力だった。タンザニアでは保護活動家のイアン・ダグラス＝ハミルトンがゾウの力に驚嘆した。目に見えるサインも耳に聴こえる合図もなしに、群れの行動を調整する能力だ。ケニアでは、別の集団で、時には遠く離れて生活しているオスとメスのゾウが、メスのごく短い繁殖可能な期間に相手を見つけることができると、科学者のシンシア・モスとジョイス・プールが観察を通して気づいていた。ジンバブエではローワン・マーティンがゾウたちの移動を地図上に表すため発信機付きの首輪を使って、生まれた家族の違うメスのゾウたちを数年にわたって追跡した。家族の群れは目印も嗅覚でわかる印もないのに、何週間にもわたって、平坦ではない広い地域を整然と移動していた。[*6] 荷物を運ぶよう何千年にもわたってゾウを家畜化していた南アジアの民間伝承には、ゾウの超自然的能力に関する物語がたくさんあった。[*7] ダグラス＝ハミルトンが冗談めかして言うように、ゾウには驚くべき知覚があるのではないか。

## 超低周波音で話すゾウ

オレゴン州のポートランド動物園でゾウの研究をしている間にペインが組み立てた仮説は、それほど超自然的なものではなかった。動物園ではその二〇年前に大きなニュースがあった。西半球で四四年の間に初めて誕生したゾウのパッキーだ。パッキーはどんどん成長し、アメリカ国内でのアジアゾウとしては最も背が高くなり、動物園の大人気スターとなった。一九八四年にペインが訪れた時には、ポートランド動物園は捕獲されたゾウの繁殖に関して、世界で最も成功したプログラムを作り上げていた。アメリカ大陸で、捕獲ゾウの最大グループと時間を過ごすことで、ゾウが出す音についてさらに多くのことがわかるのではないかと、ペインは考えた。

最初に動物園を訪れた時、サンシャインという名前の赤ちゃんゾウが彼女に近づいてきて、柵の間から鼻を彼女の方に伸ばした。サンシャインの母親は不安そうにそばに立っていた。ペインはかすかな振動を感じた。「ちょうど雷鳴のような感じだ。しかし、雷は鳴っていなかった」[*8]。その感じには思い出すものがあった。かつてコーネル大学のセージチャペルで、聖歌隊として歌った時のことだ。パイプオルガンの音量に彼女は驚いた。深い低音に向かって音が下がっていった時、まるで教会全体が震えているようだった。「私がゾウの檻のそばに座っている時に感じていたのはあれだったのだろうか。とても低い音で、私には聴くことができなかったけれど、空気を振動させるほどに力強かったのか。ゾウたちがお互いに呼びかける声は超低周波音だったのだろうか？」[*9]。以前に行ったクジラの研究から、海中で最大の哺乳類ナガスクジラやシロナガスクジラが超低周波のコール音を出すことをペインは知っていた。音響学の教育課程で、このような音が水や岩石、空気中を通って、相当な長距離を移動しうることも学んでいた。それなら、ゾウの不思議なコミュニケーション力の答えは超低周波音なのだろうか。

数か月後、ペインは人間の耳で聴き取れる範囲よりも低い可聴下音を検知するために作られた音響機器を持ってポートランドに戻ってきた。二人の同僚、生物学者のウィリアム・ラングバウアー（通称ビル）と著述家エリザベス・マーシャル・トーマスも一緒だった。ペインはゾウの音声録音を計画した。あとでより再生速度を上げて、つまり周波数を上げて録音を聴き直すのだ。そうすれば、紫外線の下では見えないインク〔ブラックライトで見える不可視インク〕と同様、隠れていた超低周波音が現れるのではないだろうか。動物園の汚い小屋の中に機材を準備して、三人の研究者たちはいつもと変わらない退屈な観察プロセスに入った。一人は録音機をチェックし、もう一人はゾウの行動を入念に記録し、そして残りの一人は何か聴こえる音が出た時間を注意深く記録した。幾晩も、研究チームは録音と観察と休息を順番に繰り返しながら働いた。時折ペインは最初に園を訪れた時に感じたのと同じ振動を感じた。エリザベスもだ。しかし、ビルには何も聴こえなかったし、感じもしなかったという。ペインは、もしも録音データに耳で聴こえた音以外に何も入っていなくても、落胆はするまいと心に決めた。

コーネルに帰るとペインは、音響学者カール・ホプキンスに一緒に録音を聴いてくれるように頼んだ。彼女は動物園で過ごした時に注意を引かれた、ある特別の場面を選んだ。二頭のおとなのゾウが、大きく分厚いコンクリートの壁を挟んで向かい合って立っている時のものだ。耳に聴こえる音は何もなかった。しかし普通のスピードの一二倍に近い速さで再生すると音——濃縮されて三オクターブ高い——が現れた。人間の耳に聴こえるよりも低い音で、二頭のゾウはウシの鳴き声のように聞こえる音を響かせながら会話を続けていたのだ。

夢見心地で顔を上げると、カールの呆然とした表情が見えた。「なんてことだ。超低周波音だ」と彼はつぶやいた。[*10] 何年もの間、自然界の音響学を教えたり研究したりしていたが、誰もテープの再生スピードを上げようとは考えなかった。クラシック音楽を学んだ音楽家でもあるペインにとって、画期的な発見となった。続く数か月間、数百時間にも及ぶ録音の系統的分析によって、さらにたくさんのゾウのコール音が発見された。そのうちのいくつかは超低周波の範囲の音で、長距離を隔てても伝わるようだった。独特のコール音がさまざまな状況で発せられていた。例えば興奮した仲間を落ち着かせたり、道に迷った赤ちゃんゾウを母親のところにシッシと追いやったり、警戒の合図を出したり、ある場所から別の場所へとグループ全体を案内したりする時だ。

ペインの発見は、保護活動家の間にかなりの興奮を呼び起こした。ニューヨーク・タイムズ紙は彼女の研究を情熱的な表現を用いて取り上げた。「これは陸上の哺乳動物がそうした超低周波音を出せるという最初の証拠である。これにより、コウモリの高周波の叫びや、ネズミイルカのソプラノ、オオカミやコヨーテのアルトの遠吠え、テノールからバスまでのザトウクジラの歌声と同様に、ゾウの低音部が自然界の聖歌隊に加えられることになった」[*11]。世界野生生物基金〔現在の世界自然保護基金〕の副代表トーマス・ラブジョイはこれを意外な新発見だとして次のように書いている。「この発見はこれまで知られていなかった言語を突然見つけたようなものだ」[*12]。

ペインが録音した壁を隔ててのゾウの会話は、超低周波音の力を示すものだった。これは人間の耳に聴こえる「普通の」音とは三つの点で異なっている。まず、超低周波音は低すぎて人間の耳では感知できない。これを観察するためには特別の技術を必要とする。次に、超低周波音は非常に長い波長を持っている。音波が固体といかに影響し合うかと考えれば、これはゾウにとって非常に重大な事実である。短い波長を持った音――例えばコウモリがエコーロケーションのために使うピッチの高い音――は、小さな物体にも強く反射し、短い距離しか伝わらない。対照的に長い波長を持った音はほとんどの物体を通過したり、避けて進んだりする。最後に、空気は高周波音を非常に効率よく吸収するのに対して、低周波音は失われる部分がほとんどないままで伝わる。したがって超低周波音は長距離間のコミュニケーションに使うことができるのである。また壁のような物体を通り抜けたり、地面を振動させたりする[*13]。ゾウたちは長距離を超えて、時には建造物を通り抜けるほどの力強い会話をしていたのだ――人間には何一つ聴かせることなく。

## 四年に一度のラブコール

一九八六年に発見を発表してからわずか数か月ののち、ペインは世界野生生物基金と全米地理学協会の支援を受けてケニアに向かっていた。ゾウのコミュニケーションを研究することで、アフリカ大陸全体に広がっているゾウ絶滅の波を押し戻す一助になるのではないかと彼女は考えた。ペインはまずジョイス・プールとシンシア・モスと一緒にケニアで研究を始めた。モスはすでにニューズウィーク誌の仕事をやめて、独学でゾウの研究者になっていた。キリマンジャロ山のふもとの小さな丘にあるアンボセリ国立公園に生息しているゾウの群れに関するモスの研究は、その後世界で最も長く続けられていくアフリカのサバンナゾウの研究となる。[*14] モスの記事を新聞で読んだプールは、ボランティアでアンボセリゾウ研究プロジェクトに参加した。一九歳の時のことだ。こののち、モスはケンブリッジ大学から博士号を授与されることになる。[*15]

モスとプールがサバンナのゾウを知り尽くしていたことで——二人が個体識別できるゾウは一〇〇頭を超えた——、ゾウの社会的行動に関する数々の研究が大きく進展した。おそらく最も重要な点は、親と子だけのグループをはるかに超えて、世代をまたいで周囲の多くのゾウまでも含んだ、複雑で高度なゾウの社会的ネットワークを立証できたことだ。[*16] この発見は年を取ったゾウの重要性、特に知識を保持するゾウとして、また群れの個性をしっかり固めるゾウとしての年長のメスの存在に光を当てた。成熟しておとなになるまでに二〇年かかる子どものゾウを、年長のメスたちは養育し教育する。[*17] その長い時間の記憶は、群れの困難な時期に貴重な情報をもたらす。干ばつの時にはどこに行けばわずかな水があるのか、どの季節にどこで食べ物が得られるか、またはめったに使われていない移動ルートの存在などだ。プールの研究は大きな牙を持った年長のゾウを狙った密猟のありさまを明らかにした。これは個々のゾウを殺すだけではなく、ゾウの社会構造を破壊するものだった。こうした発見は国際社会を動かす助けとなって、とうとう一九八九年に象牙の国際貿易を禁止するまでに至った。

ペインの発見を基礎に、三人の研究者たちはサバンナゾウによる低周波のコール音が持つ社会的文脈を明らかにし始めた。これらの発見によって、ゾウが超低周波音を使って長距離を隔てても連絡を取り合ったり、移動を調整したり、生殖の相手を見つけたりしていることが確認された。[*18] ペインのクジラに関する深い見識は、また別の洞察へと導いた。超低周波音のコールで遠く離れた仲間と連絡を取り合っている動物は、生殖行動の面でも有利な点がある。繁殖地を目指して長距離を移動するクジラと同様に、メスの発情期というめったにない、かつ短期間——平均で四日間、それも四年に一度というチャンスだ——に、別々の場所にいるおとなのオスとメスのゾウは出会ってカップルになる必要がある。[*19] 発情期のメスのサバンナゾウが出す音にこっそり耳を傾けているうちに、ペインは他とはっきり異なる低周波のコール音を聴き取った。再生実験では、その音を流しているスピーカーに向かってオスが何キロも歩いてくるのだ。[*20] この後、モスとプールはサバンナゾウの声による大規模な認識ネットワークと、長距離を送り届けられる明確な音響による合図、さらにゾウが音を教えたり学習したりできるということを立証することになる。[*21] この研究はゾウの社会に関する科学的理解を深めた。それと同時に科学者が以前から疑っていたテーマ——例えばゾウは共感を示すことができるという意見[*22]——について、一層の見識を得ることにもつながった。

また低木の生えた茂みや深い森の中は、低周波のコール音を伝達するのに非常に便利であるということもペインは知っていた。周波が低ければ低いほど、深い森の中では音の弱まり方が遅くなる。サバンナに棲んでいるゾウ――徒歩で近づいて目視したり、飛行機または衛星から観察することもできる――とは対照的に、森の中に棲んでいるゾウは極めて見つけにくい。[*23] 地球上で二番目に大きな熱帯雨林である中央アフリカの森の奥深くに棲む、このようなゾウについてはまだ科学者にもわからないことが多かった。深い熱帯雨林の中では視界が限られているので、森林に暮らすマルミミゾウは短い距離でも低周波音により大きく依存しているのではないかとペインは推測した。[*24] 生物音響学は、マルミミゾウの研究においても保護活動においても鍵となるのではないか。

## 密猟による壊滅的被害

ペインはコーネル大学鳥類学研究所の生物音響学研究センターの研究者らと共に、新設のザンガ＝ンドキ国立公園内のコンゴ川の主流に面した熱帯雨林の中心部にゾウの音声研究プロジェクト（Elephant Listening Project）を立ち上げることにした。[*25] ゾウの音声研究の野心的な目標は「ゾウ辞書」を作ることだった。すなわちゾウのコール音の目録と、行動や相互作用と関係する音響のレパートリーをまとめるのだ。[*26] 世界で最も長く続けられているマルミミゾウの研究を始めたアンドレア・トゥルカロと共に活動しながら、ペインのチームは自律型録音装置（ＡＲＵ）をゾウが隠れていると思われる森の中に据え付け、録音されたコール音の番号とそれを発したゾウの番号とを結びつけることによって、苦労の末まずコールの速度を計測した。

二〇〇六年からは、ゾウの音声研究プロジェクトを率いるコーネル大学の音響学者ペーター・ヴレーゲと共にペインのチームが考案したテクノロジースタックは、これまでに構築された生物音響ネットワークのうち最も優れたものの一つとなった。ヴレーゲは熱帯雨林を五〇のグリッドに分割し（それぞれ二五平方キロメートル）、調整済みのARUをそれぞれのグリッドポイントで、木々の梢から一〇メートル上――ゾウが後ろ足で立って鼻を伸ばして届くところより高い場所――に設置した。コーネル大学で設計された最初のARUは、ポリ塩化ビニルのパイプの中に設置され、ノートパソコンのハードドライブとサーキット・ボードが録音ファイルデータをバイナリ・フォーマットで書き込んだ。中央アフリカのガボンでの最初の大きな設置工事では、ARUを三か月間稼働させるためにそれぞれ二〇キロのバッテリーを必要とした。[*27] 機器は離れた場所にあるビデオカメラと同時に稼働するように設定された。そうすることで、後で研究者が録音を聞きながらビデオを見て、音声と個々のゾウとその行動を対応させることができるのだ。

三か月ごとにそれぞれの録音機の場所まで研究者が行って、オーディオカードを入れ直し、バッテリーを交換して、次の録音を始める。コーネル大学の研究室では大学院生のチームが綿密にゾウの信号を解読する。何十年にもわたる研究の末、チームはゾウの出すさまざまな信号を解読できるようになった。またゾウの特徴的な発声からは、そのグリッド内のゾウの分布や地形をどう使っているか、生息数、人為的な加害の影響などに関する情報を得ることができた。[*28]

長い年月をかけて、コーネル大学の研究チームは何十万時間という録音データとその観察記録を集積した。これによって個々のゾウについて、誕生しておとなになり、死んでいくまでを記録することができた。この生物音響データとまれに起きる目撃情報を組み合わせることによって、研究チームはマルミミゾウのライフサイクルの重要な側面に気がついた。家族の群れのサイズや構成、ある一か所から別の場所への群れの移動、交尾、幼いゾウに対する母としての反応などだ。痛ましいことに、録音は密猟者の銃の発砲音や不法な伐採のチェーンソーの音、驚いて逃げていくゾウたちの音までも拾っていた。[*29] このデータに基づいて研究チームは、急速に縮小していくマルミミゾウの生存頭数に関して初めて警鐘を鳴らした。近い将来に絶滅してしまう種の音声を保存しているのかもしれないと懸念するようになったからだ。[*30]

中央アフリカのいくつかの重要な場所で、マルミミゾウの壊滅的な状況を証明した研究はそれより前にも存在したが、当時はその他にはアフリカ全体の同種の生存数はほとんど知られていなかった。[*31] しかし、サバンナで暮らすゾウに関する最近の報告も希望が持てるようなものではなかった。サバンナゾウの最初の生存頭数調査が二〇一六年に完了した時、その結果は保護活動の世界を激しく動揺させた。[*32] 保護団体「国境なきゾウたち（Elephant Without Borders）」が監督している監視団は小型で軽量の飛行機を大陸の大部分——四七万キロ（月までの距離を超える）——で飛行させたところ、結果は暗澹（あんたん）たるものだった。推定で、年間に二万七〇〇〇頭のゾウが密猟で殺されていた。アフリカのサバンナゾウの総生存頭数は七年の間に三分の一まで減少した。カメルーンでは、研究者たちが数えたところわずか一四八頭のゾウが生きていたが、六〇〇頭を超えるゾウの死骸が発見された。死骸割合は八〇パーセントを超えていた。

この生存頭数では絶滅の危機にあった。サファリ・ツーリズムのビジネスが盛んなタンザニアでさえ、五年の間に六〇パーセントの割合でサバンナゾウは減少していた。残念なことにマルミミゾウはこの調査から除外されていた。頭数の減少がサバンナゾウの場合とよく似ていること以外は、研究者にもわからなかった。ペインと同僚たちはマルミミゾウの生存頭数の調査を強く求め続けた。二〇二一年初め、国際自然保護連合はマルミミゾウが過去一世紀で九割の頭数を失っていることを明らかにした。マルミミゾウは「レッドリスト」評価を更新し、分類を「深刻な危機（CR）」――野生動物として絶滅の一歩手前――としたのだった。[*33]

## 人工知能がゾウを救う

この発表よりもかなり前にコーネル大学のチームは方向を転換していた。密猟がエスカレートしマルミミゾウを追い詰めているので、ゾウの音声研究プロジェクトは現実的な保護活動を目的として、音響学を基本にしたアプローチを前進させる方向へとシフトしたのだ。ゾウの音声辞書を作ろうにもゾウが一頭もいなくなれば、まったくの空論に過ぎなかった。ゾウの音声を録音することは覗き趣味のように感じられた。目の前ではゾウの大量殺戮が行われており、その音声を録音したところでそれは音声の化石のようなものだ。

根こそぎ殺されてしまう前のゾウの音声を録音するだけではなく、絶滅を避けるために何ができるだろうかとペインは考えた。二〇〇三年にはすでに、生存頭数を数えるための道具としても、迫る危険を警告する自動装置としても機能する、音響モニタリングシステムを設計することは可能なのではないかと、ペインは提案していた。[*34] そうしたシステムは自動のレコーダーで、密猟者たちから見つからないように設置されている必要がある。同時に、精密に正確にゾウのコール音と、銃の発砲音やエンジンの音、チェーンソーの音など、密猟に関係した音を聴き分けることができなければならない。前者の要求に合う器具は最近のデジタル音響機材の進歩からすれば簡単だった。しかし、後者はそれよりも困難であることが明らかになった。ジャングルとは音であふれた場所なのだ。

コンピュータサイエンスの世界でこの問題とよく似た話が、人間の声の研究において知られている。「カクテルパーティー問題」と呼ばれるものだ。ある一人の声に焦点を当てる必要がある時、背景の音や他の声を取り除かなければならない。

二〇一五年、人工知能の研究者がカクテルパーティー問題にまったく新しい解決策を提案した。これは冗談を込めて「ディープ・カラオケ」と呼ばれた。人間の声と楽器の音を区別するアルゴリズムをコンピュータに教えるために、参加している楽器別のトラックと歌声のトラック、また楽曲のすべてを合わせたバージョンのトラックを含む、楽曲のデータベースを作るところから始めた。各トラックはそれぞれの楽器や声に対して音響上に独特の「指紋」を描く、一連のスペクトログラムに変換された。楽曲のすべてを含んだ混合バージョンもまた、基本的に他のスペクトログラムとの混合体として、一つのスペクトログラムに変換された。研究者たちはこのデータをまとめてニューラル・ネットワーク——人間の脳のようにサンプルを比較したりパターンを探したりしながらインタラクティブに学ぶように設計された人工知能のタイプの一つ——に入力した。ある程度の大きさのデータセットとコンピュータに十分な計算能力があれば、ニューラル・ネットワークは音の特定に優れており、多くの場合で人間を超えている。この場合、ニューラル・ネットワークにデータベース全体を一〇〇回投入した。それから研究チームはニューラル・ネットワークに未知の歌を取り込ませて、そこから声のトラックを取り出すように命じた。これはうまくいった。ちょうど人間がミュージシャンの声を認識し、背景の音からそれを取り出せるように、アルゴリズムが設計されたのである。[*35]

コーネルのチームは考えた。ゾウの発声を騒々しい熱帯の森林の背景から切り離すことに同様のアプローチが使えないだろうか。コンピュータサイエンスを環境や社会の問題解決に用いる新しい分野である、コンピュータによる持続可能性の創始者の一人、カーラ・ゴメスといったコーネル大学のコンピュータ学者にヴレーゲは誘いをかけた。録音から有用なデータを取り出すためには、自動式の新しいアプローチを考案する必要があると二人は確信した。ゴメスとヴレーゲはカリフォルニアに本拠地を置くコンサベーション・メトリックス社に、カスタマイズされたニューラル・ネットワークを構築するように依頼した。個々のゾウを特定できるように自動化された人工知能のアルゴリズムである。初めて録音を手渡した時、ヴレーゲは同社に対して二つの課題に注目するようにと指示した。ゾウの音声を背景のジャングルの雑音から抜き出すことと、ゾウの音声をタイプ別に、特に苦痛と警戒を表す声をそれ以外の声から区別することだ。ゾウの音声研究プロジェクトでは、学習用のデータとしては十分な量の、何十万時間という音声データを集積していた。

ヴレーゲはまだ検証されていないこのアイディアがうまくいくかどうか自信がなかった。しかし結果は期待していたよりもうまく運んだ。ニューラル・ネットワークはゾウの音声を正確に確認できたのみならず、依頼もされていなかったのに、銃の発砲音も拾うことができた。その正確さをダブルチェックするために、また別のニューラル・ネットワーク――今度はゾウの警戒音のほかに銃声やチェーンソーの音にも注目した――が製作された。二つ目のアルゴリズムは最初のよりもさらに正確にできていた。チームは、ペインがほぼ二〇年前に初めて提案したものを発明したのだ。人間がゾウに与える危害をリアルタイムで監視するシステムで、これなら密猟者たちをその場で取り押さえることができるかもしれない。[*36]

ヴレーゲやゴメス、その他の同僚たちが記念すべき出版物の中でのちに説明したように、リアルタイムで脅威を見つけ出し、生存頭数調査するためには、二つの難しい課題を乗り越える必要があった。まずは、素早くそして正確に目標の動物と、伐採者やハンター、密猟者といったその動物に対して潜在的な危機となる存在がどこにいるかを突き止めること。次に、必要なデータだけをシステムに効率的に通信し、無線ネットワークの限られた容量を圧迫しないようにすること。前者は——発砲音と木の枝が折れる音を区別するといった——オーディオデータの分類と分割に関するお馴染みの問題だ。これは特注のニューラル・ネットワークで解決した。ところが、ニューラル・ネットワークに情報を取り込むには、供給する音響データに関して、二つ目の問題を解決する必要がある。そのためには従来のアルゴリズムを諦めなければならない。そうなると、ゾウがほとんどのコミュニケーションに使っている低周波音を失ったり、取り除いたりすることになってしまう。これを実現するために、ニューラル・ネットワークに特化した音響データを圧縮する新しい方法が編み出された。つまり人間の耳ではなく、デジタル機器が聴き取れるようにするのだ。

このシステムは、大陸のあちこちで活動するパークレンジャーに代わる早期の警戒シグナルの基礎として機能すると、コーネルの研究チームは気がついた。[*37] この研究を基礎として、チームは生態系の音(サウンドスケープ)の自動分析ができるオープンソースシステムをリリースした。さまざまな生態系から成るサウンドスケープの「音響指紋」を解読するニューラル・ネットワークを発展させることにより、このメソッドは瞬時の、そして一定の基準に照らして生態系のモニタリングができる。そして将来は、生物の生息地の質や生物の多様性を正確に推測したり、チェーンソーや銃の発砲音のような異質な音を自動で検知したりできるのだ。[*38] アナログな音響テクノロジーを使ってゾウの声を聴くプロジェクトとして始まったものは、人工知能で動くデジタル技術による音響システムを利用してゾウを救うミッションへと方向を変えたのである。

こうしたデジタル音響機器は、技術面から言えば大きな前進ではあるが、アフリカのゾウたちを絶滅から救う戦いの中でそれは決して特効薬ではない。道具自体はまだ十分に正確ではなくて、広範な地域で密猟者を見つけ出すことは難しい。また、密猟が抑え込まれたとしても、ゾウたちはまた新たなさらに厳しい脅威にさらされる。人間による侵略で生息地が失われているのだ。森林の木は伐採され、森との境で農耕が始まり、ゾウと人間の間の争いは大陸中で起きている。ここでもまた、生物音響学が解決策を提案してくれるのかもしれない。他方、ゾウのコミュニケーションに関してさらに驚くべき洞察が明らかになった。

## ミツバチのフェンス

ペインの後の世代、ルーシー・キングはまずアフリカに向かい、キリマンジャロのふもとの小さな丘でゾウの声に耳を傾けた。アフリカで成長したキングはゾウの生息数の激減を目の当たりにしていた。キングの師、イアン・ダグラス＝ハミルトンは非営利団体「セイブ・ジ・エレファント」を設立し、地球規模での象牙貿易の禁止を訴えた。何十年にもわたるロビー活動の末ついに、一九八九年に「絶滅のおそれのある野生動植物の種の国際取引に関する条約」のもとで禁止された。しかし三〇年後、ゾウは新たな脅威に直面した。地元の農民たちである。大学で研究を始めた時には、人生を捧げてゾウと農民たちの間の紛争を解決しようと、キングは心に決めていた。

キングは保護活動のうちで最も険しい道の一つを選んでいた。アフリカでは人口が増えるにつれて、急速に縮小しつつあるゾウの生息地を人間が侵食するようになっていた。食料だった灌木の茂みを奪われたゾウたちが、腹を満たすために農場を襲うことが増えた。たった一頭のゾウでも、驚くほど短時間で何エーカーという畑の作物を破壊してしまう。ゾウたちは食べられるだけの作物――一日に一〇〇キロ以上の食べ物を食べる――を根こそぎ食い荒らす。時には邪魔に入った人間を殺してしまうこともある。[*39] 農園が野生生物の隠れ場所に近ければ近いほど、野生生物に侵入される可能性は大きくなる。

ゾウを止めることは簡単な仕事ではない。石の壁や棘のある生垣はアンテロープ〔ウシ科の草食動物〕を畑に入れないようにはできるが、ゾウは無理だ。したがって家族が交代で昼夜を問わず畑の番をする。父も母もそして子どもたちも順番に、ゾウが農場に入ってこないように見張る。鍋やフライパンをたたいて音を立てたり、クラッカーを鳴らしたり、石を投げつけたり、辛い唐辛子を燃やしたりすることもある（その煙が自家製催涙ガスのようにゾウの侵入を止めるのだ[*40]）。こうした手法がいつも成功するとは限らない。そこで時には復讐心を燃やして農民たちがゾウを殺すこともある。自然保護官が「問題のあるゾウ」を駆除せざるを得なかった場合、生き残った群れの仲間は前よりも一層、人間に対して攻撃的になる場合が多い。[*41] 密猟者たちはこのような対立をうまく利用するようになった。ゾウに腹を立てた農民の中には、ゾウの捕獲に手を貸したり、密猟者たちの活動を見て見ぬふりしたりする者が出てくることもある。またゾウへの威嚇が有効な場合にも、例えば子どもに学校を休ませて作物の番をさせるといった社会的な犠牲が必要だ。[*42]

ゾウの視点から見れば、農民たちの方が人間の作り出した問題の先頭に立っている。つまり昔からのゾウの土地と移動の経路を人間が侵害しているのだ。象牙貿易が禁止された後、ゾウの生存頭数はゆっくりだが上向き始めていた。しかしアジアやアフリカで生き残っていたゾウたちは、農業や人間の定住が広がるにしたがい前よりも狭い場所に押し込められるようになった。[*43] 生息地が狭まっていくにつれてゾウと人間はより密接な接触をするようになり、その結果、衝突する機会も増えてきたのである。[44]

農民対ゾウの争いを解決するために、自然保護活動家や研究者がさまざまな方法を試みたが、限られた成果しか得られなかった。ゾウは電気柵を比較的簡単に破ってしまった。農民は損失に対して金銭的な補償ではあまり満足しなかった。[45]ヤマネコのうなり声や人間の叫び声、他の群れからの声など、ゾウたちを怖がらせるための騒々しく鳴り響く音に効果があるのはほんの短い間だけだ。ゾウはこうした音をすぐに無視できるようになる。また、このようなシステムは得てして非常に高価で、農民たちにはこれを維持管理することができない。[46]キングはより暴力的でなく、ゾウを農業地帯に立ち入らせない方法は他にはないものだろうかと考えた。アフリカで育ち、オックスフォードへ行って動物行動学を学んだ。その後帰国すると、人間とゾウの共存プログラムをキングは立ち上げた。彼女が目指したのは、人間とゾウの対立を減らせる、自然に配慮した方法を編み出すことだった。これは決して簡単な仕事ではなかった。

彼女にひらめきが訪れたのは、マサイ族の養蜂家と蜂蜜収集家からの助言がきっかけだった。ゾウはハチを怖がると昔から言われていた。また、マサイ族にはハチが何キロもゾウを追跡したという目撃証言もあった。[47]アフリカミツバチ（*Apis mellifera scutellata*）はヨーロッパの同種のハチより攻撃的であることが知られている。脅威に対してアフリカミツバチはより早く反応して三倍か四倍のハチを送り出し、侵入者をより遠くまで追いかける（長いと一・五キロ先まで追いかけるという報告もある）。[48]攻撃的で反撃が早く、何百という個体が刺して人間のおとなを複数死に至らしめたこともある。ハチはゾウの群れさえも追い立てて逃走させることができるとマサイの人々は断言した。ぶ厚い皮膚を持ったゾウが、より大きな身体の捕食者に対してもしっかりと立って一歩も譲らないことを考えると、これは驚くべきことだ。しかしアフリカミツバチはゾウの腹や鼻、耳や目など皮膚の薄い場所を狙い撃ちすることに長けている。小さなミツバチは、力が強いアフリカゾウを怖がらせることができる数少ない生き物の一つなのだと、マサイの人々は言った。

キングの師、イアン・ダグラス＝ハミルトンは、ゾウの行動を研究し始めた時、マサイの人々の言うことは正しいと知る。ある実験で、彼は空っぽのミツバチの巣をアカシアの木にぶら下げておいた。一か月後、あたりの樹木の九〇パーセント以上がゾウに葉を食べ尽くされていた。ところが、生きたハチの棲む巣のある木は、まったく無傷のままだったのである。空っぽのミツバチの巣を下げた木は、ミツバチの巣がない木よりもゾウによる損害は少なかった。ゾウはミツバチに対して非常に用心深く、ミツバチの巣があれば、大好きなアカシアの葉も食べないようにしていると彼は結論付けた。ダグラス＝ハミルトンはそれから挑発的な提案を行った。農民たちは高価なフェンスではなく、ゾウを寄せ付けないように戦略的にミツバチの巣を配置して「ミツバチのフェンス」を作ればいいのだ。[*49]

この仮説を証明するために、キングは簡単な実験を始めた。落ち着きをなくして騒いでいるミツバチの音声を録音して、スピーカーから流して、ゾウがどう反応するかを観察するのだ。[*50] ゾウは頭を振って自分に埃をかけながら、後ずさりした。明らかに、ハチに刺されまいとする反射行動だった。比較のために他の音でも実験を行ったが、ゾウは無視した。本物のハチがいなくても、ハチが出す音だけでゾウを寄せつけないことがわかった。[*51]

ミツバチの音を使ったフェンスはゾウの行動を妨害する装置として効果があることを、キングは証明した。しかしその音を小さな農場で再生することは非常に難しい。アフリカの小規模農家の大多数にとって、電子機器は高価で、また維持するのが困難なのだ。そこでキングが考えた次の手段は、生きたミツバチのフェンスを作ることだった。大地溝帯の北西部のライキピア高原にある農園を最初の生物「保護柵」の設置対象に選んだ。八〇〇〇平方メートルの小さな農場はゾウに繰り返し襲われていた。九個の巣箱を連結させた三〇メートルのフェンス二枚を、農園の境界二面に設置したところ、ゾウは入ってこなくなった。これに対して、近所の農園ではゾウの侵入が続いた。[*52] この結果に励まされて、彼女はさらに大きな実験を行った。一七の農園を生きたハチの巣のフェンスで囲った一方で、その他の一七の農園は棘のある低木の柵で囲うだけにした。

二年間の実験中、ミツバチのフェンスは一度（しつこいオスのゾウによって）壊されただけだった。それに対して棘のある低木の柵は簡単に、しかも何度も突破された。ローテクの生きたミツバチのフェンスが機能したのだ。また農民たちは一〇〇キロ以上の蜂蜜を収穫できて喜んだ――フェンスを建設するコストを上回る収入になったのである。[*53]

キングの研究チームは次に、ケニア野生生物公社と協力してツァボ・イースト国立公園に隣接した、最もゾウと人間の衝突の激しい場所の一つでミツバチのフェンスの実験を始めた。[*54] 結果は非常に素晴らしいもので、近隣の農家もミツバチの巣箱が欲しいと言い始めた。これを使えば、ミツバチが受粉を行う作物で、ゾウが食べたがらない作物（例えばヒマワリ）を新たに栽培することができるのだ。[*55] 以来、ミツバチのフェンスはゾウを寄せ付けない方法として、ガボンやモザンビークからインド、タイに至るまでの一七の国々の農場で効果があることが示されている。ただいくつかの場合では、時間が経つにつれてゾウがミツバチの巣に慣れてしまうことがあるようだ。[*56]

キングが初めに予測していたように、長期にわたって作物の転換を図り、ミツバチのフェンスと組み合わせれば、一層効果が長続きする解決策となるかもしれない。[*57] 世界中にこれが広がる時、キングの単純な発明はゲーム・チェンジャーになりうる。人間とゾウの平和的な共存を可能とする、生物音響学に基礎を置いた工夫なのだ。[*58]

## 「ミツバチ」ってゾウ語で何という?

ミツバチのフェンスの研究をしている時、キングはゾウに関して不思議なことに気がついた。ハチと出会うとゾウは普通とは違う特徴的なゴロゴロと轟(とどろ)くような音声を発した。ホワイトノイズの再生に対する反応とはまったく異なる音声だ。するとすぐに血縁の仲間たちが集まってきた。そのうちの何頭かは長い距離を歩いてやってきて、怯えている仲間と合流した。ゾウは初めに何と言っていたのだろうか。そしてあとから来たゾウはどうやってこれを知ったのだろうか。

ゾウが人間の通常の聴力で聴き取れるずっと下の周波数の超低周波音で日常的に発声していることをキングは知っていた。[*59]この章の初めの方ですでに論じたが、こうした発声は長距離を伝わる。またそれぞれのゾウには個体ごとに独特の発声、ボーカル・シグネチャーがあるというエビデンスもある。観察によって得られたこれらの情報から、ゾウが何キロも離れた仲間とどのように移動を調整し合っているのかがわかるのだ。[*60]ゾウは遠くにある水を探し当てるのに、振動を使っているのかもしれない。[*61]

どんな情報をゾウがどのように伝え合っているのかを知るために、キングはディズニー・アニマル・キングダムの生物音響学者、ジョゼフ・ソルティスを仲間に加えることにした。ソルティスはゾウの音声コミュニケーションの研究を何年も続けていた。個体間の個性の違いや、コール音を出しているゾウの感情の状態、ゾウが呼びかけ合い(呼びかけと応答)の行動をしている時の社会的な交流が、音の中のかすかに陰影のついた変化形にどのように反映されているのかを研究の中で明らかにしたのも彼だ。[*62] ソルティスとキングは一緒になって、ミツバチと人間それぞれの音声録音に対するゾウの反応を検証するために、一連の実験を考案した。

これらの実験からは驚くべきことが発見された。ゾウが出す警戒音声は、人間に対するものとミツバチに対するもので明らかに異なっていたのだ。[*63] さらに、ミツバチを警戒している時だけ、ゾウは集まって慌てて逃げ出す。ところがその他の警戒音に対しては、ゾウは文字通り四散していく。どうしてゾウがこのような行動をするのかキングには確信が持てないのだが、最初の仮説は、群れでまとまって逃げることで一頭だけが集中的に刺される危険が減るのではないかというものだ。仲間と寄り集まって逃げる戦略は、怒ったハチの群れに対しては意味があるのに対して、人間の密猟者を相手にする時にはバラバラに逃げる方が賢い戦略なのである。

ゾウのこうした特徴的なうなり声は、ミツバチの存在を知らせるある種の信号なのだろうか。ソルティスとキングはこの声の録音を再生してみた。するとそれを聴いたゾウは、ハチはいないしハチの音も聴こえないのによく似た行動をとった（頭を振って、より遠くまで、より素早く後退する）。「こうしたゾウのうなり声は指示的なシグナルとして機能しており、その中にある（特定の）周波数の動きが、近くにいるゾウに対してハチに警戒するように伝えていることがわかる」とキングは慎重な表現で述べた。これは大発見だった。ゾウには「ミツバチ」を意味する特別な「言葉」があるのだ。[*64]

ゾウが異なった脅威に対して異なった警戒音を持っているという仮説をさらに検証するため、ソルティスとキングは新しい音響実験を始めた。二人はケニア北部で畜産業を営んでいるサンブル族の成人男性の声を録音した。彼らは定期的にアフリカゾウの群れの中を移動し、時には水飲み場を競争で探し求める場合もある。ソルティスがゾウに対してこの録音を再生したところ、ゾウは何かに対して警戒する時の、また恐れを表す典型的な動作と声を発した。しかしこの時ゾウが発したうなるような声はミツバチに対するものとは違っていた。ソルティスが録音を分析してみると、「サンブル族に対する警戒音声」と「ハチに対する警戒音声」との間には明らかな違いが見つかった（後者の方が、頂点に達した音がより高い）。研究チームがサンブル族に対する警戒音を聴かせると、ゾウは逃げていったが、ハチへの警戒音に対して見せる頭を振る動作はしなかった。単純に言えば、警戒音を出す時ゾウは二つのタイプの脅威を区別しており、彼らの出す音声は危険性のレベルを反映していたのだ。[*65]

ソルティスとキングはゾウが使用している指示シグナルの二つを立証した。ミツバチと人間だ。キングはさらに、ゾウが二種類の人間を区別することを立証した（これはゾウに特有な話ではない。カササギのような野生種でも、知っている人間と知らない人間とを区別する）。[*66]ゾウを研究している生物学者カレン・マコームは同じような実験の中で、人間の声の録音をケニアのアンボセリ国立公園のゾウに聴かせた。マサイ族の男性ハンターの声を再生すると、ゾウたちは急に逃げ出した。ところがマサイ族の女性や子ども、カンバ族の男性（ゾウを捕獲しない別の民族）の声を再生した時には比較的平然としていた。マコームの研究から、ゾウは人間の音声から民族だけでなく、性別や年齢などを聴き分けていることがさらに証明された。[*67]

ゾウが他個体の発する警戒音を聴いた時、知っているものと知らないものとを区別する能力を持つことは以前から証明されており、音声認識によるゾウの広いネットワークはよく知られていた。[*68]このようなコール音はゾウの複雑な社会システムの中心にあり、個々のゾウや家族の情報を伝えるのだと推測された。[*69]しかしソルティスとキングは、ゾウが自分たち以外の生き物を示す特定の音声シグナルを持つことを証明したのだ――大発見だった。さらに二人は、これらの音は単語のように機能すると証明した（科学者がこれを「指示シグナル」と呼ぶのを好むのは、「単語」といえば人間の言語だけが連想されるからだ）。

ゾウに早めの警戒を呼びかけることや、モニタリング調査のシステムに、どうしたらこの新しい知識を組み入れることができるかが今、明らかになりつつある。ゾウは新しいシグナルを学習することができるのだろうか。危険を回避させるため、人間はゾウに脅威を表す「単語」を教えることができるのか。ゾウが人間から音を学習することができるという証拠はある。ムライカという、親を亡くして半ば人間に捕らえられている状態のケニアのゾウは、ナイロビ－モンバサ高速道路の近くに暮らしており、日没頃になるとトラックのような音を出す。アフリカのサバンナを越えて低周波音が運ばれるのに最も良い時間帯だ。[*70]

別の例では、二頭のアジアゾウと共にスイスのバーゼル動物園で育てられたオスのアフリカゾウは、高いピッチで繰り返しの多い発声を、仲間のアジアゾウのまねをすることで学習した。アフリカゾウが普通には出さない音だ。[*71] これらは複雑な発声を学習した例である。生まれつき持っているレパートリーの中から出す生まれつきの音声ではなく、環境の中で聴いた音を学習し、自分でもそれを発声する能力だ。[*72]

もしもゾウが車の音をまねしたり、他の種が出す音をまねできるようになるのなら、潜在的には農家の畑に入らないように伝える音も解釈できるようになるはずだ。目下、さまざまなタイプの危険から逃れるように警戒することをゾウに伝える、特定のシグナルがテストされている。ここには以下のような一連の複雑な技術的問題が持ち上がってくる。音響的あるいは視覚的な（あるいはその両者の）データの自動分析を使うべきか否か。いかにしてゾウが出す音だけを背景の音から切り離して取り出すのか（例えばトラックのエンジン音はゾウが長距離間でのコミュニケーションに使う低周波の合図を妨害しうる）。こうしたデジタル技術のシステムと、保護区で現在広く使用されている、ますます複雑化してきているデジタル技術による密猟探知システムとをいかに調和させて使うのか。[*73]

一例をあげると、スリランカで開発されたタスカー・アラート・システムは、銃を発砲すると警戒ライトが点滅し人工的なハチの音が出る。そして、野生動物保護課や鉄道職員、警察署などへＳＮＳメッセージと携帯電話のアプリを通じて通報される仕組みだ。[*74] タスカー・アラートは音響の他にコンピュータによる視覚情報も利用している。人工知能のアルゴリズムが写真から画像を認識できるように設計されていて、それによって誤った警告が出されるのを防ぐ。ゾウの生息数が多く人間と密に共存している場所では、こういったタイプのシステム――そのいくつかは実地検証でのゾウ認証において九五パーセント以上の正確性を示している――を利用すれば、ゾウが自由に歩き回っている状況も広く受け入れられやすい。[*75]

今日でも、こうした音響と視覚情報を用いた早期警報システムや、レーザーやドローン、あるいはミツバチの生態をゾウを阻止する手段として組み合わせる実験は続いている。[*76] しかし研究者の多くは、地元の作物を転換したり、その土地の農民たちを訓練して野生動物との衝突を緩和するテクニックを使えるようにしたりすることも、重要であると考えている。伝統的であまり集約的でない自給自足の移動農業なら動物と人の関係も回復できるだろう。収穫後に森の中にゾウが餌を採ることのできるゾーンが残っていれば、直接の衝突を減らすこともできる。[*77] 農業者とゾウがより平和的な共存関係を成立させれば、保護活動のためのデジタルツールは一層効果的に利用できるだろう。デジタル生物音響学が動物の出すシグナルを正確に解読するのに役立ち続ける限り、私たちはさらに動物からの信号をデジタル形式に変換して忌避装置に応用できるのである。

## デジタルゾウ語辞典

今日の音響を用いたデジタル技術による忌避装置は、ほとんどの場合、無差別に音声を流すものだ。怖がらせることでゾウなどの動物の行動を抑制する目的である。しかし、未来の機器は何をするようになるのだろうか。スマートフォンの翻訳機能を考えてみてほしい。何百種類もの言語の間で瞬時の翻訳が可能だ。いつの日か同様の翻訳機がゾウの言葉に対しても発明されるのではないだろうか。

四〇年ゾウの研究をしたのち、ジョイス・プールは同僚たちと共に世界初のデジタルゾウ語辞典を作った。エレファント・エソグラムである。エソグラムとは行動――この場合は音声――の一覧表だ。それぞれの種に特有のもので、その種の動物たちにとっては有意な違いがある。エレファント・ボイス・プロジェクトと共同でゾウの言葉を立証し保存することによって、ゾウの認知力に関する研究やコミュニケーション、社会的行動の研究と同時に、ゾウに関する社会的認知が進むことをプールやその他のゾウ研究者たちは願っている。[*78]

プールのデータベースは一方通行のツールだ。ゾウの異なるコミュニケーションの声と行動を視聴できる。別の保護活動の団体は「ハロー・イン・エレファント(Hello in Elephant)」という、人間の文章や表現、フレーズをゾウ語に翻訳するスマートフォンのアプリを作った。製作者によると、このアプリは「人間の簡単な言葉や感情を、それに似た感情や意図を伝えるゾウのコール音に翻訳することを意図した」ものだという。[79] この新しい構想は解釈上というよりは分類学上の話だ。真のデジタル辞書というよりは語彙目録だ。デジタル辞書にするならゾウの神経生物学、行動、認識作用や生態、さらには美学についてまでも、より多く学ぶことが必要となるだろう。私たちはゾウの視点から物を見られるようになる必要がある。[80] おそらくいつの日かこうした延長線上で大きな進歩が起こり、双方向のコミュニケーションツールができるだろう。近い将来、音響による忌避装置がさらに洗練されて、より効果的なシグナルが装備されることを望みたい。

ゾウの超低周波音によるコミュニケーションの存在は考えてみれば自明のことだ。他にどんな方法で、この高度に社会的な種が広大な森林やサバンナを越えて自分たちの行動を調整できるだろうか。だがペインの発見は爆弾のように衝撃を与えた。この世界についての科学的理解の奥深くに潜む人間の先入観を明らかにしたのだ。人間の耳に聴こえる音がないところでは、単純に動物は音を出していないのだと考えられてきた。動物たちが複雑な情報を伝えるために音を使っているという確たるエビデンスがないところでは、コミュニケーション自体がないのだと推論されてきた。デジタル技術は技術面でカバーできていない断層をつなぐのに役立った。しかし真の跳躍は私たちが先入観をまず脇へ置くことを学ぶという、認知面での変化だったのだ。

さらに大きな跳躍は、この洞察を他のすべての生命世界へ広げることだ。大きな脳を持つカリスマ的巨大動物が、複雑な情報を伝えるために音声コミュニケーションを使うことができると考えるのは比較的簡単である。しかし、より小さな脳、あるいはまったく脳がない種の場合に、聴いたりコミュニケーションをとったりできると主張することは、一層大きな飛躍となる。この後の章で明らかにしていくように、クジラやゾウに対する科学者たちの見識は、研究の世界全体を新しい道へと踏み出させた。生物音響学を用いて、系統樹のあちら側とこちら側で人間以外の生物のコミュニケーションを判読するのだ。実にさまざまの種が、私たちがようやく理解し始めた方法で、聴いて発声しているということを、科学者たちは今初めて理解しつつあるのだ。

# 第4章　カメの声

カミラ・フェレイラが自分の博士論文の研究テーマを発表すると、指導教授は笑った。彼女はアマゾンのカメ（モンキヨコクビガメ）の出す音声の研究をしようと考えていた。「気でも違ったのか。博士号は取れないよ」と指導教授は言った。別の教授も彼女にこう言った。「私は今まで二〇年間カメの研究をしてきたが、カメが音を出すのを聴いたことはないよ」[*1]。

フェレイラは諦めなかった。先頃、特別研究員の大学院生ジャクリーン・ジャイルスが、オーストラリアの淡水ガメが出す音の研究を発表するために、フェレイラが通うブラジルの大学を訪れていた。フェレイラはジャイルスから、幹線道路がまったくない隔絶された地域を流れるアマゾンの支流、トロンベタス川をさかのぼる旅のガイドを頼まれた。そこで、ジャイルスが川の音を録音したところ、絶滅の危険にさらされている川ガメの音声が含まれていた。フェレイラの先輩たちはジャイルスの発見にはおおむね否定的だったが、フェレイラは夢中になった。オーストラリアのカメが声を出すのなら、どうしてアマゾンの同族の生き物が声を発しないことがあるだろうかと彼女は考えた。フェレイラは自分のテーマを頑固に譲らなかった。しかし博士号への道はまっすぐな道では到底なかった。

フェレイラは自分の指導教授たちばかりか、広い科学界からも、懐疑的な目を向けられた。彼女が自分のテーマを発表した時、爬虫類・両生類学者（カメを研究する生物学者としてよく知られている）の間ではカメは声を出さないと長く信じられていた。[*2] カナダ人のカメ研究者クリスティーナ・デイヴィは、研究生活を始めたばかりの頃のある瞬間について書いている。彼女がカメを拾い上げると、カメは手の中でガーガーという声を出したのだという。

「カメが鳴いてる！」と彼女は叫んだ。[*3] 横に立っていた年上の同僚はすぐにおかしな発言だとして、その可能性はないとはねつけた。デイヴィは物が言えないほど驚いた――カメが声を出したことは間違いないと思ったのだ。しかし再び彼女がその話題を持ち出すと、丁寧に、その問題はもう忘れなさいと言われた。

デイヴィは、カメは音声を出すことがわかっている鳥類やワニなどと同じ祖先を持っていると指摘した。[*4] それなら、なぜ科学者たちはカメが音声を出さないと決めてかかるのか。水生のカメに関する参考書の主なものは、カメは声を出さないし、おそらく耳も聴こえないだろうと断言している。[*5] わずかに、陸ガメが時折音を出すという報告もあるにはあるが、もしカメが声を出すとしたら交尾や死ぬ時のような特別な苦痛の理由がある時だけだろうと想定された。水生のカメは解剖学的構造のために声が出ないようにできているか、また音を聴く能力も制限されていると主張する者もいた。カメの頭は小さいことから、両耳間の時間差――二つの耳に音が到達する時間の違い――を感じる能力は低いと考えられた。またカメの小さな中耳腔は音を受け取るには離れているため、聴き取れる範囲が限られていて、音源の大体の場所へ向かうか、離れるかの判断以上のことはできないと見られた。[*6] しかしながら、明らかになったのは、科学者たちの方が難聴だったということだ。

## 恐竜のような吠え声

フェレイラが自分の指導教授たちと議論を始めたのと同じ頃、ジャイルスはオーストラリアの川ガメ、コウホソナガクビガメ（*Chelodina colliei*）の発声に関する博士号の学位審査を受けていた。[*7] ジャイルスは、ある意外な出会いがあってから、カメが出した声に焦点を当てて、自分の研究をまとめようと決心したのだ。優等学位プログラム〔成績優秀またはより専門性の高い学位の取得を目指すプログラム〕では、道路がカメに与える影響を「標識再捕獲法」を用いて研究した。研究は沼地にカメの罠を仕掛けて行われた。カメの居場所が特定できるからだ。この研究で調べるおよそ七〇〇匹のカメにマークを付けるためには、カヌーを漕いで沼地を渡って、それぞれの罠まで行かなければならなかった。ジャイルスはカヌーを止めては注意深く罠を手繰り寄せて引き上げ、カメを一匹ずつ罠から出した。カヌーがあちこちへ漂う中、一匹一匹カメの重さを量り、大きさを記録し、マークを付けた。それからそれぞれのカメを優しくボートの底に置いて、何匹か集まると、自分の来た道をたどり、捕まえた場所でカメを放した。一つの罠に何匹入っているかによるが、カメはボートの底でかなりの時間を過ごすことになる。

ある日のことだ。「一匹のカメが持ち上げられたり触られたりすることで明らかに苦しがっていた。それでカヌーの底に降ろしてやった。そのカメが恐竜のように吠えたのだ！　私は耳を疑った。明らかにそれはトリケラトプスの大きな吠え声ではなかった――しかし小さなカメの吠え声だった」と、ジャイルスは大変驚いた。「カメが声を出すなんて知らなかった。私はなんて馬鹿だったんだろう」と。次に不思議だという気持ちが湧いてきた。「それは何百万年も前の声みたいだった」。オーストラリアの淡水に棲むナガクビガメはゴンドワナ大陸に起源を持つと考えられている。カメの吠える声はまるで、白亜紀の沼地から聞こえてきたかのようだった。[*8]

大学に戻ってジャイルスは驚いた。カメが出す音声について系統的な研究をした人はそれまで誰もいなかったのだ。指導教授からのアドバイスに逆らって、彼女はカメの音声研究に打ち込むことに決めた。「私は博士号研究のすべてを、カヌーの底で吠えていたあの一匹の小さなカメにかけた」。水の中のカメの声を研究したいと告げると、指導教授は「時間の無駄だ。ブウブウいう声以上のものは聞こえそうにもない」と言った。[*9]

指針とすべき既存の実験計画もなしに、ジャイルスは何か月もかけてフィールドワークの準備をし、研究計画を作り上げた。所属学科には、特殊なニーズに合うハイドロフォンの射程の決め方を知っている人は誰もいなかった。しかしオーストラリア海軍の研究者で、喜んで教えてくれるという人物をジャイルスはついに探し当てた。カメが棲んでいる湿地帯へと機材を引っ張っていくために、最初は車輪付きのトロッコを使用してみたが、すぐ泥に埋まってしまった。そこで今度は手押し車の車輪と腕木を溶接して完成した「全地球攻撃車両」（彼女はこの呼び方が気に入っている）に車輪付きトロッコとすべての機材を積み込んだ。このように装備を整えて、ジャイルスは急ごしらえのハイドロフォン録音機を砂の上や長く伸びた草の上、アリの行列や泥の上を引っ張って運んだのだった。

そしてこれはただ始まりに過ぎなかった。本当の仕事がフィールドで始まった。歩いたり、虫がいっぱいのオーストラリアの湿地の端に何週間も座り続けながら、ほとんどの科学者が存在しないと思っているものを聴き取ろうと耳を澄ませた。伝統的な科学的知識が間違っていることを証明するためにジャイルスは、野外で二三〇日を過ごし、五〇〇時間の録音を行った。「浅瀬を歩くための重たいウェアを着込んで、三八℃の暑さの中で機器類を引っ張って八キロ歩き、そして座って録音の時を待つ。夜明けに、真昼に、夕暮れ時に、真夜中にも」とジャイルスは思い出を語る。「ほとんど私はぼろぼろだった」[*10]。

しかし、水中マイクロフォンが捉えた音で苦労はすべて報われた。カメが本当に声を出したというだけではない。カメは昼も夜もたくさん声を出していた。水面の上でのコール音に加えて、複雑な音のレパートリーを持った水中コミュニケーションのシステムを使っていたのである。カチカチ鳴る音、ガーガーいう声、ホーホー、ピッピッという長い音や短い音、高い呼びかけるようなコール音、大きな叫び声、物悲しい声、犬がクンクンいうような音、うめくようなブーブー、ガルル、破裂音、歯切れのいい断音、遠吠えするような声、小太鼓を連打するような音、脈打つ求愛鳴きなどを、ジャイルスは録音した。二〇〇九年、彼女の研究成果は*Journal of the Acoustical Society of America*（アメリカ音響学会誌）に掲載され、水生ガメの録音は世界初の学術的記録となった[*11]。彼女の博士論文の指導教授は、もともとは懐疑的だったが、自分がこれまで指導した論文の中で最も興味深い博士論文の一つだと彼女に語ったのだった。

人間がカメの発声を聴き逃していたことに関しては、動物界の中で最もかすかな音であることから、おそらく許されるだろう。カメは物静かである。大きな声を出したりしない。ジャイルスが研究したカメは人間の耳に聴こえる範囲で音を出している（ほとんどが一～三キロヘルツでクリック音では上限周波の範囲）。しかしコール音は取り立てて大きな音ではなく、その他の雑多な雑音がコール音を隠している。カメは特別いい声を出しているわけではないし、たくさんのコール音を出しているのでもない。一つの音と次の音との間に比較的長い間隔をあけて、お互いに返事をする前に数分から時には数時間も間をあけることがある[*12]。ジャイルスはたった一回のコール音を聴くのに何時間も待つことがあった。録音時間中に取れる音は多くの場合、二つか三つだった。もしクジラが惑星地球のオペラ歌手だとしたら、鳥たちはオーケストラで、カメは静かなマリンバかカリンバだ。低周波音で比較的短い幅の静かな音だから、静かなところで、注意深い耳や身体であれば感じられるかもしれない。

ジャイルスの入念な研究は、カメの音声の最初の系統的な科学的研究だった。これがフェレイラに、アマゾンのカメは声を出し、その音声を使って情報交換し社会的行動を調整しているという大胆な仮説を作り上げる道を開いた。懐疑論者からすれば、この仮説の後半部分は前半よりも一層ばかげたものに聞こえた。しかしもしこれが正しいと証明されれば、この研究はアマゾンに生息する動物の行動に関して、最も大きな謎の一つを解明することになるだろうと、フェレイラは期待した。

アマゾンの巨大なオオヨコクビガメ（*Podocnemis expansa*）、あるいはポルトガル語でいうタルタルガスは毎年、広い森林の砂浜まで苦労してやってくる。[*13] カメは何百キロも離れた別々の場所から移動してきて、特定の砂浜に集まる。そこで卵を産むと、果てしない川の中へとばらばらに帰っていく。どうやって、いつ集まるかわかるのだろうか。アマゾンの広大な場所でどうやって正確に、同じ時に同じ場所で出会うのだろうか。音響を使ったコミュニケーションによって行動を調整し合っているのではないだろうか。フェレイラはこのような謎を解明したいと考えた。

## アマゾン入植者の見解

カメが声を出さないということは植民地時代から信じられていた。ポルトガル人が南アメリカに到達した時にはアマゾン地域の川はカメでいっぱいで、航行が危険なくらいだった。秋の産卵期にはメスのカメが何百万という数で、水から上がってきた。ヨーロッパから来た旅人たちは大河とその支流の砂浜に、見渡す限りカメがずらりといる風景に驚いた。[*14] イタリア人天文学者ジョバンニ・アンジェロ・ブルネリは植民地の境界線を決める仕事の支援のためにブラジルに派遣されたのに、代わりにアマゾンに関する本を書いた。『*De Flumine Amazonum*（アマゾン川のこと）』の中で、果てしのない川岸にカメが集まっているのに驚いたと書いている。「長く延びた広大な土地が何リーグ〔一リーグは約四・八キロ〕にもわたって暗く見える」のはカメの甲羅のせいだ。高名な博物学者ヘンリー・ウォルター・ベイツの言葉を借りるなら、カメは蚊の数よりも多いという。[*15] 植民地入植者の目からすれば、カメはアマゾンの希少なチョウやカラフルな鳥類などと比べて豪華とは言えなかった。数が多くて、したがって価値も低かった。ベイツのベストセラー『アマゾン河の博物学者』（一八六四年）は、イギリスで出版された中で「最も優れた博物学の旅の本である」とダーウィンから称賛された。[*16] だが、その中では昆虫に関する入念な記述は驚くべきものだったのにひきかえ、カメの描写は冴えなかった。ベイツの最も注目すべき記述はおそらく食事に関する評価だ。

肉は非常に柔らかくて味が良く、健康に良い。だが臭いが鼻につく。完全に飽きてしまって、遅かれ早かれ誰もが嫌になる。二年の間に私はカメにすっかりうんざりして、臭いに耐えられなくなった。その他に代わりになるものが手に入るというわけではなかったのに。[*17]

ベイツのこの評価は植民地主義者の典型的な思考態度だった。カメは肉と現金を意味した。新規にやってきたヨーロッパの人々は腹をすかせていた。入植者も兵士も、拡大中の帝国にエネルギーを送るためには食べ物が必要だった。持ち込んだ畜牛は育たないし、キャベツやケールなどは移植しても不思議なきのこ類に取って代わられた。栄養豊富な地元の食料が必要で、その一つの種が不幸にも完璧な栄養源だったのである。タルタルガスは数が多いだけではなく巨大だった。成体では九〇キロを超えることがあるし、甲羅までを入れると体長九〇センチ、幅六〇センチある。[*18] そして簡単に捕まえられる獲物だった。ハンターは産卵地の砂浜へカヌーを漕いでいってメスのカメをひっくり返すだけでよい。カメはひっくり返ると自分で元に戻ることができないのだ。そして生きたままのカメをカヌーに積み込むのだった。ハンター一人で一日に一〇〇匹のカメを簡単に捕まえることができた。これは一〇〇〇人の兵隊を養うのに十分な量だった。[*19]

カメを積み上げ終えた後には、さらにまだ素晴らしい恵みが待っていた。カメの卵である。卵は油を採ることができるため珍重された。バターは腐ってしまうのでヨーロッパからの輸送に耐えられなかったし、野菜油や蜜蠟あるいはバターがなければ、入植者たちは食べ物を油で炒めたりランプを灯したりできなかった。[*20] カメの油は素晴らしい代用品でマナウスやリオデジャネイロ、さらにはヨーロッパにまで輸送された。カメの卵から作ったバター（*manteiga dos ovos*）のことを「この土地の救い」と呼んだ植民地開拓者がいた。[*21]

植民地の村では、捕獲された母ガメは大きな柵の中に入れられて、一日に二回はカメを食べる入植者にいつでも供給できる食料となった。博物学者で哲学者のアレクサンドレ・フェレイラは次のように述べている。「日々の牛肉」と地元の人に呼ばれているカメは、森に川の水が流れ込んだ魚や獲物を見つけることがより困難になる雨季の間には、特に喜ばれていた（「欠乏の季節」とベイツは呼んだ[*22]）。宣教師たちは皆同じように喜んで食べた。イエズス会ではカメの肉を魚として分類しており、四旬節の間もカトリック教徒たちに「川の牛肉」を食べることを許した。カメの甲羅は、道具を作り出したり、櫛(くし)を削り出したりしたほか、料理や食事、洗い物の時のボウルとして活用された。首の皮は乾燥させれば、袋やポーチを作ったり、あるいは引き伸ばしてドラムやタンバリンを製作できた。[*23] 伝えられるところによると、聖職者たちはカメの甲羅を洗礼盤として用いたという。さらに、甲羅を雨季の間、滑りやすいドロドロの通りに並べて踏石として使うこともあった。ちょうど現代の社会がプラスチックであふれているのと同じように、ブラジルに入った入植者たちの生活も、カメとカメから作った製品から無縁になることは決してなかった。

ヨーロッパ人が到着すると、大規模な商業的搾取が地元の自給自足の生活に取って代わった。[*24] 先住民は長い間タンパク質源としてカメに頼った生活をし、川沿いの大きな集落では木製の囲いを使って新鮮な肉を供給できるようにしていたが、規則や禁止事項を作って獲り過ぎないシステムも作っていた。[*25] 先住民コミュニティは注意深くタルタルガスの捕獲を制限しており、例えばパウマリ人は水に潜って泳いでカメを獲っていた。しかし植民地化によってカメ猟は行き過ぎてしまった。[*26] 拡大する植民地の至るところで行われていたカメのバター製造に税金を課していたポルトガル王室が、最も盛んに乱獲を行った。[*27] 殺されたカメの数については系統的な記録はない。しかし確かな推計によると、二億個の卵が一七〇〇年から一九〇〇年の間に収穫され、殺されたカメの数は数千万匹に上った。実際の数はそれよりもさらに大きな数字だろう。[*28]

植民地開拓者が森林の中にどんどん入ってくる一方、博物学者は急速に姿を消しつつあったカメについてほとんど何も考えていなかった。彼らの関心は多種多様な鳥や昆虫たちだった。例えば、ベイツはアマゾンのチョウを追いかけて一一年の年月を送った。彼はさまざまな種のチョウで斑点模様の繰り返しが見られることに夢中になり、これは擬態の形式であると気づいた。ある生物種（通常無害）が、同じ捕食者に追われる別種（有害種）の警告シグナルを模倣する擬態を現在でも「ベイツ型擬態」という。皮肉にもベイツは動物の出すシグナルの重要な一つの形式を発見した一方で、もう一つ別のシグナルを完璧に見落としていた。カメの音声だ。

## 卵の中の声

二〇世紀には、オオヨコクビガメはまばらにしかアマゾンに分布しなくなっていた。カメが地球上に現れたのが恐竜とだいたい同じ時代だったことを考えれば、カメが姿を消したことは注目すべきことだった。忍耐や知恵、豊穣、幸運などの象徴として、神話やオリジンストーリーに登場する地球上で最も古い種の一つだ。[*29] 西アフリカのイボ人にとって、カメは賢く人々を操るもので、最も危険で油断のならない状況から逃れる道を考えてくれる存在だ。古代ギリシャ人にとってカメは豊穣の象徴であり、アフロディーテは数々の彫刻でカメの上に足を乗せている。古代エジプトではカメは悪を退けるシンボルだった。中国の古い記録には金の甲羅の上に書かれて保存されているものがある。甲羅の形は、古代中国の宇宙観を表した平らな地球とドーム型の空を思わせる。

オジブワ族〔北アメリカ大陸の先住民族の一つ〕の人々の物語では、地球——カメの背中で支えられている——の起源は、オジブワ族の人々と土地との間の社会的そして精神的な関係性を表している。アマゾン川の支流タパジョス川流域の人々は、カメの姿に似せて粘土のランプを作った。ツムパサ（ボリビア）の人々は巨大なメスのカメの精霊の話を語った。出産の間の母親を見守り、陣痛の苦しみを誰にも邪魔させないで、その種を守る精霊だ。[*30]

それに対してヨーロッパから来た入植者はカメを単なる肉と考えた。植民地の博物学者たちは、カメは物を言わず耳も聴こえないと考えたのだった。植民地化によって人間とカメの関係は残酷な相関関係となった。そっと近づいてくる捕食者と、危険にさらされた獲物の関係である。

森の奥のより危険な地形と、急速に拡大している人間の居住地との間に挟まれて、タルタルガスの数は急速に減少した。かつてオオヨコクビガメの生息頭数がブラジルで最も多い場所の一つだったトロンベタス川自然保護区で、メスのカメ六〇〇匹以下が残っているだけである。淡水ガメすべての種類を見ても、アマゾンの保護区の川岸には、おそらく三万匹が残っているだけだ。タルタルガスはもうアマゾンの上流地域には見られない。[*31] 歴史学者で地理学者であるナイジェル・スミスは次のように述べている。オオヨコクビガメは人間と何千年もの間共存していたが、「三〇〇〇年間の強い（植民地）文明の圧力によって絶滅の危機に瀕していた[*32]」。

個体数が減少するにつれてカメたちは森のさらに深いところの川岸を探し始めた。しかしこういった場所はより危険なところだった。卵を産むメスは数の力を借りて、安全のために大グループで集まって（アリバーダス大量営巣）、例えばジャガーといった陸上の捕食者たちから身を守ろうとした。幅の広い川岸はより安全な場所となったが、森の奥深くにある幅の狭い川岸は安全性が低かった。卵を産む前にメスたちはまず代謝を高めなければならないので、毎日太陽の光を浴び体温を上げ、カルシウムやマグネシウムといった栄養素が成長している卵の殻の方へと卵管を通って流れていくようにした。産卵の時が来ると、暑さと昼間の捕食者たちを避けるために夜の間に川岸へと上がっていく。数時間の間に母ガメは大急ぎで深い穴を掘り、その中におよそ一〇〇個（身体の大きなカメはその倍）の卵を産む。水から出て長い間を岸辺で過ごす母ガメは、格好の獲物だ。運が良ければ、見つからずにその場を去ることができるが、そうでなければ、夜行性のジャガーに見つかってしまう。

このような状況は、フェレイラのプロジェクトに困難な状況をもたらした。研究のために十分な数のカメを見つけることが難しいのだ。しかしながら、まずは指導教授たちに、実際カメが声を発していると証明することが必要だった。カメを檻に入れて四か月間録音をし、やっと最初の音を捉えた。しかしそれで十分だった。自然の中で自由にしているカメはもっとおしゃべりだろうと期待しながら、彼女は川をさかのぼっていった。少なくとも檻の中での録音が、周波数の幅を証明するのに役立ち、さらにこれが野外の録音の助けとなった。

カメの産卵場所を探して何か月も経った時、彼女は研究に適した場所を見つけた。目立たない距離を取ってマイクロフォンを水中に沈めて、モニタリングを始めた。それから本当の仕事が始まった。すでに述べたように、カメの出す音声は小さいことが多く、低くて（可聴領域の端か可聴下音）、しかもめったに出さない。六時間もかかって何一つ聴こえないこともあったし、十分なデータを集めるのにその後何か月も何年もかかった。こうしてやっと彼女は最初の研究を発表するのに十分な数の音声を録音したのだった。自然の中のカメと檻に入れたカメの出す音を録音することで、二一二二の独特な音のサンプルを証拠として集めた。これによってカメは水中でも水の外でも音を出すことがはっきりと証明された。スペクトログラムのそれぞれの波形を一つひとつ自力でチェックしながら、フェレイラは苦労してこれらの音を一一の異なったカテゴリーに分類した。彼女はカメが、水から上がってひなたぼっこをするといった動作のタイミングを音を使って合わせていることを表す証拠も発見した。彼女は謎を解いたのだ。[*33]

はじめ懐疑的だった科学者たちに応えて、フェレイラとジャイルスは次のように記した。

これらの音声は非常に低い周波数で、可聴下音に近い。また音は普通非常に短く一秒の何分の一かであり、音量も小さい。したがって、もし水の中に私たちがいても、足で水を掻いたりシュノーケルで呼吸をしたりしていると、カメたちの声を隠してしまう。[*34]

カメの発声に関する生物音響学的な調査はまだ行われていなかった。初期の段階でカメは音を出さないという誤解が広がっていたためだ。フェレイラとジャイルスが指摘するように、ほとんどの科学者は単純に耳を傾けてこなかったのである。

フェレイラはすぐにアマゾンの野外調査に戻った。新しい疑問への答えを探してさらに二年フィールドワークをするのだ。カメが他のカメとコミュニケーションをとり始めるのは、何歳頃からか。彼女の初期の研究の中では、興味深いパターンが現れていた。川の中で、メスのカメが孵化したばかりの子どもに近づく時や、子の声に応答する時にも同様のパターンが録音されたのだ。これは、おとなのカメが生まれたばかりの子どもとコミュニケーションをとっていることを示唆するものであると、フェレイラは確信した。母ガメは卵を産んだ後はそのまま放置していくという常識とされていた科学的知識に、彼女の仮説は明らかに矛盾するものだった。

もしもこの確信が正しくないとしたらどうなるかと、フェレイラは考えた。自分の仮説を証明するために、カメの産卵場所の近くにマイクロフォンを取り付けた上、ハイドロフォンを水中に設置した。そして基準値を採るために、産卵穴自体にも同様にした。卵の殻が割れるまで子どもが音を出すことはないだろうと彼女は思った。産卵穴の録音をするのは比較検証のために過ぎないのだと。それでも、「ちょっとばかばかしいと思った」と彼女は認める。[35] 卵を驚かさないように、非常に小さく繊細なマイクロフォンを持って、一人でそっと浜辺に近寄った。ゆっくりと、数分かけてマイクロフォンをそれぞれの巣穴に差し込んでいった。一度穴の中に入れるとマイクロフォンは、砂粒が一粒一粒落ちる音や、蚊がうなる音などを拾った。

フェレイラは、卵が孵(かえ)ってから音が聴こえるだろうと思っていた。しかし驚いたことに、赤ちゃんガメは殻を破る前から音を出していた。カメの胚は比較的よくしゃべった——一万個の卵のグループの中から、平均三〇秒に一度音が聴こえた。

これによって、以前の録音と比べてかなり大きなデータの集積ができた。カメの胚と生まれた子ガメの研究で、彼女の研究チームは一八九の音を探り当て、これらを七つの異なるタイプに分類した。[36] いくつかの赤ちゃんガメの出す音は巣穴の中でしか聴かれない。ほかの音はおとなが使う音といくつかの種類が重なっている。これから生まれようとしているカメの子は、一体何について語っているのだろうか。研究者たちもまだ確定的な答えには至っていないが、最も可能性が高いのは、同時に孵るようタイミングを合わせるために、卵から出る準備が整っていることを伝え合っているというものだ。[37] 孵化を同時に行うことで、砂を一緒に掘り上げる。そうすることできょうだい揃って協力し合って砂浜の表面へ、穴の外へとなんとか出ていくのである。[38] 音響を使ったタイミング合わせは生き残るための仕組みのように見えてくる。産卵穴から同時に出てくることによって、個々の赤ちゃんガメが捕食者から狙われる危険をより少なくできるのだ。[39]

同時にフェレイラは母ガメ——岸辺に近い水の中で卵が孵るのを根気よく待っていた——の録音も行った。卵から孵る前から、子ガメは母ガメに呼びかけているのだとフェレイラは説明する。母ガメの方からも、子ガメが孵化する時に特別な音を出している。子ガメたちが水に向かって移動する時には、水の中にいる、おとなのメスも子ガメたちに呼びかけを続ける。フェレイラは母ガメと赤ちゃんガメが一緒に泳いで川を下って、アマゾン川の水があふれ出した安全な森の中へと向かっていくことを、とうとう突き止めた。カメたちはそこで冬を過ごすのだ。[*40] 発信機をつけられた子ガメと母ガメは、くっつき合って八〇キロを超える道のりを二週間かけて移動していくことが明らかになった。[*41]

フェレイラの発見は、カメの聴力に懐疑的だったほとんどの爬虫類・両生類学者たちの思い込みに対する異議申し立てであり、カメが親として子どものケアを行っていることは学者たちを驚かせた。しかしその他の研究者によってその後、子ガメたちの聴力は場合によっては、環境に合わせて巧みに調整されていることもわかってきた。例えば、最近の研究によれば、オサガメの赤ちゃんが最も敏感に聴き取れる範囲（五〇～四〇〇ヘルツ）は海岸の波の音（五〇～一〇〇〇ヘルツ）に合致しているという。これによって、生まれてすぐに波の来る場所までの道がわかるのだ。[*42]

フェレイラとジャイルスのカメの発声に関する発見は新たな議論を巻き起こした。カメの音声コミュニケーションに見られる多種多様さは、複雑な社会構造の存在を高い確率で示唆しているのではないか。[*43] この仮説はカメに関する考え方の主流と矛盾する。研究者のジュリア・ライリーは、カメの社会性はこれまで十分に研究されていなかったと説明する。カメはヒト（哺乳類）が本質的に社会的であると考えるような、例えばグルーミングをするとか子どもに食べ物を与えるとかの行動を外に表さない。爬虫類の社会的特色はそれとは異なり、岩などの裂け目を共有したり、すぐ近くで一緒にひなたぼっこをしたり、生まれたばかりの子どもと一緒にいたり、お互いに合意した目的地へ向かって一緒に泳いだりする。幼いカメにとってこうした社会的行動には多くの場合、生存のための重要な利点がある（進化論の用語では「適応度」)。特に母親の存在と指導があるという利点だ。この研究はカメを理解するのに役立つだけではなく、私たち人間自身を理解するのにも有効なのではないか。カメの発声とコミュニケーションのパターンについてより深く理解することで、哺乳動物や爬虫類、恐竜が系統樹の枝を同じくしている私たちの遠く離れた祖先である有羊膜類〔脊椎動物のうち、胚の時期に羊膜を持つもの〕の発声の進化について、新たな洞察に至ることができるのかもしれない。

## デジタルで聴くカメの聴力世界

カメの音声コミュニケーションの研究には膨大な忍耐力が必要だ。野生のカメの声の録音に何年も費やすことができる、あるいはその意欲がある研究者はほとんどいない。そこでカメの研究では、音声と行動を結びつける方法としてデジタル生物音響が利用され始めている。この研究はいまだ初期の段階だが、結果は非常に面白い。例えばカメが音をどのように狩りに使っているのか、研究が始まっている。フィジーでの研究では、魚類や甲殻類による音が最も多い場所で――海草や魚の数が最も多い場所ではなく――より多くのアオウミガメが見られるということがわかった。このことから、ウミガメは他の捕食者のように音を頼りに獲物を見つけたり、他のカメに意図を音声シグナルで伝えたりしていると考えられる。[*44]

淡水の生態系における生物多様性を査定するのに使われる伝統的な方法では、生物や環境を侵す(弱い種を傷つけたり生活を邪魔したりする)場合があるが、それに対して受動的なデジタルモニタリングは生物やその生息地に被害を与えることがない。受動的な音響モニタリングの機器は離れた場所からの監視が可能で、ある場所に何匹のカメがいるかを明らかにし、カメが出している音を録音する。現在、受動的音響レコーディングで取り出したカメやその他の爬虫類の音声データの分析のために、機械学習のアルゴリズムが開発されつつある。生み出される音をもとに、このアルゴリズムは個々の種を特定することができる。最近のある研究では、二つの機械学習アルゴリズム（k近傍法［kNN］とサポートベクターマシン［SVM］）が二七種類の爬虫類の種を認識し、区別することに使用されたが、その分類の正確性は平均九八パーセントだった。[*45]

カメが生息している場所の水中地形を調べるために、デジタル音響モニタリングを使った新しい方法を開発する研究もある。生態音響学の指標に基づいた機械学習アルゴリズムは、水と生態系の健康度をモニタリングできる。[*46] サウンドスケープ全体の音を聴くことによって、例えば池のような場所であれば、私たちは複数の生物と生息している場所全体から発せられる音を識別することができる。これによって生態系の機能と状態を新しい視点から眺めることになるのだ。[*47] デジタル機器によって聴き取ることで、たくさんの音を録音し分析することができる。昆虫や鳥、魚そしてカメだ。他方で、カメにとって最も重要で特別な音と周波数に的を絞ることもできる。

同時にこれは、カメの出す音だけでなく、カメが聴いている他の生き物の音を聴くこともできるということなのだ。デジタル音響機器を使えば、ピラニアの食事の音など、人間の耳からは落ちてしまう繊細な音を明らかにすることができる。[*48] おそらく、ヨーロッパカブトエビやヘラオカブトエビのようなカブトエビの仲間が出す柔らかな音も聴き取れるだろう。素早くて目立たない、人間の耳にはかすかすぎて聴き取れないものだが、間違いなくカメの聴力の及ぶ範囲の音だ。[*49] あるいは耳を澄ましていれば、川岸や池の縁で水が跳ねる音を聴くことができるかもしれない。これはブヨが卵を産んでいる場所を教えてくれている――カメにとっては美味しいごちそうだ。[50] デジタル生態音響学の力を借りれば、カメが周りの森から少しずつ得ている情報を明らかにすることができ、森林の音とその植生、そして森林の構造の間には密接な関係があるということがわかってくる。[51] 私たち人間の耳はここまで聴き取ることはできないが、コンピュータは私たちに代わって聴いて、何が聴こえていたのかを人間に伝えてくれるのだ。

こうした新しい技術は素晴らしいものである。だが、デジタルな聴力の可能性を誇張しすぎないようにすることが重要だ。アマゾンの音に関しては、より豊かでより深く聴き取ってきた長い歴史がある。木々の生い茂った森林の中では、目で見るものよりも耳からの音の方が多くの情報を含んでいる。そして数多くの先住民族のコミュニティでは、人間と人間以外の生物との間で音のコミュニケーションがあると考えられている。アマゾン地域での儀式音楽の多くは、人間以外の存在から受け取り、形作られ、そうした存在へと向けられるものだ。動物や植物、それから岩や川といった無生物である。人間でないものと人間は同じ森に住んでいて、さまざまな形をとっているが、同じ性質を持っている。音楽や踊りを通してすべての種は言葉を話し、儀式に参加する。

例えば、ブラジルのキセジェ族とスヤ族は、森の中の動物や魚もお互いに話をしたり、儀式の間に歌を歌ったり、自分以外の種と音楽に似た音でコミュニケーションをしていることを知っている。[52] いくつかのシャーマニズムの伝統の中にあっても、音はその中心に位置する存在だ。森の中での孤立の期間――森の言葉を学ぶこと――は必要な加入儀礼である。[53] ブラジル人研究者のハファエル・ホセ・メネゼス・バストスは、この音響的かつ音楽的に「耳を澄ませて世界の音を聴くこと」――西洋科学の精密さを霊的な調和を行う行為に結び付けること――はシングー族やカマユラ族といったアメリカ先住民の諸文化の中で広く行われていると主張している。人間ではないものの音や歌を聴くことは、聖なる生態系の一つの形式なのだ。[*54]

バストスは、何度も忍耐強く耳を傾けてよく聴くことを学ぶようにとカマユラ族の友人や協力者たちに励まされたと書いている。[*55] ある夕方、ブラジル北西部にあるイパーヴ湖をカヌーで渡っている途中、カマユラ族の友人エクワは、カヌーを漕ぐ手を止めて沈黙した。バストスがなぜ止まったのかと尋ねると、エクワは答えた。「魚が歌っているのが聴こえませんか」。バストスには何も聴こえなかった。聴く訓練をする必要があるよとエクワは言ったが、「エクワは何か幻覚のような経験をしたのだろう、詩的なインスピレーションが降ってきたか、聖なる恍惚状態に入ったか、すべては単なる空想の膨らむ体験だったのだろうと、村に帰った私はそんな結論を出した」と、バストスは後になって記録している。それからわずか数年後、バストスはサンタカタリーナ大学（ブラジル）の研究者主催の生物音響学ワークショップに参加し、そこで魚の歌を聴いたのだった。ドラード〔大型の淡水魚〕が歌っているのが聴こえるとエクワが言っていたのは、単なる想像ではなかったことに気がついた。突然、バストスははっきりと理解した。エクワのことが、「ひらめきを得た詩人というよりも、幻覚を見せられたり聖なる恍惚状態になった人というよりも、勤勉な魚類学者に思えてきた」のである。バストスの耳は封じられていたが、エクワの耳は開かれていたのだ。カマユラの子どもたちでさえ、飛行機やボートが到着する音は、自分に聴こえるよりずっと前に聴き取ることができたとバストスは記している。

カマユラ族の言葉では、「*anup*（聴く、聴こえる）」は、「知的に理解する」という言葉を喚起するが、これはある意味で「*tsak*（見る）」よりも優れており、限られた分析的な意味においてのみ「理解する」という語を連想させる。見るということは、無遠慮で社会に危害を及ぼすような強い振る舞いを連想させるが、聴くことは認識と知識が統合された総体的な形式を思わせる。カマユラ族において良い聞き手とは、しばしば音楽と口頭芸術の名人芸を持つ人のことをいう。エクワのように、森の中に存在するものの音を感じることができ、覚えていて、再生することも、語ることもできる人には、特別な賛美——*maraka'ip*（音楽の名人）——が与えられる。この能力（カマユラの人々によれば、最高の音響録音機器の能力に似ているという）は生来の才能を必要としており、さらにその後の一生をかけた熱心な訓練によって洗練されるという。

カマユラの人々の音響を読み解く能力は西洋の科学的知識をしのぐことが多い。彼らはどの種や物体が音を出したのかについて、どこで、なぜ音が出たのかの知識に結びつけて、明確で正確な推論を引き出すことに長けている。しかし、この解釈的な意味も相互関係に基づくものである。良い聴き手として、人間は人間以外の存在と常に対話をしているということだ。森の中を移動している時、カマユラ族の人々は動物や植物や精霊たちに対して耳を傾けるだけではなく、打ち解けて会話をしている。私たちは何の害もないですよ、そして無事でいてくださいねと伝えているのである。深く聴くことは対話の一つの形である。これとは対照的に、デジタル機器によって聴くことは——西洋科学が伝統的にやってきたのと同様——強化された盗み聞きの形式なのである。

## カメとカヌー

カメの音声の西洋科学的な発見は、ジャクリーン・ジャイルスのカヌーの底で静かに苦痛のうなり声をあげていた一匹のカメから始まった。それ以前の時代の西洋人もカヌーの中でカメを相手にしていたが、穏やかなやり方とはいえなかった。拡大中の植民地アマゾンの辺境にいたカメのハンターたちは、母ガメをカヌーに積み込む時、何艘かの空っぽのカヌーを残しておいた。母ガメたちが仰向けにひっくり返されてどうすることもできず待っている間、男たちは何千という卵を掘り出して割った。空のカヌーは料理用の鍋になったのだ。死んだ子ガメ、黄身と白身の混合物は水をかけられて太陽の光の中に置いておかれた。黄身の中の油が表面に上がってくると、掬い取って加熱し、粘土で作った容器に入れて保存した。[*56] 油が出てくるのを待っている間、残っている孵化したばかりの子ガメを生きたままあぶった。母ガメたちはどうすることもできず、ただ赤ちゃんガメが殺されていく音を聴いていた。母ガメたちは子どもたちに向かって叫び声をあげたかもしれない。おそらく子どもたちも叫び返しただろう。ハンターたちにはそれが聴こえなかったか、あるいは聴こえたけれど気にしなかったのだろう。植民地主義と環境破壊の暴力を実行に移すために、肉体的にだけでなく、心理的に、そして精神的に耳を塞ぐ道を人間はおそらく選ぶのだ。それぞれの世代には、後の世代がただ驚き、想像するしかない沈黙の意味があるものだ。

アマゾンではカメに対する態度に変化が起きている。環境保護の観点から、カメは生態系の中で重要な役割を持っているという理解が育ってきているのだ。カメは水質を守り、植生を分散させ、水から陸へと養分を循環させるのに役立っている。そして生態系の中で、また複数の生態系間でのエネルギーの流れを保っている。保護活動の計画は導入されているが、その成果は限定的だ。かつてはベネズエラのオリノコ川とアマゾン川の流域、八か国の範囲にまで広がって生息していたオオヨコクビガメは今や絶滅の危機にあり、その生息域はかつての二パーセントに満たない。現在でも違法なカメ猟が、肉や薬の材料を求めて、あるいはペットや装飾品にするために続けられている。[*57] ブラジルの人口二万人以下のタパウア市ではおよそ三五トンのカメが一年の間に消費された。[*58] 海岸のエコツーリズムの公園にはウミガメがいて、ウミガメの保護には多少の成功を収めている。しかし、何百キロにもわたるアマゾン川水系にいる淡水のカメにはそうした保護がまったく行われていない。ブラジル政府の現在の計画は、アマゾン水系に数百のダムを追加で建設するというものだが、これによって残されたカメの生息地のうちの多くが水没することになる。[*59] ますます断片化されていくアマゾン水系で、カメが生き残れるかどうか不透明だ。

生き残っているオオヨコクビガメを助けるためにフェレイラは、生物音響機器を設置して、産卵をしたり泳いだりする静かな水辺をカメのために作ることが必要だと主張している。特に誕生間もない赤ちゃんガメを導いて、川の水があふれ出した森の中を泳いで安全な場所へと連れていく時に重要なものだ。ボートによる騒音公害がカメの社会生活を混乱させていることはいまだ証明されてはいないが、クジラの場合と同様にその可能性は高い。将来は生物音響機器を使ってカメを保護したり、卵がいつ孵化するかを予測したり、かなり離れたところから、生まれたばかりの子どもが母ガメと一緒にアマゾンの奥地へと泳いでいく様子に耳を傾けたりすることが可能になるのかもしれない。

カメの仲間の声には耳を傾け始めたばかりだが、私たちにはまだ学ぶべきことがたくさんある。現時点で、私たちはカメから大事なこと学んできた。かつて科学者たちが音声を持たないと信じてきた動物たちが、実は聴こえているし、音も出すし、それによって情報を交換しているということだ。生物音響学は生き物の社会的行動の世界への扉を開いてくれた。その世界は科学者たちがこれまで考えていたよりもはるかに複雑なものである。赤ちゃんガメが歌を歌って、いつ卵から孵るかを調整し合っているなどと誰が知っていただろうか。母ガメが赤ちゃんガメに水の中から呼びかけて、安全な場所へと導いていることを知っていた者があっただろうか。振り返ってみて、私たちはなぜ驚いたのかと自分自身に聞いてみるべきだ。

カメには音を出したり聴いたりすることを可能にする生理機能がある。親が子どもの世話をすることが哺乳動物に特有の行動であるというのは考え方が狭いようだ。こうした発見に科学がどう驚くかで、観察対象についてばかりでなく、観察者自身に関しても多くのことが明らかになる。生物音響学はすでに確立していた信念をひっくり返し始めたばかりだ。実際次の章で探究していくように、さらに驚くべき発見が最近現れている。耳を持たない種にも、音を聴く能力があるという証拠が出てきたのである。

# 第5章　サンゴ礁の子守歌

気候変動はゆっくりと海洋を蝕んでいる。海水温が高くなると、海中の酸素濃度は減少し、そこに棲む生命を窒息させる。また、大気中の二酸化炭素の濃度が高くなると、海水と反応し、炭酸を作り出す。するとそれによって海水の酸性度が増す。産業革命以前の時代と比べておよそ三〇パーセントの上昇である。[*1]気候変動を惑星規模の炭酸水メーカーと考えてみよう。増加し続ける二酸化炭素を海水の中へ押し込めるのだ。海の植物の中には炭素が増えた中でより早く成長するもの――例えば海藻――もある。しかしその他のより繊細な海の生物――例えばサンゴ――はそのような状態ではうまく成長することができない。最良の場合でもサンゴ礁は酸性化で変形する。酸性の海水はサンゴの組織を生み出すのに必要な炭酸カルシウムの含有量が少なく、サンゴは生き残って成長しても歪んだ集合体となってしまうのだ。[*2]だが、大半のサンゴは単純に死んでしまう。[*3]

海洋の酸性化がサンゴに及ぼす影響は静かに進行するため、大規模森林火災や海面上昇ほどには広く知られていない。しかし結果は同じくらい恐ろしい。海水温の上昇と海水の酸性化の効果が重なって、地球上のサンゴ礁の大半は急速に衰えている。もし地球温暖化がこのまま進めば、サンゴ礁は三〇年以内に世界の海から完全に消滅してしまうだろうと予測されている。同時に、食料や薬、沿岸保護などをサンゴ礁に依存している一〇億人以上の人々の生活が脅かされることにもなる。[*4]

サンゴの消滅は、その他の数多くの種が終末を迎えるという前兆である。サンゴは海の世界にある熱帯雨林のようなものだ。サンゴ礁は海底面のわずか〇・一パーセントを占めているに過ぎないが、そこには人間が知っている海の生き物の種全体の三分の一が生息している。[*5] そして最も気候変動の影響を受けやすいサンゴ――枝分かれした木のような姿の種類――は魚たちに泳ぐ場所や、餌を獲ったり子育てをしたり、捕食者から身を隠すための場所を提供する。サンゴの中でも丈夫で生き残りやすいものもあるが、目立たないドームのような形をしており、魚や他の海の生き物にとって棲みやすい場所ではない。[*6]

サンゴ礁の荒廃をイメージするのは、類推を用いる以外には難しい。もしも気候変動が、サンゴ礁が経験しているのと同じ程度にニューヨークシティに影響を及ぼしているとしたら、記録的熱波で何百万人もの住民が死亡し、通りは気味悪いほど静まり返っているだろう。市内のビルは崩落寸前で有毒なカビに覆い尽くされている。そして新しい資材がまったくないので建て替えることもできない。市の完全な崩壊は二〇五〇年までには起こるという予想である。これが、温暖化している世界の中でサンゴ礁のたどる運命だ。海の中の静かなゴーストタウンである。

## 気候変動による死

ティム・ゴードンが大規模なサンゴの死を間近に目撃したのは、まだ大学院の学生だった時だ。もともと彼は、オーストラリアのグレート・バリア・リーフで旅行者のモーターボートが魚に与える影響を研究するつもりだった。三四万平方キロを超える海底を覆い、宇宙からも見えるほど巨大なグレート・

バリア・リーフは、一五〇〇種の魚、二〇〇種の鳥、三〇種のクジラやイルカの棲みかで、さらには世界最大のカメの繁殖地となっている。これは世界最大のサンゴの構造物だ。サンゴがクローン作成によって繁殖することを考えると、サンゴ礁は地球上で最も古い生命体の一つといえる。

オーストラリアの北海岸の先住民族のコミュニティではこんな話が語られている。三〇〇世代ほど前の時代には海水面は今日よりも一二〇メートル低かった。今日の水の下、つまりサンゴに覆われている場所で彼らの祖先は生活し、そこを歩いていたのだという。グレート・バリア・リーフの誕生は先住民族のソングライン——その地の風景の歴史がチャント（詠唱）として歌われ、道を探す物語が音楽という形で地図のように表現されたもの——の中で語られている。複雑な太古のソングラインは祖先からの教えである。儀式の説明やそのやり方、文化的な記憶をのちの時代へ伝えるものだ。そこには地質学的時間から続く社会環境の歴史が含まれている。景観とか、植物、動物に関する知識、祖先が作って「ドリーミング」〔アボリジニの神話体系、法概念、霊的世界観を内包した概念を指す言葉〕に具体化された指示や法律、パリク民族の法学者アンベリン・クワイムリナが「進行中の創造」であると記述している、先住民族の宇宙観だ。彼女によれば「それはあらゆる生命体との親しい関係の存在を認める永久に動き続ける関係性の網目だ[*7]」という。グレート・バリア・リーフの近くの海岸ではソングラインが恐ろしい洪水について語る。その後に数千年前のサンゴ礁の形成が続くという。西洋の考古学者たちは、ソングラインの中に含まれた情報を、岩礁の姿をたどることで裏付けている。完新世の初めに地球全体の温暖化が始まり、続いて海水面の上昇が起こったのだ[*8]。

グレート・バリア・リーフの北側では、ソングラインもツーリストの旅程もリザード・アイランドに集中する。ディンガール族の人々にはディィグラ（*Dyiigurra*）として知られている場所だ。かつて大陸の一部分だった島はディンガール族にとって神聖な場所で、彼らはその起源は「ドリーミング」にあると語る。島はエイの形で、サンゴ礁はその尾だ。ディンガールの人々にとってディィグラ島はイニシエーションとその儀式のための神聖化された場所である。一方、旅行者にとってリザード・アイランドは、世界で最も素晴らしいスキューバダイビングのスポットの一つだ。クルーズ船の寄港地でもあり、世界有数の多様な生物が生息するサンゴ礁の一つに位置しているという、うらやましい立地が売りのエコツーリズムのロッジもある。[*9]

ゴードンの研究フィールドは島の沖で、観光業がサンゴに与える影響の研究には完璧な場所だった。ディィグラ（リザード・アイランド）の周りは、サンゴが最も複雑に豊かに広がっている海域で、貝類やカメ、ジュゴン、魚がたくさん捕れる。しかし二〇一六年、彼がフィールドワークを始めようとした時に凄まじい熱波が北部オーストラリアに押し寄せた。[*10]

サンゴは海水温の変化によってストレスを受けると、大規模な自己破壊を起こして死んでいく。健康なサンゴ――小さな半透明の柔らかい身体をした、クラゲやイソギンチャクの同族の動物――は自身の細胞内に共生している褐虫藻（藻類）に依存して暮らす。顕微鏡でしか見えない明るい色をした藻類は、サンゴに酸素やその他の不可欠な栄養を与え、代わりにサンゴは藻類に光合成のための安全な場所を提供するのだ。この共生関係は、サンゴの群体が生き延び再生することを可能にしている。植物（藻類）と動物（サンゴ）との関係は非常に緊密で、「プラニマル（planimal）」と呼ぶ人もいるほどだ。海水温が安定している時、サンゴの群体は数百年、数千年と生き続けることができる。[*11]だが水温が上昇した海水は繊細な共生関係を妨げる。藻類はサンゴに有害な化学物質を放出し始める。これは鮮やかな色をした共生者の藻類をサンゴの体内から追い出す。藻類がいなくなるとサンゴは明るい色を失っていく。この現象は白化現象と呼ばれている。基礎を成す炭酸カルシウムの骨格が見えてくると、鈍い黄色っぽい白、サンゴの死の色が現れるのである。[*12]

二〇一六年には海水温が前例のないほど上昇し、大量の白化現象が発生して、グレート・バリア・リーフの北側の浅い海にいたサンゴの半分以上が死んだ。続けざまにやってきたサイクロンですでにサンゴ礁が痛めつけられていたところへ、熱波がサンゴを追い詰めたのだ。サンゴは色が抜け、もろくなり、瀕死の状態になった。ゴードンはオーストラリアに到着して、地球上で最も古い、最も大きな生きた動物の死に立ち会うことになった。ディイグラのそばでスキューバダイビングをするのは、まさに「墓地で泳いでいる」ようなものだった。[*13]

無残なありさまの海の景色を前に座っていると、ゴードンはふと単純に歩き去ってしまいたいような衝動に襲われた。地球の反対側には研究ができる健康なサンゴ礁があるのだ。しかし自分には証言者としての義務があるような不思議な気持ちが湧いてきた。結局研究地ではなく、博士論文のテーマを変えようと決心した。サンゴ礁の魚が死ぬにつれて変化する音を録音することによって、衰え死んでいくグレート・バリア・リーフを記録に残すのだ。

## 水中のオーケストラ

新しい研究テーマを書き上げる中で、ゴードンは長年にわたる魚の生物音響学研究の伝統を生かした。これが最初に現れたのは二〇世紀の中盤で、ウィリアム・タヴォルガのような先駆者たちの努力がそこにはあった。タヴォルガは自分のキャリアをフロリダ州のマリンランドでスタートさせている。イルカショーが年間五〇万人の観客を惹きつけていたところだ。世界初のイルカトレーナー、アドルフ・フローンがショーの上演を行っていた。イルカを取り巻く素晴らしい環境にもかかわらず、タヴォルガとその妻で魚の行動学者マーガレット・タヴォルガは、もっとありふれたものに対して、好奇心を持ち始めた。マリンランドの美しく整備された土地に点在している池にいた小さなハゼ（*Bathygobius soporator*）だ。[*14] 一九五〇年代の初めのある日、タヴォルガはテッド・ベイラー博士に会った。ウッズホール海洋研究所から来た博士はイルカの音声を録音するために公園を訪れていた。彼らは立ち止まってハゼを観察した。メスに求愛する時、オスは急速に、劇的にその色を変化させる。ベイラーはハゼが音を出しているのではないかと、ぼんやりと考えた。この疑問は型破りなものだった。当時、普通の科学的知識では魚は音声を出さないと考えられていたからだ。[*15] タヴォルガも以前から同様の疑問を持っていた。ある種の魚（例えばニベ）は卵を産む時に音を出すという話を聞いていたし、ノーベル賞科学者カール・フォン・フリッシュの口笛に反応するように訓練されたナマズの話も知っていた。[*16] とはいえ、科学の世界では魚は音を出すことも聴くこともできないと広く信じられていたので、出資者を納得させて、録音機材に資金を出してもらうことは不可能だった。[*17]

タヴォルガはベイラーの録音機材に目を留めた。マイク、スピーカー、ガタガタの中古品のウィリアムソンのアンプのどれもが、防水仕様になっていなかった。そのため、タヴォルガはマイクをコンドームに包んで、メスのいない水槽の中のオスのハゼの棲みか（空っぽの巻貝の殻）のそばに仕込んだ。[*18] 二人がメスのハゼを水槽の中に落とすと、小さくうめくようなブーブーという音が聞こえた。オスのハゼが頭を震わすのと完璧に同じ拍子だ。ハゼの求愛ダンスは、魚が音を出すことを西洋の科学者たちが記録した最初の事件の一つだった。後になって、タヴォルガはこの実験がどれほどタイミングの良いものであったのかに気がついた。オスのハゼは求愛期間にしか音を出さないからだ。[*19]
タヴォルガの研究に刺激を受けて、その他の魚類の生物学者たちもじきに同様の研究を始めた。彼らは驚いた――パチパチというエビの音、イルカのクリック音、歯を擦り合わせたり、浮袋を振動させたりして、何キロも先まで聴こえる音を出す魚などだ。[*20] 調べてみると海の生き物は音を出すうるさい動物で、聴くことも音を出すこともできるのだ。それどころか音域は非常に広い幅を持っており、人間の聴力をはるかに超えるものも多かった。続く数十年の間、海洋生物の音声と音響コミュニケーションに関する科学的研究が花開いていった。だが限られた範囲の活動に留まっていた。非常に粘り強い研究者でなければ、大きなアナログの機材を現場まで運ぼうという気にはならないし、しかも、利用価値のある録音をするためには十分に静かな場所でなければならなかったのである。しかし、ティム・ゴードンが研究を始める少し前には、安価な自動制御の録音機材が出回るようになり、比較的安く簡単に海洋生物音響学者になれる時代が来たのだった。ゴードンはかなり少ない費用とこのような機材で相当広い範囲まで、しかも伝統的なアナログ手法よりもずっと野生生物の暮らしを邪魔しないやり方で、モニタリングができたのである。[*21]
健康なサンゴ礁は音があって活気に満ちていることをゴードンは知っていた。音が次々に展開していくさまはちょうど水中のオーケストラか、終わることのないジャズバンドの即興演奏のようだ。[*22] グレート・バリア・リーフではザトウクジラがソプラノのメロディーを歌う。[*23] 魚たちはコーラス担当だ。クマノミはホーホーと歌い、マダラはブーブー、ブダイはガリガリ。[*24] ウニはうるさいひっかき音を出し、チユーバのように反響する。打楽器は短く高い声を出すイルカとカチカチ鳴らすエビの担当で、エビはハサミであぶくを作ると、それを破裂させて大きな音を出す。ロブスターは殻を洗濯板のように使って触覚を擦りつける。雨の降る音や、風や波の音はバックビート（弱拍）を入れている。[*25] 一番いい席を手に入れるには、満月の真夜中のコンサートに行くのがいいだろう。たいていこの時、魚のコーラスは最高潮に達するのだ。[*26] しかし、最前列に座る必要はない。魚の大集団のコーラスは最長で八〇キロ離れていても聞こえるし、クジラの声は数百キロも響くのだ。[*27] 水中のサウンドスケープの中で最もよく研究されているものの一つがサンゴ礁である一因はこれだ。透明で楽しげなたくさんの海の不協和音には貴重な情報が詰まっている。音の積み重なった層からそれを読み解くことができるのだ。[*28]

研究者の視点からは、サンゴ礁で音響モニタリングをすることには他にも長所がある。マイクを生物の繊細な生息地に設置して長期間観察することは、目視よりも効果が高く、また野生動物の生活を邪魔しないやり方だ。サンゴ礁に関する情報を集めるのに古くからの手法を使う場合、ダイバーがその場に立ち会うことになるが、それでは運営や実行の際に複雑になる上、高額で時間がかかる。また、人の手によるデータの集積には、サンプルを集める際にバイアスがかかってしまうことがある。すなわち人間がそこにいると、魚は隠れたり逃げたりすることがあるのだ。それとは対照的に、サンゴ礁の中に目立たないようにデジタルレコーダーを設置すれば、環境を混乱させることなしにモニタリングできる。

重要な生態系の機能を評価するデータは、数時間のサンゴ礁での録音から十分に得られる。スペクトログラムを解析すれば、草食動物やプランクトン捕食生物の存在とその生物量を推定でき、さらには、サンゴ礁に生息するタイプの異なるサンゴを区別することもできる。魚の群れが急に捕食者から逃げ出すといった特定の出来事には、特別な音（音響署名）があるため、音響データからサンゴ礁の上で何が起こっているのかを把握することができる。[*29] 水中で音は光よりもはっきりと、しかも遠くまで伝わるので、デジタル生物音響は、生き物たちの生活を乱さないやり方で、水中の世界の複雑なありさまをしっかり捉えることができる頼もしい存在だ。[*30]

海のサウンドスケープを録音することで、サンゴ礁の健康状態が評価できる。生態系の状態が悪化している時のサウンドスケープは、健康な生態系の中にある音が失われていることが多い。そのスペクトログラムは、いろいろなピースが欠けている――あるいは攻撃的な生き物がいる場合とか、別のパズルから持ってきたような奇妙な外見のピースが交ざり込んでいる――パズルのように見える。放射線科の医師がレントゲン写真を見ることで健康状態を評価するのと同じように、訓練を積んだ研究者であれば、サンゴ礁や生態系の健康状態はスペクトログラムを経時的に見ることで評価できる。[*31] サンゴ礁の衰退は、その状態の悪化が人間の目に見えるようになる前に音に現れているということだ。[*32]

生物多様性の変化を評価するためにすでに何年間も、グレート・バリア・リーフのサウンドスケープが録音されており、サンゴ礁での録音を集積したデータセットもすでに存在していた。[*33] 白化後に、サンゴ礁のサウンドスケープは質が悪化したのではないだろうかとゴードンは考えた。この仮説を証明するために彼は受動的音響モニタリングの機材を揃えて、白化したサンゴ礁の音を録音した。それをサンゴの白化が起こる前の同じ場所の録音と体系的に比較してみたところ、実際にその量においても多様さにおいても大きく減少していることがわかった。[*34] 白化以前の録音と比べると、状態が悪化してきたサンゴ礁は気味が悪いほど静かだった。科学者というものは客観的であろうとするのが通常だが、瀕死のサンゴ礁を訪れて深い喪失感を抱かない者はほとんどいない。ゴードンの録音はサンゴ礁の滅亡の音を順次記録していった。[*35] とうとう録音記録のいくつかは、完全に音が失われたものとなった。

## 音を頼りに棲みかを選ぶ

ゴードンにはグレート・バリア・リーフが再生しそうにないとわかっていた。初期の研究から、魚は死にかけている、あるいはすでに死んだサンゴ礁を避けることがわかっていた。魚の幼生もそこに棲みつくのを嫌った。ゴードンの指導教授スティーブ・シンプソンは、魚たちのこの忌避行動に生物音響が大事な働きをしていると証明していた。魚とその幼生が死にかけたサンゴ礁を避けるのは、それが出す音に対する嫌悪からなのだ。

この発見は科学的な謎に関するシンプソンの興味から始まっている。[*36] ほぼすべてのサンゴ礁の魚の幼生は、海で数日あるいは何週間かかけて発育し、それからサンゴ礁に帰ってきて、そこに幼魚として棲みつく。一九九〇年代の終わり頃まで、海洋では魚の幼生は単純に海流に乗って行きつくところまで流されていくと考える研究者が多かった。しかしこの見解はくつがえされた。小さな魚の幼生が自分で選択して特定の方向に進んでいることが実験で証明されたのである。言い換えると、自分の棲みかとなる場所を入念に選択しているということである。[*37] あるフィールド研究では、一〇〇〇万匹の魚の幼生に印を付けて、棲みかに落ち着くまでの移動を追跡した。幼生は正確な方向感覚と強い泳力を持っており、広い海洋の中で激しい海流と闘いながら途方に暮れることもなく、特定のサンゴ礁へと向かうことが示された。[*38]

この発見がどれほど驚くべきことなのか、次のように考えると明白になる。生まれた時、魚の幼生は二ミリ以下しかない。そんな幼生がある場所に棲みつく時にも、まだ二五ミリにも満たない。耳もなく尻尾もひれもない。海の魚の幼生は——成長が早い——生後一、二週間でかなり元気がよく、泳ぎもうまくなることが研究室での実験でわかっていた[39]が、どのようにして移動すべき方向を知るかの説明はこれではまだできなかった。幼生は何かの音響による合図に従って、生まれた場所へ戻る道を見つけているのではないかと、シンプソンは考えた。

水の流れにかかわらず、音が水中であらゆる方向によく伝わることをシンプソンは知っていた。また健康なサンゴ礁は何キロも先から聞こえる騒々しい音を発していることもわかっていた。彼が研究を始めたのと同じ頃、サンゴ礁に関する海軍の一連の報告書が機密扱いを解除された。サンゴ礁からの音は、静かな状態では最長で九〇キロ先まで伝わることを明らかにするものだった。[40]またサンゴ礁の音の強度は天空のパターンでさまざまに変化する。夕暮れ時と夜中に最高潮を迎え、月の運行によって変化があり（新月の時がピークで、暗闇では魚の幼生が捕食者から逃げ延びる確率が高くなる）、また季節のサイクルもある（晩春の頃と夏にピークがある）[41]。こうした天空のパターンが魚たちのサンゴ礁への定着のタイミングに反映していることに気づいて、シンプソンは興味を惹かれた。研究室での音響再生実験によって、魚の幼生にはサンゴ礁の音が聴こえ、その音がどちらから来るのか突き止められると、すでに明らかになっていた。しかしこの能力は、嵐もあれば潮の流れや風、波がある広い海を魚が泳ぎ渡って生まれた棲みかへと戻る力があることを十分に説明できるだろうか。

この疑問に答えるためにシンプソンは野心的で大規模な音響再生実験を考案した。[42]真夏の新月の夕暮れ時に、サンゴ礁のコーラス（家路を探している魚の幼生にとって最も魅惑的な時期のサウンドスケープ）を録音するのだ。それから、実験機材をサンゴ礁からは十分距離を取って開けた海の砂地に係船具でつなぎ止めた。係船具の半分にスピーカー付きの灯火採集トラップを仕掛けて、サンゴ礁の録音を繰り返し流し続けた。残り半分の係船具には比較実験のために、灯火採集トラップは取り付けたが、スピーカーからは音が出ない。幼生は健康なサンゴ礁の音が出るトラップの方を選ぶのか、それとも手当たり次第に光に引き寄せられるのか（その場合には両方のトラップに同じ数で現れるだろう）。三か月間、毎晩トラップが仕掛けられ——最終的に、三〇万を超える無脊椎動物と四万五〇〇〇の魚の幼生を集めた——二つのトラップに集まった魚の幼生の数を比較した。明らかに半数以上の魚の幼生（六七パーセント）が、サンゴ礁のコーラスに惹きつけられていることがわかった。こちらのトラップには他方よりも一層多様な種の幼生が集まっていたのである。研究チームが数えたところ、八一種類の異なる種の魚が、サンゴ礁の音のトラップに引き寄せられていた。すなわち健康なサンゴ礁の音を突き止めて、それを追いかけるという能力は種を超えて広く存在しているということだ。シンプソンはこの研究を通して、ちょうど蛾が光に集まるのと同じように、海の魚の幼生はサンゴ礁の音に引き寄せられているという決定的な証拠を示した。[*43]

シンプソンは追跡研究で、成長がわずかに進んだ魚を調べた。前の実験では、魚は録音されたサンゴ礁の音を追ってその発生源に集まってきたが、今度の研究は、異なる種は異なる音の好みを持っていることを示したのである。[*44] イトヨリダイ科の魚は礁湖の音が好みで、スズメダイ科の魚（スズメダイとクマノミ）の好みは外側の縁をなしている部分の音だ。シンプソンの実験で明らかに示されたのは、音を合図に希望の移動方向を決めることができるということだ。また魚はサンゴ礁の音を解釈して適切な棲みかの情報を記憶し、これがどこに棲みつくかの決め手となるのである（科学的な用語ではミクロハビタット［微細環境］と呼ばれる）。

シンプソンの論文が最初に刊行されて、魚の方向感覚についても、生息地選択についても、コミュニティとしてのサンゴ礁が生み出す音が重要なのだと明らかになった時、科学界の意見は賛否両論に分かれた。ある人々にとってこの一歩は大きすぎるようだった。しかし、後続の研究によって正しいと確認され、シンプソンの発見がほかの種に対しても同様に当てはまることがわかった。健康なサンゴ礁から魚や甲殻類の音が非常に多く発せられれば、魚の他に、甲殻類（カニやロブスターの幼生を含む）やウミガメまでも引き寄せる。[*45] 研究では、幼生の中にはモーターボートの音で逃げ出すものがいることも示された。[*46] サンゴ礁のすぐ近くでは、魚の幼生やその他の海の生き物は、化学物質の刺激に対しても反応している可能性がある。しかし広い海の中では音による刺激が優位を占めるようだ。多くの無脊椎動物や魚の幼生は手当たり次第のサンゴ礁に流れ着いているのではなく、音の情報を利用して、適切なサンゴ礁を探して（あるいは適切でないサンゴ礁を避けて）棲みつく場所を選んでいる。逆に、捕食者の多いサンゴ礁を避けて泳ぎ去っていく終生浮遊性の甲殻類もいる。[*47]

科学界は魚の幼生に関するこうした意外な真実に衝撃を受けた。ある古参の海洋生物学者は次のように述べている。「魚の幼生の行動についてほぼすべての面での検証が行われて、その複雑さと幅広い能力について驚くべき事実が明らかになり、魚の幼生にどんな能力があるのか、私たちの見方は革命的に変わった」。[*48]

しかし科学の革命を新しいと感じるのは、その人の近視眼的な視界に依存している場合も多い。地元の漁師に尋ねてみることに思い至っていれば、盲点にもっと早く気がついたかもしれないからだ。音楽家であり情報科学者であるアリス・エルドリッジは、グレート・バリア・リーフの北側の多島海に住んでいるインドネシアの漁民の話を詳しく語る。木製のオールを海の中に沈めてそれに耳を当てると、健康なサンゴ礁のサウンドスケープをはっきりと聴くことができるという（最も高いところで四〜六キロヘルツ、人間の耳に聴こえる最も低いところ）。魚のコール音やうなるような声、エビの出すパチンパチンという音は混じり合って、「パチパチはじける」音になり、漁民はそれを聞きつけて獲物を見つけるということだ。[*49]

一九八〇年代の半ば、ユネスコは太平洋全域の海岸の海洋生態系に関する先住民族の知識を編集した書籍を出版した。[*50] そこでは伝統的な漁業の研究に時間をかけて取り組んだ古い世代の科学者たちの話が語られる。そのうちの一人、ボブ・ヨハンズはグレート・バリア・リーフの北側に位置するミクロネシアのパラオ諸島で何十年も過ごし、地元の先住民族の漁師たちと共同で活動した。ここではある種の漁業形態を禁止しており、工業化によって世界各地の多くの海で漁場が激減する時代に、持続可能な漁業のモデルを提供した。パラオの漁師は彼に次のような話をした。サンゴ礁の魚の幼生は、実際に数週間から数か月にわたって広い海で過ごしていて——これは西洋の科学者たちが考えたことに近い——幼生は小さなプランクトンのように生まれたサンゴ礁から遠く離れて生活しているが、十分に成長すると、少なくとも五種類の種では一・五キロ以上も離れた場所のサンゴ礁を突き止めて、そこに向かって泳いでくるというのである。

パラオの漁師は魚の幼生が海を渡る能力を持つことを知っているだけではなかった。積極的にこの知識を発展させて自分たちの利益に使っていたのだ。例えば棒やロープを使って特定の種の海藻や植物を水の中に浮かべてた人工的な養魚場を作った。そうすることで魚の幼生を集めてその場所に棲みつかせることができ、後でそこに戻ってくれば大きくなった魚を獲ることができるのである。ほかの場所（例えばバヌアツ）でも、魚の産卵時期を禁漁と定めており、時には数か月に及ぶ場合もあったが、それによって魚の乱獲を防ぎ、健全な漁業資源を保全した。産卵期間中と産卵後の魚の幼生の行動と共存できるように、人間の漁業を調整することで、パラオの漁師はいわば海の羊飼いのような役割を果たしていた。その他の太平洋沿岸の漁業のコミュニティでは、マーシャル諸島の漁師たちのように、自分たちの海の音に関する知識を、潮の流れや天気、動物、周りの自然の音などの知恵に重ね合わせた複雑な歌に組み込んで、チャントのリズムに乗せた。これは文化的な行動であり、同時に正確な航行の補助となるものだった。[*51]

ヨハンズはこれらの発見を一九八一年に発表したが、魚類専攻の主要な生物学者たちから反発を受け、無関心にさらされることとなった。パラオの漁師たちの主張は、サンゴ礁の魚の幼生は自分たちが定住する場所を選ぶことができるという内容で、言葉を変えると自分たちの棲みかになるサンゴ礁を選んでいるということになる。これはまったく不合理だとはいえないとしても、ありそうにもないと考えられた。したがってこれをより詳しく調査しようとする学者はほとんどいなかった。ヨハンズはその業績に対してグッゲンハイム賞まで受けたのだが、その意見は二〇年近く経ってスティーブ・シンプソンとその同僚たちが現れるまで予断なしに検証されることはなかった。それまで、漁業関係の学者たちの主流の考えは、相も変わらず、サンゴ礁の魚の幼生はかわいそうな生き物で海流に乗って流されるというものだった。この誤った推定は単に正しくないというだけではなく、時には有害でもあった。場合によっては、サンゴ礁は魚が豊富だという虚像を見せて、それによって管理を誤るという重大な間違いに至ることもあったのである。[*52]

## サンゴの幼生に聴覚はあるか?

二〇一〇年まで、シンプソンの研究は主に魚に焦点を当てていた。サンゴの幼生の研究への方向転換は、カリブ海のキュラソー島に拠点を置くオランダの研究チームから突然届いた一通の電子メールから始まった。彼らはサンゴの一斉産卵の研究をしているとメールには書いてあった。グレート・バリア・リーフでは一年に一度、満月の夜に一斉に産卵が起きる。まだ知られていないシグナルによって、サンゴ礁全体のサンゴが一斉に卵と精子を水中に放出する。その結果はまるで水中の花火のようだ。何百万ものバンドル〔卵と精子が入った粒〕、雲のような精子が水の中で赤やオレンジや白、黄色のうねりを作る。[*53] この同時性が非常に重要である。なぜなら精子も卵もわずか数時間しか生きられないからだ。一斉産卵によって受精はより確実になる。この水中ショーは、餌を求めて集まる生き物たちの狂乱も発生させる。イカや魚、サメに、さらにクジラまでを引き寄せるのだ。受精したサンゴの幼生の生き残りは数週間から数か月、外の海へと流されて、捕食者を避けながら大きくなって、再びサンゴ礁へと戻ってきて、そこで残りの一生を過ごすのだ。

オランダの研究チームがシンプソンにたどり着くまでは、主流の科学者たちは、サンゴの幼生は一斉産卵後ただ波や流れに押し流されて、偶然に流れ着いたサンゴ礁に定着するものと推測していた。しかし、「もしも……」とオランダ研究チームは考えた。サンゴの幼生が魚の幼生のように音に反応するとしたら？ もしも、サンゴもまたサンゴ礁のサウンドスケープを聴き取ることができて、どこに棲みつくか選びながら特定のサンゴ礁へ向かって泳ぎ進んでいくことができるとしたら？ シンプソンは信じられなかった。「あなた方はおかしいんじゃないか。つまりサンゴの幼生というのは水に浮かんでいる小さなインクの染みのようなもので、一ミリほどの長さの卵形で、泳ぎ回ったり食餌をしたりするのに使う有毛細胞の中にすっぽり収まっている」。[*54] サンゴの幼生は単純な有機体で耳もないし、聴覚器官も持たない、脳もなければ中枢神経系もないとシンプソンはわかっていた。サンゴの幼生が音を探し出すことはまずありえないし、ましてやそれに応えることなど不可能だと思ったのだ。

しかしオランダチームは工夫に富んだ実験計画を提案した。彼らは何十万ものサンゴの幼生を特別なサンゴ飼育水槽で育てていた。水槽は「選択肢付きの部屋」にできる。水中の迷宮のように、サンゴがいる中心の部屋から車輪のスポーク状に何本もチューブが配されている。そのうちの何本かの中に健康なサンゴ礁の音を出しているスピーカーが取り付けられ、他のチューブには雑音を出すスピーカーと何も音が出ていないスピーカーがそれぞれ配置されていた。もしも小さなサンゴの幼生がある特定の音を好むとしたら、水槽内のその特定のチューブの中に集中するはずで、それ以外には集まらないだろう。

有意な効果が観察されるかどうか疑わしいと思ったが、強く心を惹かれてシンプソンは協力することに合意した。ところが、驚いたことにサンゴの幼生たちは、自分の好みのサンゴ礁の音が出ているスピーカーの方向に進んで、その周りに集まったのだ。[*55] 自分たちの出した結果に疑いを持たれるだろうと考えて、研究チームは何度も繰り返し実験を行って、発見内容を確認した。その際、潮の満ち引きや月の位相、潮の流れなどの影響を考える対照実験を行っている。聴覚と嗅覚を持っている魚がどこへ定着するかを選ぶ能力があるということははっきりしていた。しかしサンゴの幼生にも同じ力があると知って、科学界は驚嘆したのだった。[*56]

サンゴの幼生はこんな芸当をどのように行うのだろうか。幼生は自分の身体で音を聞いているに違いないと、シンプソンはのちに推論した。サンゴの幼生は繊毛に覆われている。これは小さな有毛細胞で、単純な受容体のように働く。サンゴの幼生はほかの海の無脊椎動物と同様に、環境についての重要な情報源となっている水の流れや動きを繊毛で感じ取る。[*57] これこそが、サンゴの幼生が音を感じる仕組みなのだ。人間の場合には、内耳が有毛細胞の薄い層に覆われており、これが音で振動し、鼓膜上で拡大される。サンゴの幼生にも小さな繊毛があるが、身体の外にあって内耳にあるのではない。「裏表ひっくり返った小さな耳が泳ぎ回っている」と想像してほしいと、シンプソンは説明する。[*58] 音は水中に粒子の運動を生み出し、サンゴの幼生の有毛細胞によって知覚される。有毛細胞は少しずつ動き回ることによって音の勾配を探知する。こうしてサンゴの幼生は音を聴き、その音のする方角を突き止めることができるのだ。それからサンゴはその繊毛をオールのように動かして小さな流れを起こし、気に入った場所へと進む。シンプソンの解説はごく単純で的確だ。サンゴの幼生にとって繊毛は、耳であり目であり、腕や足でもある。顕微鏡サイズにもかかわらず、幼生はこのような方法で音を聴き選んだ方角へと泳ぐことができるのである——家路に着くのだ。[*59]

シンプソンはサンゴがサンゴ礁の音に反応できることを証明した。だがサンゴ自身が音を出すことができるかどうかは誰にもわかっていなかった。二〇二一年には、トゲキクメイシ属のサンゴの種に音の受容と放出に関係する遺伝子があることを、南フロリダ州立大学の研究チームが発見した。追跡研究では、生きているサンゴから放出された超音波の振動が録音された。音はほとんど夜中に発せられており、魚とサンゴの幼生が定着する時間帯と一致しているようだった。[*60] こうした発見に関して多くの点で答えは出ないままだ。生化学的観点から考察すると、サンゴが共生している藻類とコミュニケーションをしていることはわかっているが、超音波を使ったやりとりもしているのだろうか。サンゴがより多く超音波音を出すのが夜——サンゴの幼生の定着が起こりやすい時間帯——であるのは単なる偶然なのだろうか。生まれた場所のサンゴ礁で自分と同種のサンゴが出す特定の超音波を、海の中を漂っているサンゴの幼生が聴き取り、認識するということがありえるのだろうか。

## 復活に挑むサンゴ礁のDJたち

シンプソンの研究は、気候変動がグレート・バリア・リーフでサンゴ衰退の悪循環を生み出してきたことを博士論文の研究で証明したティム・ゴードンに、一筋の希望を与えた。海の生物多様性の喪失によって、白化したサンゴ礁ではそのサウンドスケープが豊かさも複雑さも失っている。[*61] こうして状態が悪くなっていくサウンドスケープは、次第に幼魚やサンゴ幼生にとっても魅力がなくなり、生き物はそのサンゴ礁を避けるようになり、したがってサンゴ礁の衰退はさらに進む。[*62] 人間が出す音――ドリルで穴を開ける音や地質調査のための人工地震、モーターボートの音――は自然の海の音を覆い隠す。魚やサンゴの幼生が持っている、自分の生まれた場所へ戻る力はさらに損なわれる。たとえ漁業資源の乱獲や海洋の騒音公害が制御できたとしても、海水温の上昇と海洋の酸性化の作用を低減させることはできないように思われた。

グレート・バリア・リーフは自分の生きている間に失われてしまうのではないかという考えがゴードンの頭から離れなかった。自分の研究の中から何か現実的なアイディアが生まれて、サンゴを救うことはできないだろうか。健康なサンゴ礁が出す音の録音が、状態の悪化してきたサンゴ礁の健康を取り戻すことに使えるとしたら、とゴードンは考えた。好ましい条件を追加した音響エンリッチメントを使った実験から、他の種（人間や動物園の動物）ではそれが効果的に働くことがわかっていたが、この技術を魚に応用することは、やや大きな飛躍のように思われた。[*63] 実際、彼が相談した海洋学者たちは懐疑的だった。しかしゴードンは研究を次の段階へ進めて、音響を使った再生に焦点を当てることにした。死んでいくサンゴの音を録音するのではなく、サンゴの再生を助けるかもしれないサウンドスケープをデジタルに作り出そうというのだ。

彼が直面した懐疑的な反応を考慮して、ゴードンの最初の研究計画は控えめなものとなった。二〇一七年一一月の終わり、魚がサンゴ礁に定着するシーズンの始まりに、ゴードンはリザード・アイランドの沖合に何もない砂の海底を見つけた。ここへ三三個の人工的なサンゴ礁を、自然のサンゴ礁からそれぞれ正確に二五メートル離して開けた砂地の上に作った。人工サンゴ礁は三〇キロの死んだサンゴのかけらで作られたもので、枝分かれ、テーブル状、あるいは球状のサンゴのかけらをまさに同じパターンに並べて、サンゴの石塚のように仕上げた。人工サンゴ礁の三分の一にはゴードンは何も置かなかった。さらに三分の一には実験期間中何の音もしないスピーカーを設置した。最後の三分の一にもスピーカーを置いて、ここからは健康なサンゴの音が流れるようにした。この音は大規模白化現象が起きる前の二〇一五年一一月に収録されたものだった。魚の定着が起きるのが主に夜なので、スピーカーは夜の間だけ音を出すことにした。四〇日間、毎晩夕暮れ時にスピーカーのスイッチを入れて、夜明けに切った。

ゴードンには、スピーカーは短時間で魚を惹きつけるだろうという自信があった。しかし音響的に良い条件を追加した音響エンリッチメントの本当の結果は、研究の最後になるまで明らかにならなかった。魚はそこに留まって安定的なコミュニティを形成するだろうか。あるいは騙されていることに気がついて泳ぎ去ってしまうだろうか。ゴードンが仰天したことに、音響的に好条件を加える実験は大成功だった。音が出ていない人工サンゴ礁には魚はほとんど現れなかった。しかし健康なサンゴ礁の音を流し続けた場所では魚のコミュニティが目に見えて成長しており、全体として数の点では二倍、生態系の中では、種の数が五〇パーセント以上増加した。魚はただやってきただけではなく、そこに定着したのだ。このことはまた以前の発見を証明することになった。何週間も広い海の中を漂っていた幼魚はサンゴの音が聴こえて、その音に反応できるだけでなく、健康なサンゴ礁の出す音に向かって泳ぐのだ。[*64] 念じれば実現する予言のように、音響的に条件を良くすることで死んだサンゴ礁の再生を助けることができるのだ。

最新の研究では、サンゴ礁の再生が成功したかどうかはサウンドスケープからわかると確認されている。インドネシアの回復中のサンゴ礁の録音には現代の科学がまだ聴いたことのない音が含まれているという。ホーホーとかブーブーとかゴロゴロとか、研究者が困惑するような音だ。[*65] またこのような洞察を受けて、海洋の再生には組織立ったアプローチが必要だと主張する研究者もいる。海の至るところにスピーカーを設置して、生物音響の再生を使っていわば「音の高速道路」を作るのである。これは魚やその他の海の生き物が必要とする行先案内の情報を運ぶものだ。[*66] 好情報が追加された音響エンリッチメントは、こうして海の生き物を餌場、隠れ場所、安全な棲みかへと導くために広く利用される手法となっていくだろう。

ゴードンが注意深く指摘するように、音響エンリッチメントは包括的な解決策ではない。なぜならそれぞれの種はお互いに非常に異なった反応をするからだ。健康なサンゴ礁の音はある種の魚は引き寄せるが、甲殻類の仲間の中にはそれが抑制装置として働くものがあり、捕食者の数が多いサンゴ礁から泳いで逃げていってしまうのだ。サンゴ礁の魚には音を聴いて惹きつけられる魚もいるが、広い海を泳いでいる遠洋の魚はそれを無視するのかもしれない。音を再生させることは比較的近い場所でしか効果がないようだ。そしてそれは海洋学的視点から見た状態に大いに依存している。[*67] また理論的に考えると、海の騒音公害は魚を生息には不適切な場所に誘き寄せたり、単純に健全な音をすべて覆い隠したりする可能性がある。そうなると、サンゴの幼生は通常なら見つかる道しるべもなしに海の中をさまようことになる。エコツーリストのボートの音でさえ、サンゴの幼生たちを道に迷わせるだろう。[*68] それでも、こうした課題に必要なケアを行えば、生物音響はサンゴ礁の受動的なモニタリングのためだけではなく、生態系の再生とマネジメントのための積極的なツールにもなりうる。[*69]

気候変動の前では、水中のサンゴのシンフォニーが世界のサンゴ礁を救う戦いの潮目を変えるのに十分でないことは言うまでもない。[*70] しかしそれ以外の技術、例えばサンゴの移植や養殖などを同時に用いれば、そこに生息するのに適した生物が再定着する割合は上昇するだろう。そしてもしボートの騒音を減少できれば、音響による再生効果は強化されるだろう。生物音響は、少なくとも世界数か所のサンゴ礁ではその健康を保つために使用されるとゴードンとシンプソンは期待している。

今科学者たちは世界規模でトリアージ運動を行っている。生き残る可能性の高い最も強靭なサンゴ礁に保護活動を集中させようというものだ。グレート・バリア・リーフを救う目的で、サンゴの体外受精（IVF）、ロボットを使ったサンゴの幼生運搬システム（LarvalBotsと呼ばれている）、膨らますことができるサンゴの幼生養殖場、冷凍保存など革新的なテクノロジーをさまざまに使うのは、まるでサイエンスフィクションのようだ。[*71] 50Reefsイニシアチブは、未来の海のためのシード・バンクとも呼べる活動で、気候変動からの影響にも耐えて生き残る可能性のあるサンゴ礁を世界各地から五〇か所認定する。[*72] 海洋学者シルビア・アールはこれを「希望の場所」と呼んだ——人類による大量破壊に対抗する生物多様性の島々だ。[*73] 音響エンリッチメントは追加的な方策として、こうして避難させたサンゴ礁の生存を助けるために活用できるだろう。音響エンリッチメントプロジェクトを加速させるため、ゴードンら研究者は機械学習テクノロジーをある一定範囲で使っている。リアルタイムで生物音響学的モニタリングを行い、すぐに種と生態系の変化を特定するのである。それによって、カスタマイズされた音響エンリッチメントのサウンドトラック（個別化されたサンゴ礁のプレイリスト）を世界中のサンゴ礁のために作る計画を加速させるのだ。[*74]

シンプソンとゴードンは、現在は世界で最も大きなサンゴ礁復活プロジェクトでこの技術を検証中だ。場所はインドネシアの沖合の、爆破漁（ダイナマイト漁）によって壊滅された水域で復活した五ヘクタールのサンゴ礁だ。[*75] このプロジェクトでは、「サンゴ礁の星」と呼ばれる星形の鋼鉄製のフレームを相互に連結させ、衰退したサンゴ礁に設置する。「サンゴ礁の星」はサンゴの移植の際に培養基となって（植物の挿し木をするように）、砂を貼り付けたフレームに植え付けられたサンゴが再び成長を始めることが期待されている。実際に数か所の区画では劇的にサンゴの成長が見られた。[*76] しかしサンゴ礁の復活は、特にその成長の初期の段階では、幼魚たちの行動に依存している。すなわち草食の小魚たちが鋼鉄製のフレームに生えた成長の早い海藻類を食べてくれないと、サンゴは窒息してしまうのだ。魚がいないところでは、作業員が何か月もかけてフレームをブラシで擦って海藻の成長を制限しなければならない。健康なサンゴ礁のサウンドスケープの録音を再生することで、魚の数や魚が海藻を食べる速度も上がる。[*77] 実験の初めの頃、ゴードンの「サウンドスケープ・エンリッチメント」の実験ではグレート・バリア・リーフでのものと同様の結果が得られた。

ゴードンは音響のマーケティング担当者としての役割を果たしている。彼の仕事はサンゴ礁の棲みかを魚に宣伝することだ。さまざまなサンゴ礁のサウンドトラックを検証して、海藻を食べてくれる魚をどれがより早く連れてくるかを決定するのだ。ゴードンが水中のスピーカーで再生する健康なサンゴ礁の音に惹かれてやってきた海藻を食べる魚は、人工サンゴ礁をより早く、より健康的に成長させる働きをする。人工サンゴ礁のＤＪとしてのキャリアは、科学分野でのキャリアをスタートした時には考えていなかったものだと、ゴードンは認める。しかしそれでサンゴ礁を救うことができるなら、やってみる値打ちはある。

## 家路につく

サンゴの幼生の最も興味深い能力の一つは、何週間も広い海を漂った後、自分が生まれた岩礁へ戻ることができるというものだ。[*78] 幼魚もまた自分が生まれた岩礁へ帰る道を見つけることが——魚の定着場所が偶然だった場合に予想されるよりも明らかに——多い。[*79] 幼魚もサンゴの幼生も生まれた場所の音を認識でき、それをより好んでいるようだ。

小さなサンゴの幼生は、生まれた場所を目指して移動する素晴らしい技を持った生物の仲間だ。サケは幼魚として生まれた川を離れ、海を何千キロも横切り、ロッキーの山中へと何千メートルもさかのぼって、生まれた場所で産卵する。伝書鳩は一五〇〇キロ離れた場所で放されても、自分の鳩小屋へ戻る。キョクアジサシは北極地方で生まれて四万キロを越えて、冬の南極大陸の海岸に飛来し、繁殖後北極に戻る。動物が生まれた場所に戻るメカニズムはいくらか科学的に解明されている。地球の磁場や電界を感じ取る能力や、太陽の偏光を知覚する能力、自分の生まれた川の薄められたたった一滴の水の匂いを嗅ぎ分ける能力などだ。しかし鳥や魚とは違って、サンゴの幼生——地球上で最も小さくて最も単純な生物生命体の一つ——が目的地へ向かって泳ぐ時に使う感覚器官のメカニズムはまだ解明できてない。

サンゴの幼生も幼魚も生まれた時に、その場所の音が刷り込まれるのではないかとシンプソンは推測している。サンゴ礁の音は魚やサンゴが通常産卵する満月の夜、最も音量が大きくなる。集団的な産卵が起こる数時間の間に、生まれたばかりのサンゴの幼生は、その生まれたサンゴの群体の作る独特なサウンドスケープを覚えるのだ。幼生はこのサウンドスケープを成長している間も忘れないでいて、何週間も、時には何か月も後になっても、他のよく似たサウンドスケープと区別できるに違いない。出産の時サンゴ礁は、自分だけの子守歌を生まれた子どもに向けて歌う。毎夜、サンゴ礁は海に向かって歌い、子どもたちが我が家に帰る道案内をするのだ。

もしかすると、サンゴ礁が子どもに向かって歌い、子どものサンゴはそれを聴いて、海を渡って帰ってくるという発見は別に驚く話ではないのかもしれない。先住民族のソングライン——人間の口述歴史資料の最も古い記録の形式の一つ——は陸上の至るところに、またグレート・バリア・リーフのある「海の国」にも広く伝わる。おそらくそれぞれの種は独自のソングラインを持っていて、今しもそれを歌っているのかもしれない。私たちに聴こえないだけで。

海は無音なものだとかつて人間は考えていたのだが、今や海は音に満ちていて、海の生物の最も小さなものでさえ巧みに音をチューニングしているということがわかってきた。音の世界は私たちの想像をはるかに超えて無限に広くて複雑だ。とはいえサンゴは動物界の一員である——非常に単純な生命体ではあるのだけれども。サンゴが音に反応していることを認識するには、根拠がなくてもまず信じてみるという姿勢は必要かもしれないが、その動物性が——少なくとも無意識に——私たちを信用させてくれるようだ。しかしながら、次の章で明らかにしていくように、人間以外の生物が出す音の謎を解明する仕事は、動物の世界をはるかに超えていく。植物でさえ音をチューニングできることがわかってきたのである。

# 第6章　植物たちのポリフォニー

二〇二〇年三月、マイクロソフト社のツイッター（現X）アカウントに見慣れないメッセージが掲載された。「もしも私たちが植物に話しかけることができるとしたらどうだろう？　これこそがプロジェクト・フローレンスが探究する問題である」。このメッセージにはマイクロソフト社のデザイナーかつ自称フュージョニスト（連合主義者）のアスタ・ローズウェイの動画が添付されていた。[*1] ほほ笑みながら、陽気でちぐはぐな組み合わせの服を着て、小さな鉢植えの植物を持ってローズウェイは視聴者に問いかける。

「もしも私たちが植物に話しかけることができるとしたら？　それができたなら、私たちと自然界との関係はどれほど変化するだろうか。植物は何を言う？　植物は私たちにどう答える？[*2]」

映像が展開していくにつれ、視聴者はこの鉢植えの植物がフローレンスという名前で、ローズウェイが大切に育てているものの一つであることを知る。フローレンスに話しかけることは簡単だ。彼女は文章を受け取り、文章を送り返す。最初の会話は退屈な「おはよう。お元気ですか？」かもしれない。次に自然言語処理のアルゴリズムがその言葉の意味を推測して、それを植物への光の照射に翻訳する。ポジティブな感情は赤い光に、ネガティブな感情は青い光に翻訳される。その両者は電気化学的な反応をフローレンスの中に生み出し、それがセンサーによって検知されて、フローレンスの中の水分の状態や温度を測定する。そのデータはアルゴリズムによって統合され分析されて、それから文章化されて返事として伝えられるのだ。こうしてデジタル技術で進化させたフローレンスは初歩的なやり方でコミュニケーションができる。「喉が渇いていますか」と問えば、フローレンスは「飲み物をお願いします」と答えるかもしれない。ローズウェイは「これはマジックではない。サイエンスだ」と説明する。映像はローズウェイの未来への静かな思いで締めくくられる。より幸福でより健康な作物と室内の鉢植え植物の、素晴らしい新世界だ。[*3]

ツイッターの世界でのローズウェイの動画に対する反応は、マイクロソフト社が期待していたほどには肯定的なものではなかった。Midnight Wildspiritというアカウントが滑稽なコメントを寄せた。「おしゃべりをする芝生はないといいんだが。芝刈りをする時に芝生が悲鳴を上げるのが聴こえるのはどんなに恐ろしいか、想像してみて」。[*4] グーグル・チューリップの動画を思い出す人もいるだろう。二〇一九年のエイプリルフールに発表された悪戯だ。傲慢で非協力的なチューリップが、もっと水を、もっとスペースを、太陽光を、堆肥をちょうだいと、どんどん要求をエスカレートさせていって、世話で疲れきった人間たちを悩ませるのだ。[*5] 植物と人間のコミュニケーションの未来に関するグーグルが考えた模擬未来像は、思慮深い植物が存在に関わる質問——私の存在する意味は何か——をするが、植物の世話をする人たちは困惑しきって、その質問を払いのける。もしも我々が人間と植物の間のコミュニケーションのためのインターフェースを作ることができるとしたら、このグーグルのパロディは暗に次のようなことを意味している——私たちは植物が言うことが気に入らないか、あるいは植物に耳を傾ける時間を取らないか、である。

プロジェクト・フローレンスは近年発明されたデジタルな能力を備えた数ある植物の例の一つだ。PhytlSignsは植物と土の間の電圧の差をデジタル電圧音に変換し、土が乾燥するにつれて数値が上がる仕組みだ――植物は喉が渇くと、スマートフォンのアプリからキーキーいう音を出して知らせる。[*6] Botanicalls（ワイアード誌に掲載され、シリコンバレーの学者ティム・オライリーに称賛され、最終的にニューヨーク近代美術館に収められた）は室内の観葉植物に水分量センサーを備え付けて、ソーシャル・メディアにつながる。喉が渇くと植物はツイッターで知らせ（「水やりをお願いします」）、そして水をやると、植物から感謝のメッセージが投稿される。[*7] PlantWaveは自称「バイオ・ソニフィケーション機器」で、植物の出す電気信号を落ち着いた電子音のダンス音楽に翻訳する〔ソニフィケーションは可聴化の意〕。ディズニーのバージョンは戦略的だ。コンピュータにつながれたランは人が触ると音楽を流す。葉を撫でるとメロディーとなり、茎を軽くたたくとドラムの音を響かせるのだ。

これらの機器は、音楽と植物を結びつける長い伝統の上で起きた新たな展開だ。チャールズ・ダーウィンは、音楽は言語の前に発達したもので、性淘汰における適応値にその発生の契機があると論じた。[*8]『*Rustic Sounds*（田舎の音）』の中でダーウィンの息子フランシス（自身も著名な生物学者）は、音楽の起源はチューブ状の茎の中にあるのではと思いを巡らした。「人類が出現するまでの長い年月の間に、植物がチューブ状の茎を自分たちの利益のために作ったという事実にはロマンスがある。空洞になったヨシの茎は、パンの神（牧羊神）がやってきて楽器にするまで長い年月がかかった[*9]」。だが、これらの道具が植物に声を与えるという主張には騙されやすい。植物が人間に向かって「話す」ことができるようにするのではなく、これらの機器はテクノロジーによる巧妙なごまかしに依存しているのである。Botanicallsを例にとると、センサーは土の中に埋め込まれていて、土が乾燥するとセンサーが電気的な伝導率の変化として測定する。土は私たちに水分不足を警告するかもしれない。しかし植物が私たちに話しかけているわけではなく、私たちはコンピュータの音を聴いている――コンピュータが土の水分量のデータを、簡単な計算を使って口頭語や文章に翻訳しているのである。同様に、ディズニーの音楽を奏でる緑の草木は高度な技術のように聞こえるかもしれないが、メーカースペース〔物作り工作室〕や大学のサイエンスラボでよく使われる、通信販売の安いパーツを使って歌う植物を自分で作り出すことができる。それを植物に差し込むことで、スマートフォンと同様のタッチセンサー方式にすることができるのだ。[*10]

実は、人間に向かって「話しかける」フローレンスを可能にするための、その基礎となる科学はすでに一世紀も前からあった。チャールズ・ダーウィンとのやりとりの後、生理学者ジョン・バードン＝サンダーソンは一八七三年、ハエトリグサの電気信号を発見し、一八八二年に王立協会からロイヤルメダルを授与された。[*11]この研究をもとに、インド人科学者で博学なジャガディッシュ・チャンドラ・ボースは、今から一〇〇年以上も前に、植物が環境からの刺激に対して、動物の神経における反応と同様なパターンで、電気的な数値の上昇を生み出すことを実際にやってみせたのだった。[*12]電気的な信号は（生物化学的信号と同時に）植物の中で、幅広い種類の生理学的なプロセスを調整していることがわかっている。PhytlSignsやSinging Plantsといったデバイスはこの性質を利用している。同様に、その他のいわゆる植物コミュニケーションデバイスは、植物や土壌の生理機能に関連した物理的変数から採ったデータを音声化する。

しかしながら、これを植物が作り出した音だと勘違いしてはならない。私たちの耳に聴こえているのは人間が創り出したものであり、私たち自身が作ったセンサーと変換器の音なのだ。フローレンスの

「声を聴く」という行為は、単に薄いベールに覆われた植物の仮面をつけた自分たち自身の声を聴いているのである。ちょうど遊園地にあるビックリハウスのゆがんだ鏡のようなもので、私たちは自分自身のゆがめられた像に反応しているだけだ。そして以下で詳述するように、発明者たちは大事な事実を見逃している。植物はそれ自身が音を出し、音を聴いている——つまり、植物はそれ自身の独特な声を持っている。それに対して科学者たちは、ようやく耳を傾け始めたところである。

## 植物音響学

植物の生物音響の研究は植物音響学——植物はどのようにして自分で音を出し、音に対して反応しているか——として知られているが、これは比較的最近の研究分野で、いくぶんまだ意見が分かれる問題だ。植物が光と接触による刺激に反応することはわかっており、ここがスタート地点である。その他の植物のコミュニケーションやシグナルの伝達方法——空気で運ばれる揮発性の有機化合物や栄養分の交換、共生関係や、下層土、根と菌の関係——もまたすでに十分立証されてきた。[*13]

一方で、植物は音に反応を示すことが最近実証された（音屈性）[*14]。例えば特定の周波数にさらされた農作物は、成長が良くなったり、乾燥に強くなったり、フラボノイドの含有率が上昇したりすることがあり[*15]、また生理機能や化学組成、遺伝子発現に変化が起きる。[*16] 種によっては超音波が害虫に対する抵抗力を強化することが実証されており、空気中に超音波を流して殺虫剤の代わりにする実験も始まっている。[*17] 作物学者は植物音響学を用いて、植物の構造の化学的な性質を測定したり、収穫の効率を最高値にしたり、作物の生理機能や健康状態を評価したりしている。[*18] 植物が音に反応するという考えは、科学文献の中ですでに十分確立されているのである。

しかし、植物が音を出すという考えは疑いを持たれることが多い。これはおそらく解剖学的に、植物が動物のように声帯や耳を持っていないからだ。また私たちの抵抗感は、西洋的な考え方の中に何世紀にもわたって存在してきた植物と動物の間の概念的分離に根差しているのかもしれない。西洋の生命科学研究の伝統の創始者ともいわれるアリストテレスは、人間、動物、植物を三つの異なる領域に分類した。すべての存在は「魂 soul」を有しているが、人間だけが理性的魂を持っているとアリストテレスは主張した。動物の知識の程度はさまざまだが、「感覚的魂 sensitive soul」しか持たない。そして植物はヒエラルキーの最底辺にあって、「自育的魂 vegetative」や「栄養摂取的魂 nutritive soul」を持つ。アリストテレスの動物についての詳細な研究は、中世に至るまで科学的研究のモデルとなっていた。彼のことを西洋動物学の創始者と考えて数多くの研究者が追随した。しかし、彼は植物の学問を自分の弟子のひとり、テオプラストスに任せた。この人物は西洋植物学の父と考えられることが多い。

動物学者と植物学者の間の分離は今日まで残っているものの、小さいが成長しつつある研究グループが次第に異論を唱えるようになってきた。彼らは植物の音響を利用したシグナルや行動を実験で確かめている。過去一〇年の間に哲学者や植物学者、科学教育者たちによる出版物が次々に出て、急速にフロンティアが広がりつつあるのが植物センシングの研究だ。哲学者ミハイル・マーダーの『*Plant-Thinking*（思考する植物）』、森林生態学者スザンヌ・シマードの『マザーツリー——森に隠された「知性」をめぐる冒険』、進化生態学者モニカ・ガリアーノの『*Thus Spoke the Plant*（植物はかく語りき）』などがそれだ。[*19] ジャーナリストのマイケル・ポーランが二〇一三年にニューヨーカー誌に発表した「知的な植物」というタイトルの記事の中でよく知られるようになったが、こうした研究者たちが実験を行って、植物には記憶があり、未来のことを予想したり、他の植物や動物ともコミュニケーションをしていることを実証してきた。[20] 例えば植物は、最後の霜が降りた時期を正確に覚えていることや、根こそぎ抜かれて意図的に混乱させるように移植されても、予想される日の出の方角に自分自身の身体を正しく向け直せること、また、根を通じてある種の「群知能」を現すことなどが実験で示されている。[21]

植物は、活発に周囲の環境を感じ取ったり、それに反応したりすることでこうした能力があることを示している。植物学者から人類学者に転向したナターシャ・マイヤーズはこのような行動の基礎となるセンシングの複雑なメカニズムを「植物感覚中枢」という言葉で表したが、その全範囲は研究者たちがようやく解き明かし始めたばかりだ。[22] この研究は、植物が人間と同様に感じるのかどうかを判断することを求めてはいない。そうではなく、マイヤーズの表現を借りるなら、植物センシングの研究者たちは植物認識論——植物がどのように感じてシグナルを世界に向けて発信しているかを分析する、植物を中心とした新しい枠組み——を発展させているのである。

植物音響学はこの新興の研究分野における比較的研究の進んでいない側面の一つだ。感度の良いマイクを使うことによって、ある種の植物は人間の聴力の限界を超える超音波を出していることが突き止められた。落葉樹も常緑樹も、葉がどんどん乾燥していく時に超音波を出す。おそらく干ばつによるストレスに関係しているのだろう。こうした超音波を聴き取ることができる昆虫や哺乳類も中にはいるが、人間の耳には聴こえない。植物が音を作り出したり受け取ったりする詳しい仕組みはまだはっきりわからない。[23] 音は水分補給に関係する自動的な変化（植物が萎（しお）れて乾燥するにつれて起きる、全体的で、硬くなる変化、植物の構造の変質）から発していると考える科学者もいる。また、気泡あるいは植物の呼吸と新陳代謝による増殖活動から発生する圧力における変化から音が出ると考える者もいる。さらに、細胞小器官の運動から音が出るという仮説を立てている科学者もある。[*24] この後者のような音は植物の生理学的な副産物で、人間の場合なら空腹時にお腹がゴロゴロ鳴ったりするのに似たものだ。ポタワトミ族の植物生態学者ロビン・ウォール・キマラーが説明するように、「この音は存在の音であって、植物の声ではない」。[*25]

植物が出すかすかな振動も計測されている。レーザードップラー振動計のような非常に精度の高い器具を用いて、ほとんど感知できないような周波数の振動を植物が出していることがわかってきた。例えばヤングコーンは、脱水状態の程度に応じて異なるクリック音のような音を出している。[*26] トマトの研究においては、レーザー振動計が使われて、(力が加えられた後の) 葉の振動周波数と葉の中の含水量との間の関係が測定された。水のストレスが葉に加わった場合、振動周波数は低下した。[*27] また別の実験では、トマトとタバコは、水のストレスを受けた場合や茎が切られた場合には独特な音を出すことが突き止められた。タバコは水分が不足するとより大きな音を出し、茎が切られるとより静かな音を出すことがわかった。[*28] この実験から、植物が出す音だけをもとにして、植物の状態 (乾燥、切断、健全) を判定できる機械学習アルゴリズムを作り出すことに成功した。簡単にいえば、植物の出す音に耳を傾けるだけで植物の総体的な健康状態を突き止めるコンピュータプログラムを、今や私たちは作り出したのだ。

## タブーを壊した音響実験

もしもコンピュータが音を聴くことができるなら、もちろんその他の生命体も同じように聴いている。このことから次のような仮説が出てくる。植物は音を突き止め、それに反応するだけではなく、音を出して情報を他の生命体に伝えているというものだ。科学者たちはこの仮説を検証し始めているが、それをする中で科学的なタブーを犯している。

一九七〇年代には『植物の神秘生活』という本が出版されて、科学界の主流の中に軽蔑の嵐を巻き起こした。著者はジャーナリストでかつてスパイだったピーター・トムプキンズと、ハーバードの大学院生でランド研究所で働いていたクリストファー・バードで、彼らは他にも数冊の本を出版して、地球外生命とのコミュニケーションと隠蔽された軍事作戦に夢中の、ニューエイジのアイコン的存在となった。この書籍と一九七九年の追跡調査のドキュメンタリー（スティーヴィー・ワンダーによるサウンドトラックが入っていた）には嘘発見器に接続された植物の話があり、ニューヨーク・タイムズ紙の表現を借りるなら、「中流階級の世間体のために表面的に仕立てられたニュー・オカルトのポピュラーサイエンスのごった煮」であふれかえっていた。[*29] 本はベストセラーになったが、科学の専門家からすれば、ニューエイジの似非科学の腹立たしい象徴だった。したがって植物が出す音というトピックの研究はタブーとなった。

このタブーを壊した最初の科学者の一人がモニカ・ガリアーノで、オーストラリアのサザン・クロス大学の生物学的知性研究室を率いる研究者だ。彼女の最初の疑問は驚くほど単純なものだ。もしも動物に対してしか行ったことのない実験プロトコルを、植物に実施するとどうなるか。例えば音響録音の再生実験である。これはまるで無害な質問のように見えるかもしれないが、「科学的な発見の最前線では、研究者が『もし、……なら』の質問をすると酷評されることが多い」とガリアーノは言う。[*30] 実際にガリアーノの補足質問は議論を巻き起こした。彼女の次なる質問はこうだ。もしも植物が音に反応するという実験結果が出たらどうなるか。そして植物が音を出し、音を感じ、さらには音に応えることができるのかどうか、もしも先入観なしに研究を始めたらどうなるだろう。ガリアーノは音響再生を利用した実験――動物に対してはしばしば行われるタイプの実験だが植物に対しては行われたことがない――を始める決心をした。

植物に対する音響学的再生実験は見かけ以上に複雑なものだ。典型的な動物行動学の再生実験では特定の周波数を使用して、動物が検知可能な行動によってそれに反応を示すかどうかをテストする。例えばゼロから一〇〇〇ヘルツの間で、一〇〇ヘルツの間隔を取りながら一連の音を注意深く上昇させていくと、鳥が飛び立った時に、その特定の種の鳥が聴き取ることができる音波の範囲を確定することができるというわけだ。実験を繰り返すことによって、かなりの高い精度で正確な周波数の範囲を判定できる。

この動物のための再生手法を植物に適用するにあたって、ガリアーノは二つの難しい問題に直面した。最初の問題は、植物には目に見える明らかな動きがなく、ただそこに立っているだけであることだ。動物の再生実験において独立変数は音だ。そして従属変数は動物の動きである。植物が動かないのであれば、従属変数を何にしたらいいだろうか。そして第二の問題は、何らかの特定の動作が音に対する反応であると考えるのは危ういということである。ほとんどの植物は、刺激に対して即座に反応することがなく、より長い時間枠を必要とする。すなわち複雑な変数を持ち込むことになるのである。

結局ガリアーノは、厳しく条件を管理された環境で、対象を簡単に観察できる現象に決めた。植物の反応としてよく知られており、広く研究されている「根の曲がり」である。したがって彼女の研究課題は、ある特定の周波数の音に対して植物の根は曲がるのか、となった。彼女はこの仮説を検証するのにベビーコーンを使うことに決めた。発芽したばかりの植物をまったく同じ形の鉢に植えて、研究室内に置いて、ある範囲の周波数の音を流した。複数回音を流したあと、ガリアーノは二〇〇から四〇〇ヘルツの間の音にさらされた時に植物の根が曲がるという結論を出した。それ以下でもそれ以上でも根は曲がらないのだ。[*31]

ガリアーノはそれからもう一歩先へと論を進めた。人間は自分たちが聴くことができる音を出す、つまり人間が声に出す音と耳で聴く音はほぼ同じ範囲の周波数であると論じた。それから類推して、もし植物が特定の周波数の音に反応しているのだとしたら、植物が出している音も同じ周波数なのかどうかを問うことは筋が通っているはずだ。高精度のマイクロフォンを使って聴いてみたところ、ベビーコーンが出している音を突き止めることに成功した。そして思っていた通り、この音はベビーコーンが反応する音の周波数と同じ範囲にあった。この実験結果をまとめたガリアーノの論文は、植物が音を突き止める能力を持っていて、音を出し、そして音に対して反応を示す能力があることを実験で証明した、最初の査読記事となった。[*32]

論文の出版後、ガリアーノの実験は大論争に火をつけた。彼女の実験手法は明確に記述されていて実験は簡単に再現できるものだったし、結果は査読者の一人ひとりから業績として認められた。しかし、彼女が自分の結果を表現するのに用いた語彙について懸念を表明した科学者が多かった。反対者の中には、彼女の術語の選択に言及した者もいた。ガリアーノが用いた表現、例えば「植物が学習する」とか「植物の知性」とかについて「不適切である」「ナンセンスだ」などというのである。[*33] 植物は「学習」や「記憶」とかいう語彙で分類できるような振る舞いをしていることがあるが、ガリアーノの反対者たちはこうした動作は必ずしも知性を示唆しているものとは言えないと警告し、中にはこの語は脳や神経細胞を持った生命体にのみ使うべきだという主張もあった。

ガリアーノとその仲間たちはそれに対して、知性という語はもっと広く定義すべきもので、生息環境の中で変化や脅威を知覚し、それに対して効果的に反応する能力だと異議を唱えた。[*34] さらに、知性とは神経を持った生命体にのみあるものと定義することは、動物を特別扱いする偏見を表明するものであるとガリアーノは主張した。彼女と仲間の研究者は、知性の概念は再定義される必要があり、植物にまでその範囲を広げる必要があると論じたのである。[*35]

酷評する人々に対して、植物はそれ以外にも人間の感覚に似たものを発展させてきた点をガリアーノは主張した。例えば根は硬い物体に出会うと反応する（触覚）し、植物の葉は光と影に対して異なった反応を見せ、光の波長の違いに対しても同様だ（視覚）。また、植物は空気中や表皮に化学物質を発散したり、それを感じたり、そうした物質に反応したりする（嗅覚と味覚）。こうして見ると、人間の聴覚に類似したものを植物が有していないと、どうして言えようか。

追跡実験の中で、エンドウマメの根は水の流れる音を探し出して、その方向に成長するということが実証された。水を通さないチューブの中に水が隔離されていて、土壌に湿度の差が認められない場合でも、植物はこの行動を示すのである。[*36] 再びガリアーノは、動物実験に使われる伝統的な実験プロトコルを計画した。若いエンドウマメの苗を迷路の中に置く。片方からは水の流れる音が聞こえるようにし、反対側からはホワイトノイズか無音の録音、あるいはまったく何も聞こえないようにした。この実験装置は三つの疑問を検証するために計画された。植物は水のありかを知る手だてを持っているのか。植物はある特定の地域で、水の音だけで水源を見つけ出せるのか。そして、植物は複雑なサウンドスケープの中で水を見つけられるのか（同じような周波数であればどんな音でもその方向に向かって成長するわけではないのか）。それぞれのケースで、彼女の実験は肯定的な答えを返してきた。音があるか沈黙かの選択肢が与えられると、エンドウマメの根は音の方に向かって成長した。またホワイトノイズと録音された水の音の間では――どちらの場合もまったく同じ周波数で再生――明らかにエンドウマメの根は水の音の方に向かって成長した。湿度に差がない時、エンドウマメは流れる水の音を検知し、生態学上明らかな違いのない同様の音からこれを区別したのだった。[*37]

その他の植物において同様の行動を発見した研究者もいる。オハイオ州のトレド大学の生態学者ハイディ・アペルは、アラビドプシス（シロイヌナズナ。ありふれた雑草の一種で、植物学の分野では広く研究されてきた植物）に毛虫が葉をかじる音を近くで聴かせると、植物が虫に触れていないのに、防御物質を作り出すことを発見した。[*38] 植物は捕食者の葉をかじる音から出る振動と、風や虫の鳴き声が発する振動とを区別することができ、後者の音では同じ防御反応を引き起こさなかったのである。[*39]

追跡研究の中でアペルは、植物が学習したり記憶したりするというエビデンスを発見した。アラビドプシスを毛虫の振動に触れさせ、対照群には何もしないでおいた。しばらくしてから、今度は両方のグループを毛虫の葉をかじる音に近づけた。すると前もって振動を与えてあった植物の方が、対照群の植物よりも高いレベルの防御物質の分泌があった。言い換えると、アラビドプシスは特定の捕食者が葉をかじる音と、その関係する効果を記憶し、予測もするということになる。アペルが使用した植物は、異なる虫の音の違いも区別して、自分を食べる虫に関係する音には防御的反応を示し、脅威を与えない虫の音は無視している。[*40]

## 植物の聴く力

ガリアーノとアペルの研究は、植物の三つの能力の存在を示す強力なエビデンスをもたらした。音を検知する能力、音に反応する能力、そして生態学的に関連性のない周波数の音が混在する中から、重要な音を識別する能力だ。ダーウィン父子とはまさに同じ考えだった。植物は人間の音楽よりも生態学上の振動を聴き分けている。動物と同様に植物が自然の音に対する感覚を発達させていないという理由はないだろう。植物生物学者のダニエル・チャモヴィッツは次のように述べる。「(人間の)音楽は生態学的に見て植物にとって重要ではない。しかし植物にとって聴くことが有利になる可能性のある音は実際に存在する」[*41]。

問題はもはや、植物が音を感じるかどうかではなく、どのように、なぜ、音を聴くのかということになる。これは非常に難しい問題を提起する。すなわち耳も神経もないのにどうやって植物は自分が聴いているものが何かを「知る」ことができるのか。例えばどのようにして植物は、その音が流れる水から来るのか、またホワイトノイズなのかを認識するのだろうか。さらにはどうやって植物は、毛虫が葉を食べている時の信号を認識するのか。振動(音によるものか、力によるものか)、細胞組織の除去(力によるもの)、口腔からの分泌物(生物化学的物質)、あるいは、以上の三つの組み合わせなのか。いまだ植物の出している信号のメカニズムについて総合的な理解にはたどり着いていない。とはいえ、音による振動が感知されると、植物ホルモンや遺伝子の発現、また揮発性のある有機化合物の放出といった変化を引き起こすことはわかっている。植物はしばしばこれを敵に対する防御シグナルとして使っているのだ[*42]。

シグナル伝達の謎を解明し続けるうちに、音響シグナルの重要性を示すエビデンスが続々と集まっている。振動センシングは進化の観点からいえば特に古いシステムで、維管束植物が地上に現れる前に出現している。例えば微細藻類はメカノセンサータンパク質を有しており、それが振動に反応する。細胞の組織を通して送られるその他のシグナル（例えば化学物質）よりも、振動シグナルは伝達スピードが速いから、音は重要なシグナルであるとガリアーノは推測した。彼女は次のように述べている。「化学的反応はあるところまでは機能するが、音はそれよりずっと速い。もし非常に攻撃的な敵に出会った場合、一刻も早く検知し、他の植物に伝えたいと思うだろう」[*43]。例えばフェロモンのような複雑な生化学的シグナルとは対照的に、音は高速で伝わるシグナルで、ほとんどコストを払うことなく簡単に検知できる。また音はより遠くまで、しかも多様な基質——空気や水、土や岩石——を通して伝達される。ストレスを受けると、音響シグナルを用いて素早く全身的な反応を表す植物の能力は、それによって生存の可能性が高まっていることから、音を出したり感知したりする能力が遺伝的な利点をもたらしていることを意味しているのではないか[*44]。もしそうなら、音を感じる能力は古代的であるし、植物に普遍的なものかもしれない[*45]。

このような洞察も、音がエネルギーを伝達する基礎的な形式だと考えれば驚くべき話でもないと思われる。長い間の生物進化の過程で、音はどこにでもあるのだから、植物（と、その他の生物）は音を利用する能力を発展させたのだろう[*46]。よりよく聴き取ることができる生物がその環境の中で適応し生き残る。研究者の間で聴覚情景仮説と呼ばれているものだ[*47]。生物がエネルギーを熱（温度差の結果としてのエネルギーの流れ）の形で感知する能力を進化させてきたように、音を感じる能力も進化させてきた。この観点からすると、植物の聴く力は実際驚くべきことでもない。環境の中には有効な情報を運んでくるたくさんの音が含まれているのだから、音を検知し、それに反応する能力は、動物にとってそうであったように、植物にとっても環境順応を助ける価値があったに違いない。

しかしこれは、人間の場合と同じ意味で、植物が聴くことができると意味するものだろうか。科学者の中には疑いを抱いている者もいる。詳細な物理的メカニズムはいまだ明らかになっていない。とはいえ髪の毛のような繊毛を伴った何か――甲殻類の触角やサンゴの繊毛、植物の根などを含む――が音に反応すると考える者もいる。[*48] 細胞壁または原形質膜の中のメカノセンサーがある種の音に刺激されて、特定の生化学物質や植物ホルモンを分泌したり、遺伝子の発現が高速で起きたりする可能性について研究が行われている。[*49]

植物において触覚（機械刺激受容）と音は密接な相互関係があるのかもしれない。例えばアペルのアラビドプシスは、葉の表面の細かい毛（毛状突起）を通じて音を検知する。天敵の昆虫が出す音の周波数の範囲内でだけ振動する毛は、環境内の脅威に対して入念にチューニングされた機械的な音響アンテナのように機能する。[*50] もしも植物が根の先から葉の先端までの全体を使って音を聴くのだとしたら、その聴覚は私たちが持っているものとは大きく異なっており、桁違いに鋭いだろう。

## 動植物の音響チューニング

騒音の中からシグナルを拾い出すためのメカニズムを進化させてきた動物は数多い。混雑したレストランの中にいると想像しよう。全員が部屋の真ん中にかたまっており、同時に大きな声で話をしている。誰も何も聞こえない。では今度は英語、クリー語〔カナダで多く話されている先住民族の言語〕、フランス語、ヒンドゥー語、スペイン語、スワヒリ語など言語別にきちんとグループに分かれて、部屋の中の別の場所に移動していることにしよう。部屋の真ん中に立つと、自分が理解できる言葉を話しているグループに敏感に反応し、それ以外の言葉を除去してしまうだろう。ある最適の場所を見つけることで、それぞれのグループは騒音ではなく相対的な静けさを得る。理解できる音に集中して、理解できない音を除去することで、聞き手はエネルギーを節約できる。

自然の生き物の世界でも、それぞれの種は同様の作戦を採用している。特に聴く力を進化させている種では、特定の周波数を好むように進化している。もしある一つの種が高い音で歌い、別の種は低い音で歌うとすると、それぞれの種の仲間たちにとっては騒音の中から欲しい信号を拾い出すのがより容易である。どの生態系においても、それぞれの種は（時間や音の周波数、空間において）自分たちを他から分けるようにしており、それによってサウンドスケープの中の場所取り競争を削減できる。

音響空間の分割は生態系の中で音響ニッチ仮説として知られている。どの生態系においても、異なる種は独自の音響ニッチを占めるように進化する。これはラジオの異なる局が、ダイヤル上に異なる周波数を持っているのと同じだ。この仮説は最初に生物音響学者バーニー・クラウスが立てたものだ。一九七〇年代にクラウスは音楽家としての、そしてハリウッドの作曲家としての輝かしいキャリアを捨てて、大量の機材とオープンリールの録音機を森やジャングルの中に運び入れ、工業化や農業の拡大、都市化の進展によって破壊される前に自然界の音を保存しようとした。[*51] サウンドトラックのつもりでサウンドスケープに耳を傾けているうちに、クラウスは音響ニッチ仮説を思いついた。彼の考えはその後、南極のシャチやヒョウアザラシからプエルトリコのコキーコヤスガエルに至るまで、幅広いさまざまな環境や生物について実証されてきた。[*52] クラウスの録音は、ある場所で生成される驚くほど多様な音の間で、進化が生み出した複雑な相補性を実証している。これを彼は「巨大な動物オーケストラ」と呼んだ。複雑に織り合わされたコーラスの大部分は人間の耳で聞くことができない周波数で登場している。進化によって、異なる周波数がそれぞれの種に割り当てられているのだ。[*53]

クラウスの仕事はその多くが、動物の音が豊富にある熱帯雨林で行われた。しかし生物学者デヴィッド・G・ハスケルは『ミクロの森――1㎡の原生林が語る生命・進化・地球』の中で、森には植物の出す音もあふれていると述べている。[*54] エクアドルで木々に降り注ぐ雨の音を聞いていると美しい音楽が突然現れる。「金属的なきらめきがはねかかる音」「低くて澄んだ木の打ち付ける音」「タイピストが高速でタイプを打つカタカタいう音」。学生には、オークの木とカエデの木の違いをその音を聞くだけで区別できるようになりなさいとハスケルは言う。柔らかい春の葉が、冬が近づいてもろくなっていく時に「カエデの木がどのように声を変えるのか、自分の耳で聞くことができる」とハスケルは説明する。世界は音楽と同様、それ自身が織り合わされた作品を持っている――ほとんどの人間の耳は感度が良くないのだけれど。クラウスは「巨大な動物オーケストラ」という言葉を作り出したが、ハスケルはこの地球の生き物が作るオーケストラには植物も参加しているのだと私たちに気づかせてくれる。

クラウスの音響ニッチという見識はさらなる魅力的な仮説へとつながる。音を聴くためのメカニズムは音を出すメカニズムと共進化したというものだ。[*55] この考え方は整合フィルター仮説と呼ばれている。[*56] もしこの仮説が真実ならば、生物の音を受信する時の聴覚感度は、シグナルの送り手のエネルギー配分と合致する。つまり、私たちは自分たちの属している種の仲間が出す音にチューニングされているわけだ。ガリアーノがベビーコーンを使って行った実験はこの整合フィルター仮説の一例である。コーンはある特定の比較的幅の狭い周波数の音を聴き、音を出しているのだ。

整合フィルター仮説によれば、捕食者と被食者の間のシグナルについても、相互にチューニングが行われるのではないかと考えられている。そしてこれは実際にある種の動物の間で観察されていることだ。例えばヒトリガの羽はコウモリの音響センサーを妨害する特別な形に進化している（蛾の仲間の多くが、抗コウモリ超音波音を作り出していることがわかった）[*57]。音響チューニングは動物と植物の間でも起きる。特別驚くべき例はコウモリと植物との間の関係で見られる。コウモリはバイオソナーを用いて景観全体をスキャンするが、植物の形状を、植物から拡散される生物音響のエコーの形で受け取るのである。イスラエルのテルアビブ大学の神経生態学者ヨッシ・ヨヴェルは、植物は形状に関連した独特の音を持っていて、エコーロケーションでどのように「見える」かによってコウモリを引き寄せることを実証した。共進化の過程においてコウモリは、バイオソナーを使うことによって植物を分類する能力を発達させてきた。それに対してコウモリに受粉を助けてもらう植物は、エコーを反射させる花や葉を作り出してきた。これが信号灯として、標識信号として、あるいは道しるべとしてコウモリを惹きつけるのだ[*58]。これは、花の蜜を食べるコウモリの場合と同様に、餌植物が他の植物に埋もれて見つけにくいといったエコーロケーションの「混乱」に、コウモリが対処できるようにする。

その例として、あるコウモリの種（パラスシタナガコウモリ）について考えてみよう。これは花の蜜を栄養源としている種だ。研究室でこのコウモリを調べているうちに、この特殊な種は人工的に作られた葉の中から楕円や半球の形を見つけ出す能力に優れていることがわかった。研究チームのメンバーの一人がキューバのつる草（*Marcgravia evenia*）で花が咲いているのを見た瞬間、ひらめいたのだ。花の上には器のような形の葉があった。「これがコウモリに対するシグナルに違いない」[*59]。この研究者は当時、このつる草がコウモリに花粉を運んでもらっていることを知らなかった。後続の実験で、コウモリは特別な形のつる草の葉が取り付けられている時、隠してある食べ物のありかを五〇パーセント早く発見した。こうしてこの葉が非常に効果的な信号灯であり、コウモリのエコーロケーションのクリック音を反射して強力な一定の音響シグナルを送り返したのだとわかった。

また、この葉の特殊な形は、反射した音波を「どの角度からも著しく一定に」保った。これがもう一つのコウモリへの合図だ。つまり、このつる草はコウモリに対して音響的に明らかにそれとわかるように、その葉を発達させてきたのだ。このつる植物の他の部分は、音響的に道路反射鏡（カーブミラー）のように振る舞うことがその後の研究から明らかになった。その形は、コウモリが発したエコーロケーションのコールが持っているエネルギーを反射し、シグナルの強さを増すことで、エコーロケーションを使う送粉者のコウモリを花に集める。[*60]

花とミツバチの間にも音響チューニングの関係が存在する。ある種の植物は、開花すると雄しべの葯の小さな穴や裂け目から花粉を放出する。ミツバチは花の上に留まって、花粉が飛び出すまで花を最適な周波数で振動させる。[*61] ミツバチがブンブンいう羽音を出す行動と、花のサイズと形との間のきれいな一致は、植物とミツバチにおける共進化の数多くの例のうちの一つだ。[*62] ヨヴェルも、いくつかのケースではミツバチの羽音だけで行動反応を引き起こすのに十分であるということを実証した。蜜を運ぶミツバチの羽の音（そして同様の周波数の人工的な音）を植物に聴かせておくと、数分の間に植物はより甘い蜜を作り出して反応を示したのだ。[*63] さらに、正確なメカニズムまではまだ解明できていないが、花はミツバチの出す特定の周波数に対して機械的に振動するように作られており、二つの種の間にはその形状と機能の優れた協力関係があると、ヨヴェルは推測している。[*64] 研究者の一人は次のように述べている。「私たちは素晴らしいものを発見した。そして、もっと多くのものを発見するだろう。音響世界はその先で私たちを待っているのだと思う」[*65]。

## 土の中の音

花が出す音響がコウモリへのガイドとして、かつ囮（おとり）として働いていること、そして、植物とミツバチが親密な会話をしていることの発見には、驚くべき魅惑的な何かがある。しかしこれは自然の素晴らしい相互関係を示す単なる例に過ぎないのだろうか。あるいはそれ以上の何かがあるのか。音を出したり音を聴き取ったりする植物の能力はパラダイムシフトを引き起こすと論じる——異論のあるところだが——科学者もいる。これは私たちの植物のコミュニケーションに関する理解を根本からひっくり返すものだ。

ガリアーノの研究は、例えば植物は受け身で反応するだけではなく、音を通じて積極的にコミュニケーションができると主張し、議論を巻き起こした。しかしほとんどの植物学者は植物や景観が生み出す複雑な音に関して記述する場合に、受動的な表現を使う傾向にある。例えば『木々は歌う——植物・微生物・人の関係性で解く森の生態学』の中でハスケルは、森の音を音楽の観点から論じ、心安らぐとか楽しいとか、あるいは恐ろしいなど人間の感覚を受け手とする用語によって表現しており、木と木の間でのコミュニケーションの結果であるとは捉えていない。

実際に、植物によって作られた音や植物が耳を傾ける音を、コミュニケーションとして定義すべきなのかという問題に対しては、科学者たちは強く反対している。これは一つには、定義をめぐる議論になっている。コミュニケーションを物理的な用語として定義する科学者もいる。すなわち、例えば耳の中の繊毛が音に対して揺れるような、個々の感覚器官が受け取る刺激であるというのだ。[*66] これに反対する科学者は、コミュニケーションを認知的な用語で定義し、送り手と受け手の間の意味を持った情報の伝達であるとしている。この後者の定義に従うなら、コミュニケーションとは、音が受け手側にある不確かさを軽減させる情報を運ぶ時に起きる。単に音を聴くだけではなく、それを超えて意味のある情報として、音を翻訳しなければならないのだ。この定義は情報理論やコンピュータサイエンスの中で利用される定義と同様のものだ。そしてそれは植物のコミュニケーション研究へと、新しいアプローチの扉を開く。[*67]

植物が音響情報を発することによって、積極的にコミュニケーションをしているのかどうかという疑問に答えるためには、まず植物が音に対して反応することの他に、音を作り出していることを確かめる必要がある。そして次には、そこに適応効果があるという点についても実証が必要だ。[*68] 例えば、有益な動物を惹きつけ、有害な動物を寄せつけないようにする音を植物が出している可能性はあるのだろうか。[*69] 推論に過ぎないけれども、これは妥当な議論ではないか。音響を用いた誘引は植物にとっていくつか利点があるかもしれない。花粉を運ぶ生き物の注目を惹く競争に勝つことや、より大きな花を咲かせるのに必要な資源を消費することなしに、そうした生き物を惹きつける可能性だ。

植物は土壌を通じて音響コミュニケーションを行うことができるのかもしれない。ここ数年の間に生物音響学者は、地表面の下にいる生き物の音を録音し始めている。生態学の長年の研究で、私たちの足元の地下には膨大な種類の生き物が棲んでいることがわかっている。しかし、ギターに取り付けるコンタクトマイクのような圧電素子を用いた小型のデバイスと同様の、土中の音を捉えることができるマイクロフォンが開発されたのはごく最近のことである。地下の音の多くは高すぎるか低すぎるか、あるいは小さすぎて人間の耳には聴こえない。しかし適切に音を増幅することができれば、地下の音響世界は今ある表現では間に合わないほど豊かな姿を現す。土の中は、虫が穴を掘り進めたり、根が成長したりする時の引きずるような音や削る音、カサカサいう音や、擦る音などでいっぱいだ。[*70]

土の中の音を聴くことで何がわかるのだろうか。ドイツのガイゼンハイム大学の応用生態学者、キャロリン＝モニカ・ゲレスはコガネムシの幼虫の研究をしている。彼女は根を食べるこの虫の出す音を、紙やすりで擦る音やキリギリスが鳴く声、木々が枝を擦り合わせる音の混ざったものだと表現している。ゲレスが「地下のツイッター」と表現している音のパターンは種によって独特だ。よく訓練を受けた耳ならば、幼虫の種による違いを聴き分けることができる。幼虫がこのような音を使ってコミュニケーションしているのかどうかについては、研究者の間でもはっきりしていないが、ゲレスはすでに非常に興味深いパターンを観察している。観察対象の幼虫は、近くに他の幼虫がいる時には盛んに音を出しているが、別々の容器に入れられると沈黙するのだ。[*71]

生き物はもちろん、地面の下の音に昔から敏感である。雨に濡れた芝生の上で鳥が首をかしげながら飛び跳ねるのは、地虫の出す音に耳を傾けているからだ――急に襲いかかるのは無作為にやっているのではない。砂漠のモグラが頭を地面の下に突っ込んで砂を泳ぐようにするのは、モグラたちもまた獲物の出す音に耳を澄ませているからだ。[*72] しかし、植物もこのような音を動物と同様に聴くことができるのだろうか。植物学者と生態音響学者たちは仮説を立て始めている。成長している植物の根からの音響シグナルは地虫たちを惹きつけるのではないか。そして地虫が地面を掘ることで、土壌が豊かになっているのではないか。もしそれが正しいなら、植物の成長と地中の生物が多く集まっていることとの間の、観察されていたのにこれまでわからなかった謎の関係に、これで説明がつくのだ。目に見えるシグナルと化学的なシグナルはすでに長い間注目されてきたが、地中を伝わってくる音響的な波や振動は、それ自体が植物音響研究の新しい最前線となるのかもしれない。私たちがようやく気づき始めたばかりの、地表面の下の音響世界だ。[73]

## 草木も歌う

クジラの歌は聴く人を驚嘆させるのに対して、植物がコミュニケーションをとっているという考えは嘲笑を誘うことが多い。こうした音はコミュニケーションをとり合うシグナルなのか、あるいは単なる偶然の音なのか。[74] この問いに答えるにあたって「植物の神経生物学」の概念を援用する研究者がいる。しかし同じ専門分野の学者の多くは、激しくこれに反対する。その理由は、植物にはニューロンもなければ脳もないからである。その他の研究者は、植物のシグナル伝達と行動といった別の言葉を用いる。こうした言葉の方がより正確なのかもしれないが、一方でどこか遠回しな表現に聞こえる。

植物のコミュニケーションに関する議論は、植物の認知や、さらには植物の意識の存在をめぐる論争にからめとられてしまっている。[75] このような議論を深めていく時、私たちは人間中心主義や哺乳類バイアスにも用心しなければならない。なぜ私たちはクジラの歌についてある程度心穏やかでいられるのに、植物やその他の生き物が、情報を伝達しコミュニケーションを行うさまざまな音のシンフォニーに参加しているのだという意見に対しては不安な気持ちになるのか。おそらくその理由は、動物や植物が意味や感情や考え方を伝え合っているということを暗示するからだ。ほとんどの科学者がこれを居心地悪く感じる。あるいは私たちは自身の感情を人間以外の存在に対して投影するのを恐れているのではないか。

カール・サフィナが主張するように、私たちは微妙なバランスを維持する必要がある。一方では人間から生まれた概念をその他の種に投影するのを避けることは重要であるが、他方では人間以外の生き物のコミュニケーションの可能性を否定しないことも同様に重要である。前者は作為の誤り、後者の方は不作為の誤りだ。[*76]

音によるコミュニケーションの力が人間でない生物にもあると考えることに対して、科学者たちが抱いている不安は、音と人間の感情の緊密な関係から来ている。音によるコミュニケーションは、心理的であると同時に生理的なものでもある。また知性的でもあるし感情的でもある。最も個人的で直感的な経験につながっているものだ。音は離れていても私たちの心を動かす。例えば愛する者の声とか赤ちゃんの泣き声などがそうだ。音楽は私たちを音の中に没頭させ、音で満たす。骨の中に音楽を感じる。[*77] しかしナターシャ・マイヤーズが指摘するように、植物の音の研究では、植物の「感情」について考慮する必要はないのである。

「感情」を考慮することは擬人化的な観点を示唆するもので、これを断固として否定する科学者は多い。そこにはまた暗黙の道徳的危険も含まれている。植物に感情があるかどうかを問うことは、植物を軽視していることになるのかもしれない。人間の尺度で測られた植物は常に「人間より劣るもの」を意味することになる。そうではなくて、私たちは形態学的な観点（植物を中心とする）を採用すべきなのではないかと、マイヤーズは述べる。植物は驚くべきことができる（例えば光合成とか、カフェインのような複雑な化合物を作り出すことなど）と認めるのだ。そうすれば、私たちは植物の能力について植物専用の用語で理解しようとするだろう。植物の音について研究することは、植物がいかに複雑な存在であるかを認めることになる。だがこの複雑さを認めることは、擬人化や生気論（生命体の活動や性質には

「生命力」や「生気」といった物理的、科学的には説明できない要素が存在するという生命論）に陥ることを必ずしも意味してはいないのだ。

このような疑問の答えを求めて向かうべき研究の最先端は、間違いなく植物学と人類学の交点にある。民俗学的な、また民族植物学的な研究はかつては先住民族の知識にのみ注目していたのだが、科学の目は今や植物の知覚に関する特徴（植物音響学から植物化学物質に至るまで）を生物物理学的、かつ文化的な現象として同時に理解することにも向けられている。これらの「植物の民族誌」は植物を受け身の脇役を超える対象として扱う。植物を人間の人格のように捉え直すことで（先住民族のコミュニティが多くの場合行っているように）、こうした研究者は人類学における人格化に反論を唱えつつ、西洋科学がアリストテレスとテオプラストスの時代から受け継いできた動物と植物の間の区別を再考しているのである。

このアプローチの中で、人類学は、植物の知覚能力や理解力、そしてコミュニケーションに関する先住民族の理論に対して、以前から抱いていた偏見を再検討しているのだ。もしも先住民族が持つ植物の音についての理論が、単なるメタファーのレベルを超えて経験的に正しい――神話ではなく事実として――としたら、どうだろうか。[78] ポタワトミ族の生態学者ロビン・ウォール・キマラーが指摘するように、植物に関する伝統的な生態学的知識は多くの点で科学的知識と一致する。キマラーは次のように述べている。「自然への尊敬と責任と、そして自然との相互主義の世界観を有している伝統的な生態学的知識は、科学と競合しない。その上その力を減じることもなく、科学の視点を自然の世界と人間との相互作用に広げていくのだ」[79]。人類学者の中には植物を「マルチスピーシーズ（複数種の生物の）民族誌」に組み入れ始めている研究者もいる。ガリアーノが主張するように、彼女自身の実験計画と新しい仮説は、先住民族のコミュニティと植物の両者との対話を通して発展してきた。[*80] 生物音響学を使って西洋の科学者たちは、先住民族の識者たちが長い間有していた知識を再発見することができるのではないだろうか。

植物がコミュニケーションをとっているという考えは、いまだに疑わしく感じられるかもしれないが、今日当たり前になっている科学的な考え方でも、ほんの少し前までは信じられないことと思われていたものが多いのも事実ではないか。後続の章で明らかになっていくが、二つの先駆的な研究課題——コウモリとミツバチの音響——も、幅広い不信から受容に至るという同様の経路をたどった。コウモリのエコーロケーションに関する最初期の発見は、まずは疑念を抱かれ、そして否定されたのだった。しかし議論の最前線は、次章で見ていくように、コウモリが反響を用いて位置を測ることができるかどうかではなく、エコーロケーションを使って記号的コミュニケーション——かつて人間だけにあると考えられた能力——を行っているのかどうかというものになっている。

# 第7章　コウモリのおしゃべり

一九三九年、ハーバード大学に入学し学部学生になった時には、ドナルド・グリフィンはすでに自然史の分野で最もよく知られた謎の一つ、鳥類やコウモリに関する不変の興味を膨らませていた。コウモリは真っ暗闇の洞窟の中でさえ、目が見えない状態のまま素早く飛行する。しかし耳が塞がれている時には白昼でも障害物に衝突する。[*1] これは一八世紀にイタリア人科学者ラザロ・スパランツァーニが念入りにコウモリに目隠しをして、その後それを取り除く実験をして以来、すでに知られていた現象だった。目隠しをしても飛行の能力はまったく妨げられなかったことに、スパランツァーニは非常に驚いた。[*2] それから二世紀が過ぎても謎は解明されないままだった。完全な暗闇でコウモリはどのようにして障害物を避けることができるのだろうかとグリフィンは考えた。目に見えない検知の方法を使っているのだろうか。[*3] コウモリは人間の知らない何かを知っていて、技術的発明力を持つ人間でも推測できない何らかの能力を獲得しているようだった。

学部学生のコウモリに関する考察に関心を持ってくれる教授はほとんどいなかった。運が良かったのは、通信工学のパイオニア、ジョージ・ワシントン・ピアース教授に出会ったことだった。かつてカウボーイであり、農場主の息子、そして一度はテキサスの小さな中等教育の学校で教える非常に貧しい学士だったピアースは、その後ハーバード大学の教授職に進み、起業家としても多忙な人物となっていた。彼は多数の発明特許を持っており、事業の種類や内容も豊かに発展しつつあった。[*4] 最も有名なのは、電話技術システムに関する実用的な研究だった。しかし「超音速」の音——すなわち人間の可聴域を超える周波数の音——を人間の耳に聴こえる音に変換する手法に関する実験で彼は躓（つまず）いていた。彼がもともと持っていた道具の中には真空管、電話、振動するピエゾ・エレクトリック・クリスタル（ピエゾ電気結晶体）、放物線形のホーン、拡声器、段ボールがあった。ハーバードの地下の一室に置かれたこれらの優れた道具が、人間の聴覚の上限を超える音を検知し分析することができる最初の仕掛けとなった。[*5]

ピアース教授の素晴らしい道具一式はなんら明らかな効果を示さなかったし、キャリブレーション（超音波受信機の調節）の確立された手法もなかった。機器を試運転するための超音波の音源を探し回って、数が多く簡単に手に入れることができるコオロギとバッタを使うことで落ち着いた。これらの昆虫が超音波音を盛んに出していることを発見してピアースは非常に喜んだ。意外なことに昆虫の音声の型に興味を惹かれて、彼は残りのキャリアのほとんどをそうした音を読み解くことに費やし、その結果、世界で最初の生物音響学者の一人となったのである。ピアースは昆虫の発声に関する生理機能の測定技術を発展させ、後にそれぞれの昆虫の鳴き声にある脈打つような型は一種の記号で、種を正確に確定できることを証明するに至った。また昆虫の音声は天然の温度計のようなものだと論じて生態学者たちを驚かせた。[*6] 例えば、縞模様の地上性コオロギは三一・四℃では毎秒二〇回鳴くのに対し、二七℃では毎秒一六回鳴くのである。[*7]

ピアースの研究結果は、何年も後になるまで広く理解されることはなかった。しかし人生の最後に差しかかって、ピアースは自分の仕事が未来に関連するという鋭い嗅覚を発揮した。彼の最後の著作

『*The songs of Insects*（虫たちの歌）』は、彼が大きな影響を与えた無線通信分野での業績の要約というよりも、むしろコオロギとバッタを扱った研究に焦点を当てるものだった。「たまたま本書を手に取った読者は、物理学と通信工学の専門家がいかにしてその努力を昆虫の研究に向けるようになったかを知れば興味を感じるのではないか。また、無知な人間は啓蒙を求める義務があるというのが答えになるのではないだろうか」[*8] とピアースはその序文に書いている。

ドナルド・グリフィンが彼を探し当てたのは、ピアースの退職までわずか一年という時だった。コウモリは飛行時に人間の耳には聴こえない超音波音を用いているのではないかと、この時グリフィンは感付いていた。この仮説が正しいかどうか検証できる世界でただ一つの器具をピアースは作り上げていた。微積分で成績が足りず、必修の物理コースでは先頃$C^+$の成績を取った、中くらいの出来の学部学生グリフィンは躊躇した。しかし「勇気を奮い起こして先生のドアをノックすると、ピアースは陽気な人だとわかった。私のコウモリが元気に活動している時はいつも、ピアースの器具類一式がカチカチガチャガチャ愉快に音を立てた」[*9]。

さまざまな実験手法について議論した後、二人は何か単純なことからスタートしようと決めた。グリフィンはかごに入れたコウモリを研究室に持ち込んだ。学生と著名な物理学者はごそごそ動く生き物を一匹一匹実験器具の前に置いて、ただ耳を澄ませた。結果は即時に出て、世界を驚かすものだった。超低周波音を出すだけではなく、逃げようともがいている時にコウモリの発声は一層激しくピアースの器具を鳴らした。しかしコウモリを部屋の中で自由に飛び回れるようにすると、何らかの音を出しているのかどうかすら検知することが難しかった。この証拠がなければ、グリフィンはコウモリが方向を定めて飛行するために超音波を使うということを証明できない。ピアースとグリフィンが結果を発表した時、コウモリが出す音を「超音速（suprasonic ＝ supersonic）」音と控えめに〔超音波（ultrasonic）というすでによく知られた表現をあえて避けたこと〕言及している。これに対してグリフィンは後に「ばかばかしいほど用心深かった」[*10]と述べた。

この大躍進もむなしく、グリフィンは謎を解明できていなかった。コウモリが身動きできない時に超音波を発していることは証明できたが、飛行中も同様なのかは確かめられていないのだ。コウモリは音を出していないのか、あるいは実験的に間違いがあったのか。グリフィンは大学院で研究を始めたが、第二次世界大戦によって中断された。軍隊に入って、音響コミュニケーションの分野で働くことになった。[*11] 戦後になると、彼はハーバードに戻ってより主流の題材である渡り鳥の研究で博士の学位を目指した。その際、パイロット免許を取得し軽飛行機でカモメを追いかけることができるようになった。しかしコウモリのエコーロケーションについての謎は解明されないままグリフィンの心に引っかかっており、ピアースとの実験は結論が出ておらず、じりじりと気をもんでいた。

## 聴覚空間地図で飛ぶ

転機が訪れたのは、グリフィンが同期の生理学者ボブ・ガランボスと共同研究することになった時だ。グリフィンが最初の課題を解決できなかったのは、コウモリの音の出方が高度に方向性を持っていたことによると、二人はすぐに気がついた。コウモリの出す音は音響のフラッシュライトのように狭い線状になっていて、検知するためには器具をコウモリにまっすぐに向けなければならなかった。ピアースの実験器具では、こうした狭い有効可聴範囲を対象にするには十分にしっかりとフォーカスできなかったのである。

このことに気がつくとすぐに、実験計画は具体化した。昼間の「正式な」物理学実験の邪魔をしないように夜遅く、グリフィンとガランボスは何匹かのコウモリの耳に覆いをかけ、また残りの何匹かのコウモリは目を水溶性の接着剤で貼り付け、それからコウモリが極細のワイヤーを張り渡した部屋の中を飛ぶ様子に耳を澄ませた。目を見えなくしたコウモリは、何も手を加えていないコントロールグループのコウモリたちと変わりなく飛べた。しかし耳に覆いをかけたコウモリのグループでは、何回も壁にぶつかったり、ワイヤーに絡まったり、明らかに飛ぶのを避けるような様子が見られたりした。覆いを片耳だけにしても、コウモリの飛行にほとんど改善はなかった。

このような結果から、コウモリは障害物を避けるために超音波を使っていることが証明された。[*12] しかし念のため超音波の発生元を確かめようと、グリフィンは糸を用いてコウモリの鼻をそっと閉じ、それからコロジオン（乾くと分厚い膜になるどろどろの溶液）を塗った。鼻を塞がれたコウモリは「耳を聞こえなくさせたコウモリと同様に不器用で、ためらうような、おろおろするような様子で飛んでいた[*13]」。中にはコロジオン膜をひっかいて穴を開けるコウモリもいた。ほんの小さな裂け目でもコウモリは障害物を避ける技術を取り戻すことができた。このことからコウモリは、軍隊の聴音機器と同様に、自分の出した超音波シグナルの反射を聴いていることがわかった。つまり今日最も洗練された電子技術にも肩を並べるような聴覚空間地図を作っているのだ。人間がごく最近発見したものを進化の過程ですでに磨きあげていたのだ。

二人の学生は実験の結果を世界に向かって公表することを熱望したが、世界は彼らの結果を受け取ることに関してそれほど熱望してはいなかった。グリフィンはその当時のことを次のように記憶している。

「一人の著名な生理学者が、科学関係の会合で我々の発表を聞いて大変なショックを受け、ボブの肩を摑むと強く異議を唱えながら揺さぶった。『そんなはずがないじゃないか！』ってね」[14]。反響定位やレーダーはまだ高度な軍事機密だった。最新の軍事技術の功績に類似する（ましてそれよりも高等な）何かがコウモリにはできる、しかも遠隔から行えると示唆することは、歓迎される話ではなかったのだ。西洋社会におけるコウモリの象徴性もまた登場していた。コウモリは洗練された優れたコミュニケーションをする存在としてではなく、吸血鬼や悪い予兆のイメージを呼び出したのである。

コウモリのエコーロケーションについて、懐疑的な考えはその後の数十年間残り続けた。グリフィンの仮説のいくつかを検証するのに必要な技術がまだ存在していなかった。最終的に、オシログラフ（振動記録器）の陰極線の改良によって、ピアースと二人で一般的なやり方で特徴づけるところまではできていたコウモリの音をはっきりと表し、測定することが可能となった[15]。数十年にわたって行われた一連の実験の中で、コウモリのバイオソナーは非常によく調整されていて信じられないくらい正確であるとグリフィンは証明した。彼の手法は骨の折れるものだった。古くさい三五ミリの録画カメラで、スクリーンを横切るラインとして表れるコウモリの音を追跡したオシロスコープ（電流波形観測機器）のグラフを丹念に撮影した。実験室での研究では結果が得られないとわかると、グリフィンはフィールドワークを始めた。録画カメラとオシロスコープ、電池で動くポータブルラジオ、マイクロフォン、放物面集音反射鏡、ガソリン使用の発電機を古い小型トラックの荷台に積み込んで地元の池へと向かう。そこで数時間かけて器具をセットアップし、茶色いオオクビワコウモリが夕暮れ時に昆虫を獲る短い一五分か二〇分間を、根気よく待つのだ。

結果は非常に目覚ましいものだった。グリフィンが観察したコウモリが昆虫を獲っている時間のエコーロケーションの比率は驚くほど高かった。これは新たな大発見へとつながった。彼はすでにエコーロケーションはソナーと同等のものであると理解していた。ソナーは暗闇で静止している障害物を検知して衝突を回避し方向を定める方法だ。グリフィンは、小さくて素早く動く昆虫はバイオソナーでは探知することができず、コウモリの機敏な狩猟の作戦は視覚によって行われているだろうと、他の研究者と協力して推測をしていた。しかしグリフィンの池での実験はこの推測が間違っているものであることを証明した。実際にコウモリはバイオソナーを使って飛んでいる蛾やハエ、さらには蚊に至るまで、動き回るままにその場所を特定し、捕まえていたのである。[16] グリフィンはのちに次のように書いている。「静止している物体を反響定位することだけでも十分に驚くべきことだった。しかし我々の科学的想像力よりさらに上を行く可能性は、推論さえできなかった」[17]。コウモリのバイオソナーは、人間が作り出した最も洗練されたソナー機器の性能を桁違いに上回るものだったのである。

それから、コウモリの種類が違えば、異なる環境や獲物のタイプに合わせてある程度異なる音声化をしているのではないだろうかと、グリフィンは考え始めた。仲間の研究者は消極的だった。聴覚に関する当時の最先端の研究者でノーベル賞も受賞したゲオルク・フォン・ベーケーシは、グリフィンに対して、これは時間の無駄遣いだと述べた。「コウモリはコウモリだ。コウモリが出す音は騒音に過ぎない。この研究を続けてもそれ以上のものが出てくる見込みはない」[18]。しかし彼は粘った。コウモリの音は単純に方向を定める手段というだけではないと推測し、それは小鳥のさえずりやおそらくは人間の言語にも類似したものであると主張して議論に火をつけた。

コウモリは発声や複雑なコミュニケーションを学習することができるのだろうかと、グリフィンは問うた。彼の推論は、言語は人間だけのものであるとする広く受け入れられた信念に逆行するもので、反対する科学者がほとんどだった。しかし近年、デジタル技術の革新により、グリフィンの考えは一部正しいことが証明された。コウモリには発声を学習し、複雑なコミュニケーションを行う能力があり、人間に近いやり方で社会的な行動をうまく行っているのだ。

## コウモリの歌に耳を傾ける

コウモリは厳密にどのようにして音声を通じて周りのことを知るのだろうか。この謎を解明するために、ベルリン自由大学のコウモリ研究者ミリアム・クノルンシルトは、中央アメリカに毎年行っては、熱帯雨林で最も普通に見られる大型嚢翼コウモリの一種（オオシマサシオコウモリ *Saccopteryx bilineata*）の研究を行っている。社会的コミュニケーションへの関心から、クノルンシルトは研究対象のコウモリを視覚的に観察する必要があった。そこで彼女はある特別な特徴を持ったコウモリの種を選択した。

大型嚢翼コウモリがその他多くのコウモリの種類よりも研究しやすいのには三つの理由がある。第一に、（多くの温帯のコウモリが移動するのに対して）この種類のコウモリが地理的に動かないことだ。季節移動がないため年間を通じて研究することが容易である。オスの大型嚢翼コウモリは求愛行動として、メスを招くために決まったねぐらを守っている。メスをおびき寄せるとオスは子育てを手伝うためにねぐらに留まる。研究者は毎年同じ場所で同じコウモリの家族を世代から世代へと連続して研究することができる。

第二に、大型嚢翼コウモリは他の種に比べて人間に対して特別寛容なことだ。クノルンシルトは例えば次のような話をしている。「飛び方が下手な若いコウモリが左右にフラフラしながら飛んでいて、コントロールを失って私に止まることがある。たぶんその理由は私が木の幹に似ていて安全に見えるからだろう。時には母親がまっすぐ私の方に飛んできて私に止まり、子どもをつまみ上げてねぐらへと連れ帰る。コウモリは私を受け入れてくれているか、あるいは少なくとも、私がそこにいても気にしていないようだ[*19]」。

第三の理由は、他の多くのコウモリの種と違って、大型嚢翼コウモリが、（洞窟ではなく）樹木をねぐらとしていることが多く、昼間の時間にも活動的だからだ。このような要素を総合すると――地理的移動がないこと、人間に対して寛容であること、そして昼行性であること――大型嚢翼コウモリは年間を通して観察しやすいほぼ唯一のコウモリということになる。

クノルンシルトは何を発見したのか。第一に、大型嚢翼コウモリは一生を通じて、高度な発声の学習を見せる。人間と同様、コウモリの子はおとなのコウモリをまねして音声を学習する。生まれたばかりのコウモリの子はしばしば母親と同じコール音を発する。また、母親が巣に戻ってくる時に個体をそれぞれ識別できるように、個別のコール音を母親コウモリから学ぶ[*20]。母親コウモリは子どもに向かって「マザリーズ（母親言葉）」を話す。人間とまさしく同じように、母親コウモリは子に直接向けて特別の形式で発声するのだ。これはコウモリの子の注意力を高め、刺激を与えて言語の学習を促すものである（人間の母親と同様、コウモリの母親は子どもに向けて話す時にはテンポやピッチを変えるが、ピッチはより低いものとなる）[*21]。

コウモリの子は飛び始めるとグループのシグネチャー・コールを学習する。将来つがいとなる相手を決定する際に非常に重要な発声である[*22]。オスの子どもは父親から縄張りを守る歌を学習する。さらに人間や鳴禽類のヒナのように、「おしゃべり」フレーズも練習する。生まれて二、三週間もすると、ヒナはグループの歌の一つひとつの音節を発音するようになる。生後一〇週間で、これらの音節は歌にまとまっていく。[*23] しばらくの間、ヒナたちの歌はまだ練習中であるかのようにおとなの歌よりも多様だ。[*24] おとなのコウモリになる頃には、歌は縄張りに特有のものとしてはっきりしてくる。シグネチャー・コールは近親に固有のものとなり、個体独自のコールを含む固有の音を持ったたくさんの語彙を有するようになる。その他のコウモリの種と同じく、こうした発声は生来のものではなく学習されるものなのである。[*25]

コウモリの歌はクジラの歌のように、文化的に継承され、繰り返し変化を遂げる。大型嚢翼コウモリの歌には二つのタイプがある。一つは縄張りを守る歌、つまりライバルのオスを寄せ付けないようにするもので、もう一つはオスの縄張りにメスを呼び込む求愛の歌だ。これらの歌は極めて重要である。なぜなら成熟間近のオオシマサシオコウモリのメスが自分の生まれた社会的グループを出て、新しい群れを選ぶ際にオスの縄張りの歌を頼りにするからだ。[*26] オスのコウモリが攻撃性の度合いに応じて縄張りを守る歌を変化させること（ピッチが低いほど争いはより深刻なものである）、さらに惹きつけたいメスと対抗するオスの数が増加すると求愛の歌の回数も増えることを、クノルンシルトは実証した。オスのコウモリの子がおとなから文化伝承としてこのような歌を学習するため、歌の構造にわずかなコピーミスや変更が加わって、ピッチは時が経つにつれて高くなっていく。これが地域ごとにはっきりと異なる歌の訛りの出現につながる。このような訛りはちょうど人間の言語やシャチのダイアレクト（方言）と同じように、コウモリのグループの違いを際立たせ、発展を続けると同時に世代を超えて残る。[*27]

クノルンシルトらはコウモリ一三種の歌を記録したが、さらにまだ多くあるようだ。コウモリの種

（地球上の哺乳類の種全体のほぼ四分の一にあたる）の中には非常に豊かな音声を持っているものが多い。[*28] 鳴禽類と同じく、コウモリのうちで歌を歌うのはほとんどがオスで、縄張りを守り、求愛の歌を歌う。そしてオスが競って一匹以上のメスとつがいになる一夫多妻制の社会である。[*29] コウモリの歌はほとんどが超音波音の領域でのみ発せられているため、比較的わずかなことしか知られていないが、その音節構造と音韻体系の配列は鳴禽類と同じくらい豊かで複雑であることを示す証拠が得られている。さらに鳥類の世界に存在する歌を歌うことが有利に働く淘汰圧は、コウモリの世界にもある。[*30] グリフィンがハーバード大学の地下室で最初に実験を行ってからほぼ一〇〇年経って、彼の仮説は証明された。コウモリの発声は方向を定めるための素晴らしい道具としての意味を優に超えている。歌の訛りを社会の中で学習することを通じて、コウモリは文化的な教えをコミュニティや世代を超えて継承しているのである。

これらの驚くべき発見は、持ち運び可能な新しいデジタル録音の技術によって可能となった。一九六〇年代には歌を歌うコウモリの行動観察が報告されたが、これらの研究ではコウモリの歌の中でも人間の耳に聴こえる限られた数の録音が行われただけだった。[*31] 超音波音のコウモリの歌の最初のスペクトル写真は（コウモリのエコーロケーションではなく）、わずか四半世紀前、一九九七年に出版された。その際にはココウモリ（ホオヒゲコウモリ）の飛行時の歌をソニーウォークマンに録音するために、コウモリ探知機からの音声が利用された。[*32] コウモリの歌の野外での録音は、廉価で軽く持ち運び可能な新世代のデジタルレコーダーの出現により、ほんの一〇年前にやっと簡単にできるようになったばかりだ。今やコウモリの出す音を、広範な生息地域中の木のてっぺんから暗い洞窟の底に至るまで、そして昼夜を問わずに長時間録音して大きなデータセットが作れるようになった。[*33] またコウモリに付ける一グラムに満たない極小のタグが作られて、コウモリの追跡がより簡単になり、位置情報と音声データを合わせることで、ある特別な音が特別な行動に関連する様子が理解できるようになった。

　クノルンシルトは次のように当時のことを回想している。「私が一〇年前に博士論文を書き上げた時、使った機材は『ポータブル』と呼ばれていた。森の中まで自分で運んでいくことができるという意味だ。だが一度機材を据え付けてしまえば私はそこにいなければならない上、コウモリたちが別の木に移動するとなると、三〇分かそれ以上の時間をかけて機材も移動させる必要があった。その時までにはコウモリたちはまた移動しているかもしれなかった。しかし、今では携帯電話と同じくらい小さなデバイスで録音を手に入れることができるのだ。そして私はタグなどをつけるまでもなく、コウモリの音を録音しながら森の中を歩き回ることができる」[*34]。最新のデジタル生物音響テクノロジーのおかげでクノルンシルトは、コウモリ自身と同じくらい自由自在に動き回ることができるようになったのだ。

　その他のデジタル機材——サーマルカメラ（熱探知カメラ）、再生スピーカー、ドローン、3D立体音響録音機、スピーカーを備えた毛皮付きコウモリ型ロボット——は今や価格も十分に安く個人でも購入できるほどで、対話型の再生実験が可能となっている。わずか数年前のクノルンシルトの再生実験には限界があり、本人曰く「暗い森の中を、スピーカーを取り付けた棒を持って秒速八メートルのスピードで走り回る」というものだったという[*35]。コウモリは騙されなかった。クノルンシルトの次の対話型再生実験は、スピーカーとマイクロフォンを装着したコンピュータ制御のドローンを使うことで、ドローンがコウモリの発声に応えて特定の音を再生しながらコウモリとリアルタイムで交流するというものだ。このリアルタイムの対話型再生技術を使えば、私たちが現在のところ想像している以上に広く豊かなコミュニケーションネットワークを見つけ出すことになるだろうと、クノルンシルトは予測している。

言葉を変えると、コウモリの音声学習に関しては、生物音響にデジタル技術とデータサイエンスとを動員して初めて、人間にも理解できるのだ。しかし、デジタル録音機は前例のないほどの量の音を捉えることができるし、機械学習のアルゴリズムはさまざまなパターンを見つけ出すことができるけれども、こうしたパターンを理解することはなお難しいことだと、クノルンシルトは警告している。遺伝子配列の決定には生物学的に意味のある情報が伴わなければならないのと同様に、受動的な音響モニタリングには生態学や行動学的に重要な情報が関連付けられる必要がある。これは、少なくとも今はまだ、コンピュータでは応えられないことだ。

「結局のところ、動物たちに尋ねてみることが必要だ。これは感知できるのか、これは大事なことなのかと。私たちはビッグデータから離れる必要がある。そしてフィールドへ出て動物たちを観察し、その声を聴くことが必要だ」と、クノルンシルトは言う。[*36] デジタルな音響技術は研究上の疑問を精査し、より多くのデータを集めて分析するのを助けてはくれる。だがそれ自体で答えが出るというものではない。したがって、デジタル技術とは観察する際の一連の人工的補充物であると理解するのがおそらく最もよいのではないか。それに向かって科学者は新しいタイプの疑問を問いかけ、前代未聞の速さで答えを得ることができるのだ。

## 音声と社会的相互関係

デジタル音響を利用することによってコウモリの研究者たちはさらに驚くべき発見をする。コウモリの複雑な社会関係と認知能力である。例えばマキャベリ的知性（または「社会脳」）仮説を例にとろう。[*37]

この仮説に従うと、優れた社会技能を身につける必要は人間の知性の進歩における原動力だった。これによって賢い祖先は社会集団の他の仲間と協力したり、彼らを操ったりすることができ、その中で進化のフィードバックループを作り上げてきた。社会が複雑になるほど音声も複雑になる。それは逆も然りである。つまり社会の相互関係が複雑になればなるほど、その社会はさらに複雑なコミュニケーションを必要とする。そして今度はより高度な音声コミュニケーションの記号を必要とするようになるのである。このポジティブなフィードバックループは哺乳類（霊長類や齧歯類）や鳥類の分野で調査が行われてきた。しかしコウモリ――コウモリもまた高度な音声を持っており、非常に高い社会性を有するコミュニティに暮らしている[*38]――についての研究が始まったのはごく最近のことだ。

クノルンシルトが研究しているオオシマサシオコウモリはマキャベリ的知性仮説を証明している。嚢翼コウモリの仲間の中で、一雌一雄制と比較的単純な音声を持つ他の種と比べて、オオシマサシオコウモリは最も複雑な社会組織の一つを有しているばかりではなく、オスは高度に洗練された求愛歌でディスプレイ行動をする[*39]。有力な一族のオスたちは近隣のテリトリーを守ってメスに近づく権利を競う。それに対して下位のオスたちは、自分たちの集団営巣地に一族ではないオスが入ってくるのを阻止しながら、テリトリーに入る順番を待つ。オスは複数のメスとつがいになる。メスは競争するオスたちの質を一年を通じて評価する。また、交尾相手の選択には、オスの繊細な歌を含む繁殖ディスプレイをもとにする。この激しい性淘汰圧がオスの発声を複雑に進化させているのだと、クノルンシルトは論じている。時間をかけて、長生きのコウモリがその親族からどのように学習するかに関する理解が深まるにつれて、このようなコウモリの音声レパートリーの発展に関する研究は、生物言語学にますます大きな貢献をするようになった。

コウモリの他の種でも同様の発見がありそうだとクノルンシルトは考えている。ほとんどのコウモリは非常に複雑化した社会に暮らしており、社会の複雑さが音声の複雑化を強く促進している。「大型嚢翼コウモリだけが例外なはずがない。大きな脳を持っているわけでも、特殊なコウモリでもないのだ。ただ単に現代のテクノロジーを使って人間が研究するのが容易なだけ。もしも最新機材を使って十分に長く見つめていれば、最新の発見があるはず」[*40]。

次の未開拓分野はコウモリと他生物との異種間コミュニケーションだと彼女は予測している。ある一つの種が出したコール音が別の種の個体において捕食や協力や競争といった行動に変化をもたらすかもしれない。これらの発見の多くは、コウモリの行動を調査する際に新しいデジタルテクノロジーを導入することで可能となるだろう。特に彼らの問題解決能力や遊び、社会的取引、複雑な決定（例えば移動時の回り道など）に関わる特別な能力の調査だ。彼女の説明によれば、コウモリの発声を録音したり分析したりするのにデジタル技術は必須のものだという。なぜならコウモリのコール音は大変な分量と速度であり、しかもほとんどがわずか数ミリ秒（一〇〇〇分の一秒）しか続かない上、多くが同時に起きるからだ。多数のオオコウモリで込み合った洞窟の中では、耳をつんざくような音でいっぱいだ。この不快音響を分析するには、人間の耳では聴き取ることができないものを処理し分析するコンピュータを使った技術が必要となる。

例えばテルアビブ大学の神経生態学者ヨッシ・ヨヴェルは、たった一種の研究のために捕獲した二二匹のエジプトルーセットオオコウモリを二か月半連続でモニターし、五万タイプの発声を記録した[*41]。次に研究チームは音を分析するために音声認識プログラムを改造した。このアルゴリズムは、例えば二匹のコウモリが食べ物をめぐって争っている様子を録画して、特定の音と社会的な相互関係とを関連付けるものだった。これを使用して、コウモリの音声の大部分を四つのカテゴリーに分類することができた。食物をめぐって争う声（最も大きなコール音）、眠る時の群れの中で気に入った場所を争う声、交尾を要求する時の声、非常に近いところに止まって争う声の四通りだ。大多数のケースで、このアルゴリズムは音声を発しているコウモリを個体認識できた。そして異なる個体（特に異性）とコミュニケーションをする時にはわずかに異なった音声を出していたので、このアルゴリズムはほぼ半分のケースでどのコウモリに向けられた発声なのかを突き止めることができた。同様の技術を使うことによってヨヴェルの研究チームは、コウモリが餌を獲る時に複雑な変数——例えば血縁関係や社会的な結びつきなど——を比較考察していることを証明した。コウモリがオスとメスの間で給餌行動をすることも示したのだった。[*42]

オハイオ州立大学の行動生態学者ジェェリー・カーターも、同様の方法でコウモリの複雑な相互社会構造を証明している。お互いに助け合ったり、自分に親切にしてくれた相手のことを覚えていたり、扱いが悪かった場合にはおそらく恨みさえ抱くのだという。[*43]再生実験の中でカーターは、チスイコウモリの仲間は他の個体をシグネチャー・コールによって識別しており、食べ物を分け合った経験を持つ相手に対してより好意的であることを証明した。[*44]さらに、免疫が攻撃を受けているチスイコウモリはコール音がより少なくなることをカーターの研究チームは証明している。また病気のコウモリは人間のように、仲間から距離を取って相互の交流をより少なくするが、近親のコウモリとは一緒に行動を続ける。[*45]

コウモリの個体間での相互関係に関するカーターの詳細な洞察は、コウモリの背中の毛皮にタグをつけて時系列に行動を記録する、小さく持ち運び可能な記録装置で集めたデジタルデータから生まれたものだ。タグは継続的にデータを無線ネットワークのモニタリングシステムに送り続け、まるでソーシャルネットワークのようにカーターは個々のコウモリの行動を連続で追跡できる。[*46] 過去の一〇年の間に、データ記録装置の価格は一〇分の一になっている。一〇〇〇ドルが一〇〇ドルへの変わりようだ。また記録装置をコウモリから回収する際に大きな問題があった（ほとんどの機器が見つからなくなった）が、新世代の生物記録装置は他のコウモリのデータを取り込むことができる。一台でも機器を回収できれば、ネットワーク全体の情報を得られるのだ。[*47] 解像度はGPSよりも高いとカーターは言う。近い場所の記録装置なら、コウモリたちが一緒にどのように時間を過ごしているか、ほぼ完璧で、継続的な記録を見ることができる。カーターが言うように、「それはちょうど最初のDNAシーケンサーを手に入れたようなもの、大進歩なのだ」。[*48] 今度は実際に解読の仕事が始まる。

## 異種間コミュニケーションの可能性

このようなコウモリの発声に関する新しい理解は、裏を返せば人間の言語の起源に光を当てることになるだろう。[*49] 鳴禽類のように、コウモリが言語に関連する遺伝子群を有していることは、人間と共通だ。[*50] しかしコウモリは進化系統樹上では鳴禽類よりも人間に近いので、コウモリの発声をさらに深く理解できれば、社会的行動と複雑な音声コミュニケーションとの間の進化上の相互作用に、新しい視点が加わる可能性がある。[*51]

鳥の鳴き声やエコーロケーションの音とは別に、コウモリは社会的行動に関連付けられるコミュニケーション機能を有するコール音の膨大なレパートリーを作っている。例えばエジプトルーセットオオコウモリは、さまざまな社会的コンテキストを反映する震え声や甲高い鳴き声など、高度にニュアンスのついた音のレパートリーを持っており、何百種類ものコール音が確認されている。

例えば攻撃的なコール音の中には、食べ物をめぐる争いや、交尾を求めるもの、ごく近いところに止まった個体間での場所の奪い合い、寝る時のグループ内での小競り合いなどがある。こうした攻撃的なコール音はコウモリの社会的コールの中の一つのカテゴリーに過ぎない。数例のみ挙げるが、他にもアイソレーション・コール（迷子になった子どものコウモリからのもの）、意味のない音を発する行動（赤ちゃんコウモリからのもの）、「マザリーズ」（母親コウモリから子どものコウモリに向けられるもの）、縄張りを主張する歌、求愛のための口笛のような鳴き声、肉体的な苦痛を表すコール、警戒音、協調して食べ物を探す時のコール、ねぐらや食べ物へと仲間を導くための道案内コールなどがある。[*52] コウモリの中には発信先の相手（オスかメスか）の個性に関する情報を符号化することができるものもいる——ちょうど人間の話し手が、話しかける相手が男性か女性かによって異なる形式を使うように。[*53] コウモリはそれぞれの個体や親族、そして種の違いもコール音内に符号化できるのかもしれない。[*54]

カリフォルニア大学バークレー校のコウモリ研究者、マイケル・ヤルツェフはこのようなレパートリーをコウモリの「語彙」と呼んでいる。[*55] この語彙を解析する人工知能のアルゴリズムの助けを借りて、このようなコール音はコウモリの歌と同様に社会の中で学習されるものであることが論証された。[*56] したがってコウモリは、地球上で最も高度に進化した認知的特色の一つとして科学的に認められたもの、つまり音声の学習と関係した複雑な社会的行動を持った、一流の動物の仲間入りをしたということになる。[*57] グリフィンの説はここでもまた正しいことが証明されたのである。

クノルンシルトは、コウモリの言語能力に関する発見はまだ始まったばかりだと考えている。彼女が説明するように、コウモリは記号を用いたコミュニケーションの必須の条件を備えているのだと最近の研究で確かめられている。音声を学習し、訓練する能力、学習過程での習得、模倣、そして社会的知識のことだ。[*58] コウモリの記号を用いたコミュニケーション能力の検証が始まっている。クノルンシルトはコウモリを訓練してタッチスクリーン上で任意の記号を選べるようにする実験を計画した。一度訓練を受ければ、そのコウモリはタッチスクリーン上で目で見える記号に物理的にタッチするように訓練が可能だ。視覚に特化しているコウモリの種は、タッチスクリーン上で目で見える記号に物理的にタッチするように訓練が可能だ。それに対して生物音響的に教育されているコウモリは認知研究に確実に利用できるのだ。視覚に特化しているコウモリの種は、

練できる。イルカに対して開発された手法だが、コウモリは反響定位によって、三次元的な記号として現れる記号をソナービームで選ぶことができる。[*59] クノルンシルトは音響を利用した同様のタッチスクリーンを使うことで、計算能力あるいはカテゴリー知覚能力をコウモリが持っているのかどうかを調べる研究を行うことを提案した。

内容の遠大さと同様に、まだ推論に過ぎないこうした研究に関して、クノルンシルトの話しぶりは注意深い。「異種間コミュニケーションに非常に好奇心をそそられる人もいるかもしれない。しかしおそらくほかの種にとってはそれほど興味深いものではないだろう。まず、コウモリが私たち人間をコミュニケーションの相手として存在するものだと認識するのかどうか、私たちは立証しなければならない。そしてたとえ認識するとしても、コウモリは私たちとコミュニケーションをしたいと望んでいるのかどうか、さらに考えてみる必要がある」[*60]。人間がコミュニケーションの能力を持つ存在であると、コウモリが認識していない可能性もあるし、森の中で人間が生得的に生物化学的シグナルを感知できないのと同様に、コウモリも生得的に人間の声に音声シグナルがあると感知できないのかもしれないと、クノルンシルトは書き留めている。人間は翻訳機のような働きをする巧妙なデジタル技術を考案することがで

きるのだろうが、コウモリたちがお互いに、あるいは他の種に向かって何をしゃべっているのかを研究する方が興味深いのではないかと彼女は思う。そして、このことはコウモリが世界をどのように知覚しているのか、より深い洞察を生み出すだろうと論じる。

クノルンシルトは最新の実験の中でこの考えをさらに先へ進めている。ＲＦＩＤチップ（クレジットカードのＩＣチップに似たもの）を備え付けた人工の花を使って、花に集まるコウモリをおびき寄せ、その行動と発声を記録するのだ。[*61] 一体コウモリは花に向かって何を言おうとしているのかと彼女は考える。コウモリが私たち人間に何を言おうとしているのかを考えるよりも、おそらくこちらの方がより興味深い。

この研究課題は、コウモリを有害動物、病気を運ぶ動物、あるいは悪霊の化身であるといった西洋社会にある普通の見方とは強く対立するものだ。中国ではコウモリは良き未来の象徴である。[*62] インドネシアでは、植物や聖なる樹木の受粉媒介者としての働きから、コウモリは豊作を体現する動物だ。日本のアイヌ民族は賢くて器用なコウモリの神を崇拝する。[*63] 中央アメリカでコウモリはマヤ文明の寺院に現れて、羽の生えた聖なる存在として神からのメッセージと蜜をもたらす。そして洞窟や魔法、血と犠牲などを連想させる啓示を運ぶ――したがって筆記者や支配者やヒーラーにとって力がある――存在だ。[*64] 北部ペルーのモチェ文化ではコウモリは肉体や農業、人間社会の宇宙論的な再生として、死を象徴するものだ。夜行性の生き物であることから月を連想させるコウモリは、生と死の間のサイクルの連続性を保証しながら夢の世界に棲んでいるのである。[*65]

このようなコウモリの神話的な現れ方には、コウモリが行う重要な生態学的役割がしばしば認められる。植物の花粉を運び、虫を食べ、そして種を蒔く。蜜を食べるがハチではない、羽のある生き物だが鳥ではない、夜の生き物で昼に向けてメッセージを携えるものとして、人々はコウモリを称えるのだ。これらは単なる歴史的な逸話ではない。今日、世界のコウモリの種のうちのかなりの割合が先住民族の暮らす地域に生息していて、先住民による管理がコウモリの生息地を支え、絶滅の危機からコウモリの種を守る働きをしていることが証明されている。[*66] いくつかのコミュニティではディープリスニング（深く聴くこと）の手法の保存を通じてすでに古くから知られていたことを、西洋の科学者たちはデジタル技術を用いて聴くことを通じて再発見しつつある。

## 擬人化主義と人間中心主義

デジタル生物音響学のおかげで、人間の音の世界とはまったく違う音の世界を探究することが可能となった。人間とコウモリの間のより深い類似点が期待以上に続々と発見されている。このような類似点はどこまで広がっていくのだろうか。コウモリはまるで人間と同じようにお互いに会話を交わしているのだろうか。そのような比較をすることは意味があるだろうか。こうした観点から研究する科学者は動物の行動の比較研究にも関心を向けており、その研究分野は動物行動学として知られている。

ドナルド・グリフィンはその経歴の最後の時期に差しかかって、動物行動学に着目し、動物はその天然の生息地において研究されるべきだと主張して、広く行きわたった科学的規範に挑戦した。グリフィンら動物行動学者は、研究室で出た実験結果は動物たちが置かれている人工的な環境のせいでおそらく歪められているのではないかと主張した。必要なのは、動物のいる環境（環世界、*Umwelt*（ウムベルト））。ドイツの生物哲学者ヤーコプ・フォン・ユクスキュルにより作られた用語で、生命体からの世界の見え方について言及する）に積極的に関わることであり、その生物の視点から理解された主観的な世界の見方なのだという。[*67] スタンフォード大学の生物学者、ロバート・サポルスキーはこの議論をのちに次のようにまとめている。「動物行動学という動物の行動を研究する学問は、その対象の動物の言葉で、自然の中で、その生息地において、インタビューをする。動物行動学をやるのであれば、その動物のコミュニケーションとして何が重要なのか、その動物の言葉として何が重要なのかということに関して、心を開いているべきだ。（中略）捕獲されている状態で動物の言葉を研究するということは、バスタブの中にいるイルカを研究するようなものだ（と動物行動学者たちは考える）[*68]」。研究室で研究を進める研究者たちはそれに反対している。注意深く条件を揃えていないと人間の偏見が滑り込む可能性があるという反論だ。

すでに熱くなっていたこの議論の真っただ中に、グリフィンはさらに物議をかもす主張を行った。エコーロケーションは一つの例に過ぎないと考えて、動物の知覚の形式のより一般的な問題に強い関心を抱いた彼は、科学者は動物の心と意識を研究すべきだと主張したのだ。動物行動学の分野における彼の何十年にもわたる研究と堅実な評判にもかかわらず、これは彼の経歴の中で最も重大な議論を巻き起こした。[*69]

グリフィンは「認知行動学」という用語を作り出して、自分の提案した研究プログラムを表現した。動物行動学のように、これは動物の行動の自然的観察と動物の心を進化のコンテキストの中で理解しようとする試みに基づいていた。しかしそこにさらに動物の行動は、意図と自覚している意識に影響されうるという想定が加えられていた。動物には考えたり理論づけたりする能力や感情もあるのではないかとグリフィンは考え、このような精神的なプロセスの研究もすべきであると提案するに至ったのである。人間以外の動物が意識を持っていると仮定したばかりか、意識は限られた状態の神経組織の埋め合わせをするのに有効なのではないかと考えた。さらに人間よりも小さな脳を持つ動物にとって意識はより重要なのではないか、コウモリは意識を持っているだけでなく、私たち人間よりもっと意識的なのではないかと、グリフィンは推論した。[*70]

グリフィンの主張を好意的に受け入れた科学者はほとんどいなかったし、それを研究しようという者はなおさらいなかった。ほとんどが完全に彼の説を却下した。伝統的な手法で教育を受けた動物行動学者も心理学者も、「物や出来事についての主観的な感情や思考の状態」[*71]というグリフィンの意識の定義を激しく批判した。多くの科学者にとってグリフィンの立場は擬人化主義論者と映った。これに対して、グリフィンは反対者たちの方が人間中心主義――人間は独特な存在で本質的に他の動物よりも優れていると想定し、他の種を評価するのに用いる基準と見る考え方――の過ちを犯していると論じた。その他の科学者たち――野生コウモリ研究をする数多くの生物学者たちを含む――は、意識の問題に関わることを頭から拒否していた。意識とは、観察可能な変数によっても、技術的に実験が可能かどうかという観点からも、正式に定義することができないからだという。[*72]

しかし可能性はそれほどすぐに除外すべきではないと、グリフィンは主張を続けた。彼は次のような記述を残している。「まったく奇妙なことなのだが、ごく脆弱な証拠を前に私たち科学者は非常に強い否定の意見を述べる傾向にある。これをする動物はまったくいないとか、動物はこれができないなどといったものだ。まだよくわかっていない段階では、偏見を持たないように努めるべきだと私は考える」。[*73]

たとえコウモリが言葉や意識を持っていたとしても、人間にはこの能力を見分けることはできないと論ずる人々がいる。人間とその他の種の間では、コミュニケーションや認知の能力の開きが非常に大きいと彼らは主張する。[*74] この議論をするにあたり、一九七四年に哲学者トマス・ネーゲルが刊行した重要な論文「*What is it like to be a bat?*[*75]（コウモリであるとはどのようなことか）」に言及する人も多い。ネーゲルの主張によれば、動物の意識といったものが実際に存在すると想定したとしても（言葉を変えると、コウモリであるということがどういうことなのかについてコウモリ自身が気づいている場合でも）、動物の意識を分析することは科学的に手に負えない問題として残るという。この議論は部分的には、人間の言語に限界があることが問題なのだ。つまり、コウモリが使用している概念が人間という種の言語で表せないというわけだ。ネーゲルによれば、人間以外のどの動物に意識があるのかを知ることは不可能だという。なぜなら動物は彼らの精神的な状態を私たちが理解できる言語で表現することができないからだ。

さらに、コウモリは人間とはまったく似ていないから、私たちはコウモリの意識（たとえそれがあるとしても）を理解することはできないとネーゲルは主張した。コウモリであるということがどのようなことかを理解するためには、私たちはコウモリのように生活しなければならないだろう。エコーロケーションを使って世界を可視化し、飛行中に餌を食べ、そして上下反対になって眠るのだ。しかしネーゲルはこのような理解は不可能であると主張する。なぜならコウモリは人間から見て「根本的に異なった生物[*76]」だからというわけである。哲学者ルートヴィヒ・ウィトゲンシュタインはその著作『哲学探究』の中で次のように書いている。「たとえライオンが話せるとしても、私たちはそれを理解できないだろう」と[*77]。

## コウモリのように考えるロボット

しかし、もしも私たちのコンピュータやＡＩアルゴリズムに通訳のような振る舞いができるとしたらどうだろう。私たちは直接コウモリに話しかけることはできないかもしれないし、コウモリの方から私たちに話しかけるのも不可能かもしれない。しかし、だからといって私たちのデジタル機器がコウモリの音声を解読する可能性が排除されるわけではない。コンピュータは異種間の音声によるコミュニケーションパターンを翻訳する強力な手段となる。人間の生理機能は、進化系統樹の反対側の親戚とのコミュニケーション能力に制限を加えている。しかしコンピュータやロボット、ＡＩアルゴリズムは同様の制限を受けるわけではない。もちろん人間はコウモリのようにクリック音を出したり、さえずったりできるわけではないが、デジタル機器を使えばコウモリと同様の音を出すようプログラムすることが可能だ。

いずれの日にか、私たちはネーゲルの主張をデジタルによる類推を使って論破することができるかもしれない。人間がコウモリと同じように考えることは決してできないだろうが、ＡＩアルゴリズムはそれができるのではないだろうか。ＡＩシステムを埋め込んだコウモリに似せた「ソフトロボット」が、子どもの時からコウモリと一緒に生活をすれば、コウモリであることがどんなことを意味するのか、人間よりもよりよくわかるようになるのではないだろうか。おそらくロボットは止まり木に上下逆さまにぶら下がって眠るように設計されるだろう。生きている本物のコウモリと共に、その発声に応えながらこちらもコール音を出しながら飛ぶことができるだろう。

同様に、このＡＩを搭載したロボットは人間の生活世界を理解することができるので、人間の通訳としての働きができるのではないか。ネーゲルはそれでもまだ同意しないかもしれない。彼はのちの著作『*Mind and Cosmos*（心と宇宙）』の中で次のように述べている。「世界は驚くべき場所であり、それを理解するために必要な基本的な道具を私たちはすでに手にしているという考えは、アリストテレスの時代と同様、現在も信頼できるものではない[*78]」。

ネーゲルの説が正しいと証明されることになるのかもしれない。しかし、それを知る唯一の方法は、クノルンシルトと仲間の研究者たちが目下実施中の実験を進めていくことだけだ。デジタルな方法を用いてコウモリの言葉を解析し翻訳する試みである。しかしながら、クノルンシルトでさえデジタルデータの人間による解釈の限界に関しては用心深い。コウモリは高速の聴力を持っており、したがってその社会的な発声は人間が感じるよりもコウモリには旋律のあるものとして聴こえる。こうした音を翻訳しようと試みる場合、私たちはその近似値を得ることしかできない。クノルンシルトはつくづくと考える。「私たちがコウモリの音を聴く場合、どの程度その音の速度を落とすべきなのだろうか。鳥の声のように聴こえるまでだろうか。あるいはクジラか。コウモリが実際にどのように音を聴いているのか、私たちは決して知ることができない[*79]」。

コウモリがいかに学び、他の個体と交流しコミュニケーションをとっているのか、そして世界をどう認識しているのか、デジタル技術は私たちの知識の限界を押し広げ続けるだろうと、クノルンシルトはさらに主張する。しかしコウモリの出す音声がコウモリにどのように聴こえているのか、私たちは決して知ることはできない。デジタルなデータはたとえ定量化できるもの、翻訳可能なものに変換されたとしても、それは常に人間以外のものが出す音声を人間のそれに似せてあるに過ぎない。

私たちの新発見の知見を、コウモリとコミュニケーションをするために利用することに関して、クノルンシルトは警戒の色を見せる。コウモリとコミュニケーションを試みること自体に否定的であるか、あるいは少なくとも新知識の私的利用を防ぐ何らかの制限なしには認めないという考えなのだろう。しかし彼女のような警戒心をすべての研究者たちが同様に持っているというわけではない。次章で見ていくように、ミツバチの研究者たちはすでに何年も異種間コミュニケーションの研究にデジタルテクノロジーを用いている。そして最近この分野で成功を収めているのだ。

# 第8章　ミツバチ語の話し方

一九九四年のベストセラー『「複雑系」を超えて――システムを永久進化させる9つの法則』の中で、ワイアード誌の創刊編集長ケヴィン・ケリーは、高度に知的であるが、中心からの支配を受けない、自己組織化していくコンピュータによる文化に賛同して論じている。彼が用いた主要なメタファーは、新しいハイブ（巣）を探す時に生まれる濃密な雲のような興奮したハチの群れだった。最初の章でケリーは、急に集まったミツバチの群れに反応する友人の養蜂家の話を伝えている。

マークにためらいはなかった。作業用具を投げ捨てると、ハチの群れの中にそっと入り込んだ。何の防具もつけずに、自分の頭をハチのハリケーンの中心に潜り込ませたのである。そうして、群れが移動するのに合わせて小走りに庭を横切った。ハチの光輪を頭にかぶったまま、マークは柵を跳び越え、さらにもう一つ越えた。そしていつしか駆け出していた――すさまじい勢いで突進するこの黒い生き物の腹部に頭を突っ込んだまま、遅れを取るまいと必死になって。[*1]（福岡洋一・横山亮訳）

群れは結局養蜂家を押し出して、新しい棲みかを何の道案内もなく選んだ。ミツバチの群れの行動は分散型ガバナンスと見事な類似を見せた。個別でありながら集団的な演算によって可能となる、分散された社会組織の新しい形式だった。ケリーにとってこれは実に心惹かれるメタファーだった。しかし、もしもハイブマインド（集合精神）、群れの考える力が単なるメタファー以上のものだったとしたらどうだろう。もしもミツバチが、人間と同様な微妙な表現を持ったコミュニケーションが可能だとしたらどうだろう。もしそうなら、人間はミツバチの言葉を学習できるだろうか。

## ミツバチ・マイスター

ミツバチ（セイヨウミツバチ *Apis mellifera*）のダンスは古代から観察されている。ラインダンスのような昆虫のダンスを想像してほしい。一匹の働きバチが腹部を左右に揺らしながら繰り返し八の字の形に歩いているのだ。他のハチはリードするダンサーの腹部に触覚でそっと触れながら、リーダーのパターンをまねつつそのリードに従う。[*2] 二〇世紀の中頃まで、研究者にもなぜハチがダンスを踊るのかわからなかった。この謎を解くことで――ミツバチのダンスがミツバチの言葉の形式であることを証明して――オーストリアの研究者カール・フォン・フリッシュはノーベル賞を受賞した。[*3]

若い時のカールには、知的専門職として成功を収めるという運命がはっきり見えていたわけではなかった。オーストリアで子ども時代を過ごしていた彼は、学校をずる休みしては自分の一〇〇種類を超える動物たちと時間を過ごすのが大好きだった。そのうちのわずか九種だけが哺乳類だったという。[*4] 彼の一番のお気に入りは小さなブラジルパラキート（インコの一種）でツォッキーという名前だった。常にカールの傍らにいて膝の上や肩に乗ったり、カールのベッドの横で眠ったりした。カールはツォッキーと一緒に自然の中にいて、ただ周りを観察するだけで何時間も過ごした。のちに彼は次のように振り返っている。「奇跡に満ちた世界は、忍耐強い観察者の前では自分から姿を現すが、無頓着な通行人は何も見ることができないのだと、私は気がついた」[*5]。

医学部を中退し、実験動物学という新しい（比較的周縁の）分野に足を踏み入れた一九一二年、フリッシュはミツバチの研究を始めた。一九世紀の間のほとんどは、動物学は死んだ動物の形態を研究することに焦点を絞っていた。しかしフリッシュは研究室を避け、より自然な環境で行う一般的ではない研究方法を選んだ。教授を務める地元ミュンヘンの大学から数キロ郊外の自分の田舎家にミツバチの巣箱を置いた。それからの数十年間は一日も欠かさずミツバチを観察した。休みといえば妻の誕生日、年に一回だけのことだった（それさえも妻からの抗議があったからだが）。

フリッシュの最初の大きな科学的発見――ミツバチが花に引き寄せられるのはその色によるのであり、特定の色を好むように訓練することができる――は科学界を驚嘆させた。研究者の間では数百年にもわたって、ミツバチが花に集まるのはただその匂いに引き寄せられていると広く信じられていた。一九一四年、ヨーロッパが開戦の瀬戸際にあった時、フリッシュはミツバチを訓練しながら大陸の各地を旅行していた。それは花の蜜と特定の色の紙とを関連付けるもので、人々の前で実験をしてみせた。フリッシュの訓練用カードはちょっとした悪戯心から、特定の青の色味を再現したものだった。その年にヨーロッパの流行に敏感な女性たちの間で、非常に好まれた色だ。するとミツバチは正しい色の紙に集まっただけでなく、女性たちのところにも寄り集まった。観客の中で青い服を着た人々は、ミツバチが自分の服の上を這い回り始めると興奮して、フリッシュの科学的発見を非科学的な叫び声で強調するという結果となった[*6]。彼のミツバチは知覚能力のある、少し生意気な生き物であることが実証されたのだった。

## ミツバチのダンスを解読する

フリッシュはそこで立ち止まらなかった。一九一七年、ミツバチを観察しているうちに、彼はあるパターンに気がついた。ミツバチは時折空っぽの餌皿のところへやってきて、あたかも中身を探るかのようにしていたのである。彼が餌皿に砂糖水を注ぐとすぐに、たくさんのミツバチが現れた。ミツバチは巣の仲間たちに新しい食料について情報を与えているに違いないと彼は推測した。しかしどうやって？この謎を解明するのに約三年を要した。

ミツバチのこの不思議なコミュニケーション能力を理解するための研究の中で、フリッシュは広く知られている知恵に逆行するある種の勘に従って行動を始めた。すなわち、ミツバチのダンスは言語の形式の一つなのではないかという考えだ。この可能性を追究するにあたり、人間だけが複雑な言語の形式を有しているという、西洋科学と哲学の中心的な前提に対して、彼は異を唱えることになった。ミツバチの小さな脳では複雑なコミュニケーションは不可能であると考える科学者がほとんどだった。しかしそうではないことをフリッシュははっきりと実証してみせたのだ。

今になって考えると、ミツバチのコミュニケーションの複雑さを理解することが科学者にとってなぜ不可能だったのかはすぐわかる。人間の音声言語は、声帯や口を使う音や、顔の表情、身体の姿勢や動きに大きく基づいている。私たちのコミュニケーションのほとんどは音を使う。空気の分子の振動だ。対照的に、ミツバチの言葉は口頭言語ではないが、空間と振動を使うものだ。その統語法は人間の言語とは何か非常に異なるものを基本にしている。空間を動き回る時のミツバチの身体（特に腹部と羽）が出す振動の種類、周波数、角度、それから振幅だ。キリスト教の宗派の一つ、シェーカー教徒がダンスとして作り出したサインランゲージを想像してほしい。身体を揺らしたり、震えさせたり、傾けたり、回転させたりするものだ。偵察のミツバチが食べ物のありかを見つけるや、巣に舞い戻って仲間に知らせる。ミツバチのダンスは羽をばたばたさせながらまっすぐなラインを移動し、羽を動かさないで周りを回って戻る、八の字の形に動く。現代ではすでに知られていることだが、目視で観察されたこの動きのパターンが、空にある太陽の位置との関係で食べ物のありかまでの方向を、またダンスの長さでミツバチが移動しなければならないところまでの距離を符号化しているのである。ミツバチのダンスがこの情報を伝えているというフリッシュの洞察は、この時代まだ単なる直感だった。戦時中の暗号解読者のように、ミツバチの暗号を解いてダンスがコミュニケーションの様式であると証明する必要があった。

フリッシュは野心的な実験計画を立てた。ダンスと特定の食べ物のありかとの相関関係を分析するために何千匹ものミツバチをそれぞれ追跡調査するのだ。ミツバチの巣の総個体数の平均を一万匹と四〇〇〇匹の間だとすると、当時これは不可能だと考えられた。しかしフリッシュは細部への骨惜しみしない注意深さと際限のない忍耐力で、自分の仮説を証明することができた。リーダーのミツバチはダンスをする時、引力と太陽の位置に合わせて自分の身体の方向を決めている。ダンスの長さや速さ、激しさで微妙な差を出すことで、蜜のありかの方向や、そこまでの距離、蜜の質に関する正確な指示を与えることができるのだ。[*7] そのようにして、ダンスをするハチは、巣の中の他のミツバチに蜜の情報を教える。するとそのダンスから学習した情報を使って、他のハチは一度も行ったことのない蜜のありかまで飛んでいくのだ。

フリッシュの研究は次第にミツバチのコミュニケーションシステムの驚くべき正確さを証明していった。彼の最も有名な実験の一つでは、ミツバチを訓練して、湖の向こうや山の反対側にある数キロ先の隠された食べ物のありかまで道案内できるようにした。たった一匹のミツバチに一回その場所を示しただけだったことを考えれば、これは驚くべき功績だった。他の実験では、異なる巣のミツバチは少し異なったダンスのパターンを見せるということを証明した。ミツバチは明らかに同じ巣の仲間からダンスのパターンを学んでいるのである。ミツバチのダンスには本質的に、人間のコミュニティと同様に方言があるのだ。[*8]

## 小さな虫を追跡するカウベルと番号付きの塗り絵

フリッシュ自身、これらの発見に驚嘆し、初めのうちは秘密にした。フリッシュの発見は当時広く行きわたっていた科学的な見方を否定して、ミツバチは洗練された記号を用いたコミュニケーションを通じて、学んだり、記憶したり、また情報を仲間と共有する能力を持っていることを証明するものだった。[*9]一九四六年、彼は親友に次のように書いている。「もし私をクレイジーだと思うなら、君は間違っている。しかしもちろん私にはそれも理解できる」[*10]。フリッシュが心配したことは正しかった。とうとう秘密を公にした時、彼の研究を頭から否定し、これほど小さな脳の昆虫に複雑なコミュニケーションができるはずがないと主張する科学者がほとんどだった。[*11]アメリカ人生物学者アンドリュー・ウェナーはフリッシュの理論に異議を唱えて、ミツバチは匂いだけによって食べ物のありかを見つけるのだと論じた(匂いはミツバチにとって重要なシグナルではあるが、この議論はのちに間違いであることが証明された)[*12]。最終的にプリンストン大学の生物学者ジェームズ・ゴールドが、匂いを隠して、ミツバチに特殊な光を当てて迷わせるという巧妙に工夫された実験を考案してこの論争に決着をつけた。ミツバチは匂いがしなくても、光で妨害されても、実験上の食べ物のありかを巧みに突き止めた。[13] フリッシュは資金の多くを失い、学問的地位を守るために闘った後、独立した研究によっても同じ結論が得られ、彼の出した結論は決定的に正しいことが証明された。

ロックフェラー財団がフリッシュの支援を始め、彼は著名な科学者として合衆国中を旅行して回った。自分の発見を公表してから三〇年後の一九七三年、フリッシュはノーベル生理学・医学賞を受賞した。ミツバチが高度なコミュニケーション能力を持つことを認める中で、ノーベル賞委員会はフリッシュを悩ませていた議論には直接触れなかった。しかし推薦理由のスピーチを締めくくる際、ミツバチの驚くべき能力を認めることを拒否したホモサピエンスの「恥知らずな虚栄」に言及している。[14]

フリッシュの研究を論破することは困難だった。彼の妻や子どもたち、教え子の学生、兄弟姉妹、近隣の人々、家の客人たちなどから成る、かなりの数のボランティアの協力で行われた、入念で豊富な観察があったからだ。実験の間、観察者は観察対象の巣の周りの森や野原の特定の場所に各自陣取った。フリッシュは巣箱でダンスするそれぞれのダンサーが回転する回数を数え、ボランティアの人々は餌場へ舞い降りてくるミツバチに付されたナンバーと時間を確認した。観察時間は数時間に及んだ。厳しい指示が出された――どんな理由であれ誰も餌場から離れることはできなかった。人々はカウベルを鳴らして連絡を取り合った。フリッシュの兄弟のひとりが、実験時間が延長されて苦しかった時のことを覚えている。タバコを一服どうしても吸いたかった（が彼はパイプを忘れてきていた）のに、ほんの数分間も抜け出すことができなかったという。

すべてはフリッシュが発明した記号化体系を用いて行われた。手先が器用なボランティアがさまざまな色で小さな点をミツバチの腹部や胸に塗り付けた。ナンバーが記号化されていたのだ。点の色はそれぞれ数値を表した。他方、ミツバチの身体上の配置は小数点の位置を示した。この単純なシステムのおかげで、フリッシュとボランティアの人々はミツバチが餌を食べたり仲間とダンスしたりする時、何千というミツバチを識別し追跡することができた。巣箱と餌場（フリッシュが巣箱の周りの野原や森に正確な間隔をおいて作った）の間を移動するそれぞれの個体を、これで追跡できるようになったのだ。観察対象の巣箱の前にストップウォッチを持って座り、フリッシュは一度にたった一匹の「踊るミツバチ」に注目してミツバチを何時間も集中して観察した。その後ボランティアは記号化されたナンバーを使って、巣箱で観察されたそれぞれの個体が、別々の餌場に現れたのと同じミツバチであることを確かめた。それはまるで、そろばんと鉛筆と紙を使ってヒースロー空港で航空管制をやろうとしているようなものだった。

フリッシュのボランティアが献身的な働きを見せたことは、状況を鑑みれば称賛すべきものだった。中心となる発見は、第二次世界大戦の終わりに行われた。その時にはフリッシュはユダヤ人の家系であることから仕事をほとんど失いかけていた。研究室が爆撃を受けて瓦礫の山と化すと、フリッシュ一家は田舎の家にひきこもって、近親者を含む拡大家族を避難民として迎え入れて餓死しそうな量の食料で生き延びていた。フリッシュの最も重要な実験――彼とボランティアで行った三八八五回に及ぶミツバチのダンスの観察――は一九四五年にロシアとアメリカがドイツ国内で戦っていた時に行われたものだ。カオスの真ん中で、フリッシュは巣箱の前に座って根気よく毎日の活動を続けた。*15

のちになってフリッシュは自分の研究を振り返り、小さく見えた革新のおかげで、それに続くすべての仕事が可能となったのだと述べている。過去には、研究者たちは誰も個々のミツバチの行動に注目してこなかった。記号化したナンバーを手作業でミツバチに付け、それをストップウォッチとカウベルを使ってモニタリングするというのは、古いやり方のように見えるかもしれない。しかし、フリッシュの洞察はその時々の最も手に入りやすい技術をシステマチックに利用することによって初めて可能となった。このモニタリング手法は自分の重要な発見のすべての基礎となっていたと、彼は振り返る。ミツバチの振動音の研究のためにフリッシュが用いた手法は群れの生活にほんの一瞥を向けたに過ぎなかったが、予想だにしていなかったミツバチの豊かな社会生活に対する深い洞察を生み出す力となった。

フリッシュはミツバチのダンスのことを「魔法の井戸」と呼んだ。研究が進めば進むほど、ダンスはさらに複雑なものであることがわかってきた。[16] すべての種にはそれぞれの魔法の井戸があるのだとフリッシュは論じた。人間には口頭言語がある。クジラはエコーロケーションを持っている。それによって音を通じて自分たちを取り巻く世界のすべてを可視化できる。一方で社会性昆虫は、空間を使う身体化された言語を有している。身体の動きや振動のかすかな違いを認識できるのだ。例えば振動、ノック音、羽を擦り合わせる音、打撃音、痙攣、しっかり摑む動作、甲高い鳴き声、震え、触角の動きなど、挙げればきりがない。[17] しかし、中でもミツバチのダンスは身体の動きを使って複雑で象徴的な意味を表す、人間以外の言葉として唯一知られている。それはこれまで人間が解読した、動物の世界の最も複雑で象徴的なシステムであると、いまだに多くの科学者が考えている。ただもともとは、ミツバチのダンスは単なるコミュニケーションと呼ばれるべきものだという意見だったのだが、フリッシュは「言語」という用語を使うことを強く主張した。記号システムを通じて、ミツバチは情報を交換し、複雑な行動を調整して社会集団を形成しているからだ。[18]

フリッシュの歩いた道をさらに先へと進む研究者たちは魔法の井戸を一層深く証明した。ミツバチは細かい違いのある動きを通して他にもたくさんの種類の記号を使っている。ほとんどが人間の耳には聴こえないか、人間に判読不能な音や振動を用いて、コミュニケーションをしているのである。[*19] しかしながら今や、ミツバチの振動や音——この分野は振動音響として知られている——による信号を分析するのに、自動的に解読するコンピュータのソフトウェア、そしてアルゴリズムを使うことができる。[*20] これまでに何がわかったのか。女王バチが自身の語彙（警笛のような音やガーガー鳴る音など）を持っていることは何世紀にもわたって知られてきたことだが、働きバチの新しいシグナルも発見されている。例えば特定のタイプの脅威に「静かに！」という音（もしくは「止まれ」）や、巣箱を軽くたたくようにして出す危険を知らせるシグナルなどがある。[*21] 働きバチはさらに警笛のような音を出したり、何かを頼むような、揺さぶるようなシグナルを出して、集団あるいは個々のハチに行動を促す。[*22]

こうした発見がさらに加わって、ミツバチの素晴らしい能力を証明する研究はますます大きな成果をあげている。[*23] ミツバチは素晴らしい視力を持っていて、（最低限の訓練で）モネとピカソの絵を区別することができる。[*24] また花と風景の違いがわかるだけでなく、人間の顔も認識し、複雑な視覚的情報を処理する顕著な能力が証明されている。[*25] 二〇一六年と二〇一七年の画期的な実験では、ミツバチが社会的学習と文化伝達の能力を持っていることが実証された（西洋科学で無脊椎動物の初の例）。糸を引っ張ると報酬として砂糖がもらえる訓練をしたミツバチは、この新しいスキルを群れの他の仲間に教えた。これにより、ミツバチは自分以外の個体を観察して学習することができ、また学習されたスキルは仲間と共有され、群れ全体の文化の一部となることが証明されたのである。[*26] 一方で、ミツバチの社会生活の暗い一面もまた明らかになっている。ミツバチは一般的には協力的で正確に効率よく働くが、他方で、間違いもするし、盗んだり騙したり、社会的な寄生をすることもある。[*27] またミツバチには感情があり、悲観主義も、ドーパミンによって誘発される気分の揺らぎも表出されることがある。これは人間の興奮状態と憂鬱状態に似ている。[*28] 新しく確認されたミツバチのシグナルに関する画期的な研究で、一人の研究者は次のように注意深く指摘している。「ミツバチのコミュニケーションはもともと想像されていたよりもはるかに洗練されたものであることがわかってきた。（中略）集合知なるものが明らかにされつつあり、この生き物は実は、ごく単純な反射作用だけで考える能力のない機械を超えるものなのではないかと、人間に考えさせる[*29]」。

## 分蜂の仕組み

おそらく最も特筆すべき研究はコーネル大学のミツバチ研究者トーマス・シーリーの研究で、ミツバチの言語は食料探しの行動を超えて広がっていることを証明した。数十年にわたってシーリーは、ミツバチの分蜂（巣分かれ）――その行動はケヴィン・ケリーを魅了した――に注目して研究をした。分蜂というのはミツバチのコロニーが自然に増える方法である。一つのコロニーから二つかそれ以上のコロニーに分裂し、一つのグループが新しい棲みかを求めて飛び立っていくのだ。

どのようにしてコロニーは好ましい場所を決定するのだろうかと、シーリーは考えた。シーリーが分蜂に焦点を絞ることに決めた時、この現象は科学者の間でもほとんど知られていなかった。群れが移動を始めると、最も速いミツバチは、途中にあるのが野原であろうと、水域や森であろうと無関係に、時速三二キロを超えるスピードで最短距離を飛んで目標地点に移動するのが普通である。人間が移動する群れについていくことは不可能だ。数千ものミツバチの行動を追跡して、どの個体が残りのミツバチを導いているのか――もしそのようなミツバチがいるとしての話だが――を割り出すことはさらに難しい。

シーリーはミツバチがどのようにして次の棲みかを選ぶのかに興味を持った。これは一か八かの決断だ。群れの分裂によって女王バチを失うことになるかもしれないし、不適切な場所を選んだ場合は、群れ全体が死に至る可能性もあるからだ。

最初、シーリーはフリッシュが用いた手法によく似たやり方で研究に着手した。しかし二〇〇〇年代の初めには、シーリーはデジタル技術を採用して、自分の実験を新しい方向へと広げていった。彼は一人のコンピュータ・エンジニア（ミツバチの群れと無人運転の自動車の間の類似性に興味を持っていた）を説得して、高性能ビデオカメラを、アメリカ北東部メイン州の沖合のアップルドア島にある自身の研究地に設営してもらった。二人の目標は、一万匹の高速で飛ぶミツバチを一度に自動で個体認識し追跡できるアルゴリズムを作り出すことだった。二年間の苦労の末、アルゴリズムはとうとう動き始めた。高速のデジタルカメラとコンピュータビジョンの新しい技術を備えて、ビデオ映像からミツバチを個体認識し、独特な荒れ狂った飛行パターンを分析できたのだ。[*30] アルゴリズムは人間の目では突き止めることが不可能なパターンを明らかにした。これらのパターンの中の多様性や濃度そして相互作用の意味を読み解くことで、シーリーはミツバチの群れを「認知的主体」と名付けた。

シーリーの最も驚くべき発見は、新しい棲みかを選ぶにあたってミツバチが洗練された民主的決定のプロセスを見せたことだった。その中では集合的な実情調査、活発な議論、同意の形成がなされ、選抜者集団がいて、そして相互抑制作用を可能にする複雑なストップ・シグナルがあって、集団が機能不全に陥ることを防止していた。表現を変えると、ミツバチの群れは極めて効率的で民主的な意思決定集団で、人間の脳や社会の中のある種のプロセスに似たところがあるということだ。個々のミツバチの集合的な相互作用は、一つの決定に到達する時の人間の個々のニューロン間に起きる集合的な相互作用に驚くほど類似していると、シーリーは主張するに至った。[*31]
サイエンス誌に掲載され、メディアで広く取り上げられたシーリーの発見は、ミツバチのコミュニケーションを言語と呼ぶ意見を援護するものだった。「ハイブマインド（集合精神）」は単なる比喩表現を超えるものであると実証することにより、シーリーはロボット工学とエンジニアリングの分野での群知能の進歩を促した。[*32] デジタル技術に支えられていたシーリーの研究（コンピュータビジョンと機械学習）は、最終的には一周して元に戻った。すなわち彼の発見はジョージア工科大学の二人のコンピュータサイエンスの研究者に刺激を与え、ミツバチのアルゴリズムの開発につながった。これは数十億ドル規模のクラウドコンピュータ産業の不可欠な一部になった。インターネット・ホスティングセンター（群れに類似）で広く使用されているアルゴリズムは、さまざまなジョブ（蜜のありかに類似）の中でサーバー（餌を探し回るミツバチに類似）の分配を最適化する。それによって急激な需要の上昇に対処できる上、長い待ち時間を防ぐことができる。二〇一六年にアメリカ科学振興協会は、後日非常に貴重であることが判明した、この明らかに難解な研究に対し、シーリーとそのコンピュータサイエンス協力者たちにゴールデン・グース賞を授与した。[*33]
今や私たちはミツバチの言葉を解読できるようになった。次なる疑問は、ミツバチが理解できるやり方で人間はミツバチに話しかけることができるのかということだ。生理学上の大きな違いを考えると、ミツバチと人間のコミュニケーションはそもそも可能なのだろうか。この答えの最初の半分は、人間が行っているような言語化だけがコミュニケーションの唯一の方法であるという前提に立つのではなく、人間の方がミツバチの言語能力にチューニングすることにある。答えの残り半分はデジタルテクノロジーの中にある。具体的にはミツバチを模倣したロボットだ。

## ロボットによるミツバチダンス

フリッシュとその後継者たちのおかげで、シグナルのように振る舞う特定の振動パターンに対して、ミツバチは異なった反応を見せることが、すでに長く知られている。ここ数年の間に、コンピュータビジョンと小型化された加速度計（携帯電話に内蔵されている動体検知センサーの超高感度バージョン）のコンビネーションで、生命体が発する特定のかすかな振動シグナル――その動物のコミュニケーションには不可欠だが、ほとんどが人間には検知できない振動――の解読が可能となった。実際に、こうしたテクノロジーの進歩によって、ミツバチのコミュニケーションと活動を、その一生を通じて分析することが可能となったのである。[*34]

次の画期的進歩――ロボットと生きたミツバチの間にある、技術者たちが「リアリティ・ギャップ」と呼んでいるものの橋渡しをすること――は、ミツバチの振動パターンを正確に模倣するロボットの製作である。ベルリン自由大学の数学とコンピュータサイエンスの教授ティム・ランドグラフは過去一〇年にわたりこの課題に取り組んできた。彼の研究の大部分は個々のミツバチの個体認識とその動きのトラッキングを、コンピュータビジョンと機械学習を用いて自動化することに集中していた。一つの実験で三日間にわたって撮影された三〇〇万の画像を分析し、ミツバチの群れの一匹一匹が通過する道筋を追跡した。わずか二パーセントの誤差だった。[*35]

ランドグラフの最も革新的な仕事の中には、ミツバチとその言葉でコミュニケーションするためのロボットデバイスの作製が含まれている。ベルリンの機械学習とロボット工学センターの同僚と共に、ランドグラフは簡単なロボットを組み立てた。その名もロボビー。二〇〇七年に作られた最初の試作品は、ランドグラフの表現によると「最悪」だったという。初期のロボビーは群れの中に入り込んだ時、ミツバチたちから攻撃を仕掛けられた。かみつかれたり、針で刺されたりして、ロボットは群れの外に引っ張り出されてしまった。初期のロボットは棒の先に取り付けられていて、二つのモーターでシーソーのように弓形に動くものだった。これがおそらくミツバチには不自然に見えたのだろう。しかしランドグラフは次の五年間これを繰り返した。

後続の試作機はより工夫された送電線網を使ったので、ロボットは適切な平面の上を動けるようになった。また、金属とプラスチックの温度が低いため、ミツバチを不快にさせているのではないかと考え、ランドグラフはロボビーの試作機を温めてみた（ダンスを踊るミツバチの胸部温度はかなり高いのだ）。しかし、ミツバチはこのようなロボットを一層はっきりと拒否した。おそらく温度が上がったために出てきた、プラスチックの特徴的な化学物質が嫌われたのだろう。かたまっている群れの中に穴を開けてロボットを挿入すると、混乱が生まれた。温度が下がって空気が群れの中央に流れ込み、ミツバチは攻撃的な行動――ミツバチ同士がくっつき合って、温かく保ち、侵入不可能な「ミツバチカーペット」を形成して侵入者から群れを守ろうとした――を見せた。[*36] そこでランドグラフはロボットと一緒に動くプラスチックの防壁を作って、群れの温度を一定に保ち、空気の流れも最小化した。

ロボットをより静かに動かす計画は成功した。ランドグラフは、ミツバチは落ち着いているので、したがってロボットも「ミツバチのように可能な限り」、静かで落ち着いていなければならないのだと論じた。はじめは餌をロボビーの上に置いていたが、これによって群れへの受け入れが進んだようには見えなかった。そこで彼は羽の振動に集中することにした。

ミツバチの振動を模倣することは複雑な課題である。ハチの腹部――ミツバチダンスの時に振動する

——は六自由度〔三次元において物体が前後・上下・左右、さらに直交座標軸の各周囲を回転できる動きのこと〕を持っている。それによって動きにかすかな変化を加えることや、素早い方向転換が可能で、これを（不完全ながら）最もうまく模倣しているのは、フライトシュミレーターの洗練されたスチュワートプラットフォーム〔六自由度を持つ、一つの平面の位置と傾きを制御するロボット〕だ。[*37] これを小さなロボットに使えるまでに縮小することは不可能に見えた。しかしランドグラフは諦めなかった。毎朝何か月も、彼は他のミツバチに伝えるために選定した目的地を前もってロボビーのプログラムに組み入れた。それからロボットを群れの中に挿入した。六番目の試作機を作り上げた時、ミツバチはもはやロボビーを拒絶しなかった。しかしミツバチはロボビーの後を追うことはなかった。ミツバチはロボビーを単に無視していたのだ。ロボビーにはランドグラフが選んだ特別の地点（砂糖水が報酬として置かれた）への道を示すベクトルが前もってプログラムされて、記号化されていた。しかしもしミツバチがロボットの後を追わないなら、ランドグラフの道案内が正しく伝えられるかどうかを知るすべはないことになる。

七番目の試作機は画期的なものだった。ミツバチがロボビーのダンスに倣う「ダンスフォロワー」のパターンで動くことも時折は起こるようになった。これは食料源について知るために用いるパターンだ。その時を選んで、ランドグラフは群れを離れていくハチの数を数えて、タグの付いたミツバチが食べ物のある場所に向かう経路を高調波レーダーを使って記録した。すると、ランドグラフがミツバチロボットの中に符号化して仕込んだ特定の位置まで、統計的に有意な数のハチが飛んでいった。ダンスモデルのデータ駆動型分析を使って、ダンスを踊るミツバチを何時間もビデオで観察し、関係変数を含んだモデルを作り上げて、そうしてコードが完成した。

これを考え出したのはランドグラフが最初ではなかった。一九五〇年代にイギリス人科学者ジョン・

ホールデンは的確な統計学上の分析を発表した。ミツバチダンスと食料源へ向かう平均方位の相互関係の分析だ。[*38] 続いて一九七〇年代になると、別の研究グループが、十分に正確なダンスを踊って少数のミツバチを蜜のありかへと導いていける機械仕掛けのミツバチを作った。[*39] しかし、自動で作動するコンピュータをロボットに組み込み、その動きを制御するアルゴリズムに、コード化した指示を読み込ませ、ダンスの情報を群れに持ち帰って伝えることに成功したのは、ランドグラフが最初の人物だった。彼はグーグル翻訳に匹敵するバイオデジタル翻訳機を、ミツバチのために作り出したのだ。[*40]

ミツバチに対してロボットの命令が成功する場合と成功しない場合があるのはなぜなのか。ランドグラフにはまだ確信がない。彼の現在の仮説は、独立した、優先的なシグナルを最初に出す必要があるのではないかというものだ。ちょうど会話の始まる前にする握手のように。彼のロボットミツバチはこのシグナルを単に偶然に任せて出しているのかもしれない。そしてそのような場合には、群れのミツバチはそのシグナルに耳を傾けるのだろう。あるいは別の機器からの独立した振動シグナルが必要なのかもしれない。

コーネル大学のミツバチ研究者フェーベ・ケーニヒが最近発明した機器は、行動を活性化するために使う「握手」シグナルを正確に模倣する。[*41] ランドグラフは次のプロジェクトHIVEOPOLISで、この不思議な「握手」シグナルを明らかにできるかもしれない。このプロジェクトはロボットミツバチを作って、それを群れが新しくできる前に新品の人工巣箱に直接入れるというものだ。ミツバチが新しい巣に到着する時に、いわば家具の一部みたいにロボットがなじんで見えるといいのではと考えたのである。ロボットの形や手触りを良くするためにバイオマテリアルを使った革新もまた、彼のやるべきことの一つだった。バイオマテリアルを用いて作られた生体模倣型ロボットは、ミツバチに受け入れられやすいと考えられるからだ。

次の目標は機械学習をロボットのトレーニング計画に組み入れ、微妙な区別のあるシグナルをロボットが群れの中に入る前により多く学習できるようにすることだ。いつかロボビーがミツバチから「本物(ネイティブ)のミツバチ」と見られるようになり、ダンスを踊って指令を出して、特定の場所へと他のハチを連れていったりできるようになるだろうと彼は考えている。未来のロボットはその土地のミツバチの方言(生息地によって異なるもの)を学習するようになるのではないか。[*42] そしてこれは氷山の一角に過ぎない。何千もの小さな相互連結した脳を持つ、生きている分散型コンピュータのように、コロニーそれ自体がさまざまな情報をどのようにして処理し集約するのか、その方法をHIVEOPOLISは理解できるようになるだろう。

HIVEOPOLISは養蜂の世界にデジタルトランスフォーメーションを持ち込む、一連の「スマートハイブ」の提案の一つだ。二〇一五年、アイルランド人技術者のフィオナ・マーフィーはミツバチのモニタリングをする包括的なプラットフォームを提案した。その中にはセンサー、赤外線カメラと熱探知カメラ、そしてIoTによって可能となったフィードバックシステムが含まれている。[*43] このようなシステムは精密な養蜂を行うためには有効だろう。養蜂家はそれによって、女王バチの存在を示す振動と音を検知したり、分蜂の可能性を予測したり、感染症を早い時期に発見したりできるからだ。[*44]

しかしランドグラフは単なるモニタリングを超えるもう一歩先を提案している。スマートハイブは二方向のコミュニケーションができる仕組みだと彼は見ている。まず、振動と音響、それからフェロモンによるシグナルが、ハチの群れに脅威(近隣の農地に除草剤が散布されるとか、嵐が近づいているとか)が迫っていると警告することができる。それと、最も良い餌場へ道案内をすることができる。したがってスマートハイブはスマートシティと類似しているが、一つ重要な違いがある。スマートハイブは異種間のネットワークで、人間とロボットそしてミツバチがお互いに影響し合い、情報を伝え合い、そして協力し合うのである。[*45]

## 人間と協力する鳥

こうした発明はパイオニア的に聞こえるけれども、生物音響を使ってミツバチと話す方法を発見したのはランドグラフが最初ではない。ミツバチとコミュニケーションをすることは実際には、古代からの人間の技である。私たちの祖先はどのようにしてハチの群れを制御することができたのだろうか。その答えは音にある。

生物音響の道具として最初期のものは「うなり板」で、人類学者の間では人類最古の楽器としてよく知られている。各大陸の先住民たちが儀式の中で、また古代ギリシャ人が酒神ディオニュソスの秘儀で用いたもので、それらほど有名ではないものの、ミツバチを捕まえる道具としての機能もある。[*46]うなり板（オーストラリアの先住民コミュニティでは *turndun* あるいは *bribbun*、北米先住民ポモ人では *kalimatoto padōk* と呼ばれる）は驚くほど単純な作りだ。長い紐か腱が、薄い長方形の木の板か石、あるいは端が丸くなっている骨に取り付けられている。最初に紐に軽いひねりを加えて、それから板の部分を円を描いて振り回す。空気の振動によって出てくる音は九〇～一五〇ヘルツの間で、プロペラの音にも少し似た、驚くほど大きなうなり音だ。その効果には仰天させられる。自分の骨の中で反響するうなり音は、巨大なハチの群れの中に立っているような感じだ。

アフリカのハム人（サン人）はいまだにうなり板を用いて、ミツバチの群れに働きかけて人間が近づきやすい新しい巣の場所へと誘導する。[*47] ハムの言葉でうなり板は*!goin!goin*で、文字通りの意味では――太鼓を「たたく」ように――「たたく」である。うなり板はダンスと同時に振り回されて、それによってハム人は恍惚状態に入り、それを通じて年長者がハチに呼びかけ道案内をするのだ（現代の養蜂はこの手法を単純化したタンギングというやり方で、ハチを落ち着かせて巣へと導く）。西洋科学が振動音響を発見するはるか以前に、ハム人はミツバチのコミュニケーションの微妙な差異を理解できるようになっていた。人類学者は、ハム人が音を模倣する能力を基本にして発展させた、ミツバチと人間の「共存性」について議論している。[*48]

ミツバチとコミュニケーションをする能力はハム人特有のものではない。アフリカの多くの場所で人々はノドグロミツオシエという鳥によってハチの巣のありかを教えられている。鳥は偉大なハニーガイドだ（そのラテン語の名*Indicator indicator*「示す者」という語から明白だ[*49]〔英語名はGreater Honeyguide、「偉大なハニーガイド」である〕）。蜂蜜探しは古代からある技術である。世界の古代壁画には人間が野生のミツバチを探す様子を記録しているものがある。[*50]

動物界の極めて優秀な蜂蜜採りは鳥のミツオシエだ。なぜミツオシエと人間は協力し合うのか。ミツオシエは地球上で蜜蝋を食べる鳥類（数少ない脊椎動物）の一種だ。栄養素とエネルギー源となる脂質が豊富で、蜜蝋はこの鳥にとって人気のごちそうだ。アフリカではミツバチの巣はほとんどが木のうろの中にうまく隠されていて、近づきすぎると鳥さえも殺す獰猛なハチに守られている。ミツオシエは――非常に強力な嗅覚で導かれるのだろう――どこにハチがいるのかは知っているが、蜜蝋には近づかない。したがってハチを見つけることはそこまでうまくはないが、蜜蝋の収穫の仕方を知っている動物と手を組んでいる。それが人間だ。

共に蜂蜜採りをする中で、ミツオシエとハニーハンターは協力するためのコミュニケーションの巧妙な形式を生み出してきた。ケニア北部のボラン人の主張——鳥の鳴き声、止まっている高さ、飛行の型から、巣までの距離、方向、かかる時間を推測できる——は、西洋の科学者たちも正しいと確認した。[*51] しかしこれでミツオシエと人間が実際に話していると本当にいえるのか。ケンブリッジ大学のクレア・スポッティスウッド率いる研究グループがこの疑問を取り上げた。モザンビークのニアッサ国立保護区でのハニーハンターの研究は逆方向のシグナリングを確認した。つまりハニーハンターが特別な音——人間が蜂蜜採集の準備ができたとミツオシエに知らせる音——を出す時、ミツオシエに道案内をされる確率は三三パーセントから六六パーセントに上昇し、ハチの巣を見つけることができる確率は全体として一七パーセントから五四パーセントに上がる。[*52]

ハニーハンターと鳥の間の協力関係はどのように行われるのだろうか。まずハンターたちは特別なコール音を出して蜂蜜の採集準備ができたことを合図する。ニアッサのヤオ族のハニーハンターたちのケースでは、スポッティスウッドはこの音を「ブルルルーフーム」というような音だと記述している。大きな震える音で、そのあとにうなる音が続く。それに応えてミツオシエは人間に近づいてきて、特別なさえずりを聴かせる。そして鳥はハチの巣のある方角に向かって飛んで、その後をハンターが追いかけるのだ。鳥のさえずりが小さくなって飛ぶのをやめると、ハンターたちには巣が近いことがわかる。彼らは木の枝をよく眺めて、近くの木の幹を斧でたたいてハチを興奮させて巣の場所を明らかにさせる。次に木の葉や枝を集めて束にし、巣の真下で火をつける。斧で木を切るまでに煙でハチをぐったりさせておいて、巣をたたき切って開く。ハンターたちはバケツをいっぱいにして蜂蜜を持ち帰る時、蜜の入っていない乾いたハチの巣を放り投げて、鳥に与える。ミツオシエは根気よく待って、人間がいなくなってから餌のところに舞い降りる。ヤオ族のハンターたちは出発前に蜜蠟を集めると、新鮮な緑の葉で作った小さな台の上に置いて、自分たちの狩りでの鳥たちの貢献を称える。[*53]

どのようにしてミツオシエのような野生の鳥が、人間の出す音の解読を学習するのか。このような行動はハヤブサや犬のような家畜化した動物にはできるのではないかと思われる。しかし野生の鳥にはそんな期待はしない（狩猟においては、人間とイルカ、シャチ、オオガラスなどとの協力関係は記録されているのだが）[*54]。こうした動物がどのように学習するのかは、正確にはわかっていないが、ミツオシエが親鳥から人間の蜂蜜採りに協力することを学んでいるのでないことは確かだ。ミツオシエには托卵の習性がある（したがって子は親鳥に会うことはない）。親鳥は別の鳥の巣に卵を産んで、そこにあった卵には穴を開けていくので、ミツオシエのヒナの生存率は高まる。ミツオシエの親鳥は何の疑いも持っていない里親の巣に自分たちの卵を残していく。ミツオシエのヒナは孵化すると、鋭い鉤状の嘴でどうにか生き残っていたその巣の不幸なヒナを殺してしまう[*55]。また、ハニーハンターとミツオシエの間で交わされる音が生来のものでないこともわかっている。アフリカのさまざまな場所でさまざまな音をハンターたちは使っている。人間の場合、このような音は年長者から学習し、次の世代に継承される[*56]。

どのようにしてこうした音をミツオシエは学習するのか。スポッティスウッドとその同僚の研究者は、デジタル技術と伝統的な知恵を合わせてこの疑問への答えを見つけた。彼らは、ハニーハンターが自分の活動データを集めることができるようにカスタマイズされたアプリケーションを作り上げた。デンマークと同じ広さのニアッサ国立保護区の森の奥、インターネットの接続がまったくないところで、ヤオ族のハニーハンターたちは目下、森の中を手のひらに乗るサイズのアンドロイドの端末を持って歩き回っている。デジタル管理を行う自然保護リサーチアシスタントとしてケンブリッジ大学から給料が出ているハニーハンターたちは、仕事仲間のミツオシエに向かって歌いかけながらハチの巣を探し歩いている。[*57]

## 生物指標としてのミツバチ

フリッシュのストップウォッチとカウベルを使った実験から、私たちははるばる遠い道をやってきた。コンピュータの画像と機械学習によって、今や巣の一匹一匹のハチをモニターできるようになり、巣の中の生活に関してこれまでにない洞察が得られた。[*58] フリッシュの最大の集積データは、数か月の時間と多数のボランティアを要する三八八五回の観察だった。ミツバチを対象とした初めての機械学習による軌跡データセットは、わずか三日間で収集された三〇〇万枚の画像が解析されて構築された。[*59]

ミツバチのモニタリングに関する新技術の発展の波は、こうしたデジタル革命を伴っている。BroodMinderやBuzzBox Mini、IoBeeといった、巣を自動でモニターするシステムは、世界中の何千というミツバチの巣に取り付けられたセンサーを用いている。これによって養蜂家は巣がどのような状態なのかを確かめられるし、それまでは予見することができなかった脅威に対する早期の警告システムとしての機能も期待できる。[*60] ミツバチの愛好家たちはBumble Bee Watchアプリに写真を、BeeSpotterのウェブサイトにデータをアップロードすることができる。これは世界中の市民科学者が自然界のミツバチ追跡に用いているやり方である。これらのデータのほとんどはミツバチの巣の研究のため公のデータベースに保管されている。研究者はインテルチップセットを用いてマルハナバチに取り付ける「バックパック」を発展させた。これはＲＦＩＤ（近距離無線通信を用いた自動認識技術）によるタグを用いており、あちらこちらに撒き散らされているデータロガーと結びついている。それにより、どこの場所でもマルハナバチの飛行を３Ｄモデルに作り上げることができるのである。[*61]

次のステップは、このようなテクノロジーを活用して、環境保護に寄与することだ。スマートハイブはセンサーとカメラを用いてミツバチの行動をモニターし、これにより穀類の受粉の情報をミツバチに伝え、汚染地帯を避けるようにガイドする。同じ技術は、人間が近づくのが危険な場所をミツバチを利用して地図上に示したり、分蜂の時のミツバチの群れのようなスウォームロボット（群知能ロボット）に自然環境保護を支援する活動をさせたり、あるいは人命の捜索救難活動に協力させたりできるのではないか。[*62]

データが集まってくるにつれて双子効果が表れる。ちょうど人間がデジタルツイン（肉体のある自分自身のオンラインバージョン）を持つように、ミツバチの現実の巣（ハイブ）に対して「バーチャルハイブ」を双子のきょうだいのように作り出し、デジタルなミツバチの世界が現実の世界を鏡のように映し出すのだ。これはミツバチだけではなく、他のさまざまな種を救うという闘いの潮目を変えることに寄与するのかもしれない。蜜を集めるに際して、ミツバチは環境のサンプルを集める役割を引き続き務めている。環境の危険性を監視する見張り役として、より効果的に働くのは誰か。過去数年の間にミツバチ（とその他の昆虫）は訓練が成功して、化学物質や汚染物質の広がる範囲を検知することができるようになった。[*63]特定の場所のたくさんの種類のダンスを解読することは、持続可能性と自然保護の観点からそのエリアの景観（ランドスケープ）を評価するのに役立つ可能性がある。また受粉をより効果的に行えるようになり、広範囲にわたって警戒すべき蜂群崩壊症候群をどうやって食い止めるか、見識が得られるのではないか。

ミツバチは生物指標として集めることが可能である。人間には達成することができないきめの細かい安価な方法で、その地域に関する調査、モニタリング、そして報告を行う。[*64] もしもこうした技術が期待通りに機能すれば、ミツバチは環境に関するほぼリアルタイムに近いデータを集めて私たちに提供してくれ、コントロールが利かなくなる前に環境的な脅威を取り除くチャンスをもたらす。例えばハーバードの研究室のようにロボットミツバチを作っている研究室があり、環境運動家の中にはデジタルに強化されたハチの方が人工受粉を行うよりも効果的であると主張している人もいる。無作為に飛び回る小さなロボットだが、作物の受粉と細密な環境モニタリングができる。ミツバチをロボットで置き換えるのではなく、ミツバチを守るためにデジタルテクノロジーを使うべきだというのだ。

また批評家は、デジタル化されたミツバチが武器として使用される可能性を警告している。ハチは軍隊との長い歴史を持っている。[*65] 第一次世界大戦の武器の中で中核をなしていたほとんどの弾薬が、蜜蠟でコーティングされていたからだ。[*66] しかし今やハチはより広範な軍事的目的のために役立つ存在になった。アメリカでは軍が麻薬撲滅運動や自国の安全保障、地雷除去作戦でミツバチの生物による検知器としての利用可能性を盛んに検証している。[*67]

軍の科学者が「六本足の兵隊」と呼ぶ兵士の動員には、遺伝学上の、また道具としてのハチの神経系や群れの移動パターン、そして社会的関係性の巧みな操作が必要となる。[*68] 例えば、米軍の機密昆虫センサープロジェクト（Stealthy Insect Sensor Project）では、危険な化学物質を検知すると舌を伸ばすようにミツバチを訓練している。訓練されたハチはモニターの砲弾筒に挿入され、兵士がそれを運搬していく。例えばハチが軍用目的で使えるほどの爆発物を検知すると、モニター内のマイクロチップがこのシグナルを翻訳して警報に変換するのだ。訓練されたハチは数週間を超えて生存することはできず、砲弾筒の中で死ぬ。代わりの砲弾筒が兵士のもとに届けられ、このプロジェクトの責任者の科学者によると「砲弾筒を一つ抜いてまた別のを入れるだけ」ということだ。[*69] 危険な爆発物を探知するのにミツバチを動員することは軍の人命を守るには有効なのかもしれないが、大規模にミツバチを操作し、簡単に処分してしまうことは再考すべきだ。デジタル技術とは、単にミツバチを軍事転用するための道具なのか。

ハム人とヤオ人の生活は、私たちにミツバチとの関係について別の考え方を示唆している。伝統的な文化の中では、ハチとのコミュニケーションは神聖な儀式の中に埋め込まれている。蜂蜜は実用的なものでもあるし精神的な対象でもある。食べ物でもあり秘跡でもあるのだ。このような考え方はアフリカの狩猟採集民族に限られているわけではない。ヨーロッパでは、八〇〇〇年以上前の新石器時代初期にはミツバチの女王の表象があった。また多くの人類最古の書き物でもミツバチの神性が称えられている。二〇〇〇年以上前、「塩と魔法のパピルス（Salt Magical Papyrus）」の筆記者はエジプト世界のオリジンストーリーを書いている。太陽神ラーは、右の目が太陽、そして左の目は月であり、海と大地を創造したあと涙を流した。こぼれた涙はミツバチとなって花や木々を訪れ、蜂蜜をもたらし、蜜蠟を生み出した。[*70] それよりおよそ五〇〇年前、ブリハッド・アーラニヤカウパニシャッド（偉大な野生の教え）の筆記者は「蜂蜜の原理」を記録した。これは生命の有機的で相互関連性のある性質を理論化したもので、その中で蜂蜜は光り輝く地の本質のための宇宙の滋養物を象徴しており、「この地球はすべての生物にとって蜜であり、すべての生物はこの地球にとって蜜である」と説いている。[*71]

多くの精神的伝統の中で、ミツバチの神性は人間の誕生や死、通過儀礼と深いつながりを持っている。蜂蜜は世界で最も古い高度に濃縮された糖類の天然原料であり、ミツバチは重要な薬効を持つ樹脂、プロポリスを作り出す。ミツバチとコミュニケーションをとるということは、人類最初のアルコール飲料である蜂蜜酒が動機となってのことだったのかもしれない。古代ギリシャ人にとっては、蜜（アンブロシア）は「神々の食べ物」であり、ディオニュソスの儀式の中で飲用された。そこでは正しい予言をしなければならない苦しみの中で、神託者は蜂蜜を与えられ、ミツバチの具現化と呼ばれた。[*72] マヤ人やローマ人もまた、神々や女神たちに蜂蜜を捧げた。インドからエジプトまでの多くの文化の中で、蜂蜜は新生児に最初に与えられる食物で、魂の誕生と死に密接につながっていた。ヘブライ人やイスラム人、ケルト人、ノルウェー人の楽園では、蜂蜜と蜂蜜酒の川が流れており、彼らは蜂蜜をミルクと混ぜていた。また、ハム人は蜂蜜にイナゴを混ぜるのが好きだった。多様な文化の多くで、ミツバチとハチの巣は神聖なものであり、同時に日常のもので、儀礼と儀式とで保護されていた。[*73]

私たちはこのようにさまざまに異なる見方の間で、どのように舵を取ればいいのだろうか。バイオハイブリッドなミツバチが異種間相互のコミュニケーション（たとえ初歩的であるとしても）に関わっている様子を目撃するにつけ、深い畏敬の念を覚える。ミツバチが使い捨ての軍事センサー機器に変えられる様子を目撃すると、恐怖感が生じる。次の二つの選択肢は人類と自然の関係を象徴的に表すものだ。私たちは支配を選択するのか、親密な関係を選択するのか。

もし私たちが後者を選ぶなら、ミツバチから私たちに、また私たちからミツバチにも言いたいことがまだまだある。そしてミツバチだけが人間と対話をする相手というわけではない。次の章で明らかになるように、これからは人工知能を導入して、幅広い範囲の動物たちの間の異種間コミュニケーション――霊長類からオウムへ、またイルカからクジラへ――の暗号を、科学者たちは解読しようとしている。

# 第9章　地球生命のインターネット

ヴィントン・サーフ——グーグル社の副社長兼チーフ・インターネット・エバンジェリスト（伝道者）であり、自称インターネットの父——が公の場に出てきて話すことはほとんどない。したがって、二〇一三年二月、技術部門で最も注目を浴びているイベント、ＴＥＤの年次会議で彼がステージに出てくると、聴衆は注目した。[*1] サーフの他に登壇したのは多方面の分野のグループだった。イルカ研究者のダイアナ・ライス、ミュージシャンのピーター・ガブリエル、物理学者のニール・ガーシェンフェルド（マサチューセッツ工科大学［ＭＩＴ］のビット・アンド・アトムズセンター所長）だ。聴衆は注目のスピーカーを待っていたが、サーフは沈黙したままで、ライスが立ち上がって話し始めた。

ライスのオープニングの講演の背景で、ベイリーという名の若いイルカが水の中でくるくる回って遊んでいる映像が映し出された。観衆はベイリーのパフォーマンスに魅了された。しかし、ライスはこう説明する。ベイリーはカメラに向かって演技をしているのではなく、くるくる回っている自分自身を鏡の中に見ているのだ。これは科学的実験の一部だった。ライスの説明は続いた。ベイリーが自分の姿を鏡の中で認識できるのは、鏡像自己認識として知られている特徴をイルカが有していることの証拠だ。これは自己認識の代用指標なのだ。[*2] かつては人類に特有と考えられていた性質だが、今や鏡像自己認識は大型類人猿やイルカ、カササギまでもが有していることがわかっている。この実験などから、イルカは予想以上に知性があることが証明されていると、ライスは説明した。意識があり、感情を持っていて、さまざまなことに気づいている、自己管理学習ができる動物なのだ。

ガブリエルが語り始めた。彼は集まった人々をまとめる役目だ。何年も前に、彼は世界音楽の旅を始めた。世界中のミュージシャンをつないで、共通言語を持っていなくても音楽を通じて共通基盤を見出していった。動物のコミュニケーションの物語に心を奪われると、ガブリエルは新しいインターフェース――映像、音響、触覚――を見つけ出すことを夢見た。それによって他の種とのコミュニケーションを可能にするのだ。そこで彼は異例の計画を動物学の専門家たちに申し込んだ。檻に入れられた動物のもとへ、ピアノやギター、その他の楽器を持ち込み、動物たちと一緒に音楽ができないだろうかというのだ。さて、聴衆の間に驚嘆のささやきが広がったところで、ガブリエルは自分のジャムセッションの一つをビデオクリップで再生した。パンバニーシャという一頭のボノボが、初めてピアノの鍵盤の前に連れ出された。一本指の繊細な動きで、パンバニーシャはガブリエルの弦の音とオクターブ離れた音や調和する音を探しながら、心に残る不思議なメロディーを弾き始めた。

ある日ガブリエルはガーシェンフェルドに会いに来て、ボノボがピアノを弾く練習をしている映像を見せた。「そのクリップを見た時、私は自分の感情を抑えられなくなった。そして私たち人間が何か大事な物をなくしていることに気がついた。地球上の人間以外の生き物のことだ」[*3]。さらにガーシェンフェルドは続ける。インターネットの歴史とは「ほとんどが中年の白人男性のことだ」という。ステージ上のコンピュータのセッティングをまたぎ越しながら、ガーシェンフェルドはキーをたたいた。ボルチモア国立水族館のイルカとテキサスのオランウータン、そしてタイのゾウをライブで観客の前につないだ。人々は歴史的な瞬間を目撃していた。異種間インターネットの誕生である。

　インターネットの創始者たちはこの異種間問題に関してどう感じるだろうか。サーフは語る。初期の設計者たちは、自分たちはコンピュータ間をつなぐシステムを作っていると考えていた。しかしインターネットとはむしろ人々を結びつけるシステムであると、じきに彼らは気がついたのだ。インターネット発展の次なる段階は感覚を持った異種間のものとなるだろう、そしてインターネットを通じて我々は人間でない者、動物や異星人の仲間とコミュニケーションをとることを学ぶだろうと、サーフは予測した。

## 異種間のインターネット

　異種間インターネットプロジェクト――動物研究者やコンピュータ科学者、言語学者、それから技術者を巻き込んで今や四五〇〇人を超える地球規模の共同体となった――は一つのシンプルな前提から始まる。それは、私たちが人間の言語間での翻訳で用いているデジタル機器は、人間でない生き物とのコミュニケーションにも適合できるというものだ。[*4] 具体的には、人工知能を利用して、ある生物のシグナルを別の種類の生物のものに変換する。言うまでもなく、ここには言語に近い複雑なコミュニケーションの形式を有している種が存在することが含意されている。これが正しいとすれば、人間と人間以外の生物の間で言葉を翻訳するために、コンピュータ技術を適合させることができるのだろうか。最近の新発見により、かつては想像もできなかった可能性が手の届くところまで来ている。

　クジラ目翻訳イニシアティブ（ＣＥＴＩ）はその一例だ。二〇二一年にハーバードとバークレーの海洋生物学や生物音響学、ＡＩ、言語学などの分野で活動している研究者が立ち上げたこの企画は、機械学習と非侵襲的ロボットを用いてマッコウクジラ（*Physeter macrocephalus*）の言葉を解読しようと試みるものだ。[*5] 地球上で最も大型の歯のある捕食動物、マッコウクジラは、成長すると体長は一八メートルにもなり、地球上の生き物の中で最大の脳を持っている。脳の大きさはその生き物の複雑なコミュニケーション能力を示す一つの指標であると考えられている。

マッコウクジラが複雑な言語を持っている可能性が高いとするもう一つの指標は、社会の複雑性仮説から出てくるものだ。これは、複雑な社会構造は、複雑でさまざまに異なる動物のコミュニケーションシステムを動かす原動力になるという考え方だ。この仮説はもともと人間の言語がどのように発展してきたかを説明するために唱えられたもので、ごく最近になってコウモリやゾウなどの社会性のある動物に対しても応用されている。マッコウクジラは極端によく声を出すというだけではなく、高度に社会的な動物で、階層のある固い絆で結ばれた母系家族のグループの中で生活しており、生きている間はほとんど一緒に過ごしている。そして彼らの発声のパターンはその他の種類のクジラと同様に、他の種とははっきり区別できるダイアレクト（方言）を持っている。つまり異なる家族（発声を同じくする一族）はそれ自身の特別の音のパターンを持っているのだ。つまり、こうした三つの鍵――大きな脳、複雑な社会、そしてダイアレクト――はＣＥＴＩがマッコウクジラに注目する十分な根拠だった。

マッコウクジラは、私たちの耳には低音のブンブンというような音や、クリック音、さらにはキーキーと聴こえる音を用いてコミュニケーションをとり合っている。船体を通して聴くとクリック音は軽くたたく音、ハンマーで打っているような音に聴こえる。これらの音は古い時代のテレグラフのような機能をしていると、生物学者たちは考えている。特定の周波数で特定の長さ、そして特定のパターンで脈打つような音を出すことによって、クジラは音を組み合わせて入り組んだコードを作っているというのだ。もしもこれが正しければマッコウクジラのコミュニケーションはモールス信号によく似たものなのだろう――それよりも一層複雑だけれども（これは暗号書記法の分野での利用が可能かもしれない。研究者たちはクジラの発声パターンを暗号化された秘密のコミュニケーションの目的で「生体工学モールス信号」として利用できるように改造することを提案している）。[*6]

マッコウクジラのコミュニケーションシステムは、情報理論と言語学をツールとして使えば、潜在的には解読が可能かもしれない。人間の言語はその研究によって言語学上のいくつかの普遍的な法則が証明されている。例えば、ジップ・マンデルブロの法則によると、人間の言語では、いくつかの少数の単語は非常に頻繁に使用されるのに対し、大多数の単語は比較的使用頻度が低いという、共通のパターンを示している。ジップの省略形の法則は、ある単語が頻繁に使用されればされるほどその単語は短くなる傾向があるというものだ。また、メンツェラート・アルトマンの法則では、言語学上の構造が例えば文のように長くなればなるほど、構成要素の大きさは、例えば音節のようにどんどん短くなる。[*7]

数多くの動物種の発声もまた、こうした実証的な言語学的解読の法則に従っているという重要な証拠がある。[*8]人間の音響的コミュニケーションの様子は他の陸上脊椎動物のそれと直接的に類似している。発声のための器官と重要な声の変調指標などだ。[*9]このことは動物が言語学的能力を持っていることを必ずしも示唆しているわけではない。それにもかかわらず、こうした比喩や洞察を利用しながら複雑な動物の言葉を発見する努力を続けていくのだ。例えば研究者は、クロード・シャノンのエントロピーという概念――コミュニケーションにおける不確実性の平均的レベルを示すもの――を利用して、動物の発声がどれほどの情報を潜在的に運びうるのかを評価してきた。[*10]人間の言語学上の法則がほかの種にも適用可能であるのかを算定するには膨大なデータが必要だ。ごく最近まで動物言語の研究は、データ量が少ないことで制限されていた。しかしデジタルな生物音響学と人工知能の隆盛によって、今では動物の発声の膨大なデータを自動で分析することができる。コンピュータのアルゴリズムは個々の音声要素（単語、コール音、音節）のほか、より高レベルの構文やコミュニケーションの階層的構成も認識できる。[*11] かつては人間に固有のものであると考えられた言語学的特徴を、動物も共通に持っていることが最近発見されている。その中には例えばクジラの歌や鳥のさえずりの中の、これまで信じられていなかった系統的配列の存在や、霊長類や昆虫の発声における組み合わせ処理がある。[*12]

研究者の間で長年議論が続いていたのは、クジラの発声が実際の言語に相当するのかどうかということだった。しかし現在に至るまで、クジラの発声の解読はまだ一部に限られている。その理由の一端は、クジラがほとんどの時間を海面下約一〇〇メートルで過ごしていることにある。そこでは個々のクジラの音声を録音することが非常に難しく、その動きをモニターすることも困難を極めるのだ。だがデジタル生物音響学の進歩のおかげで膨大なデータが集まっている。それを使ってクジラの辞書といえるものが研究開発中だ。研究ではクジラのコミュニケーションパターンの深層構造を明らかにするＡＩアルゴリズムの開発を目指している。例えば高度統計言語学は、法則と構造（統語論、意味論、音韻論、語形論）を解明して音声のパターンをクジラの行動と関連付けるのに利用されている。[*13] 母親クジラが赤ちゃんクジラとコミュニケーションをしているところを盗聴することで、言語習得の過程を明らかにできるのではないかと研究者は期待している。クジラの子どもと一緒に過ごすことで、ＡＩアルゴリズムもマッコウクジラ語が話せるようになるのではないか。もしもクジラが出す音声が解読できる意味を有しているとしたら、おそらくそれは翻訳可能な言語形態を持っているのだろう。もちろん推論の段階だが、おそらく彼らの歌は口伝の歴史を表現していて、私たちはそこから学ぶことになるのだろう。

CETIのプロジェクトが目指しているのは、クジラの言語に関する私たち人間の理解を変えることだけではなく、環境に関する議論をさらに広げていくことにある。プロジェクトの公式ウェブサイトで明言されているように、「他の種との有意義な対話を目指すという方針」を始動させ、「彼らの驚くべき知性を説明すること」によって、自然保護への努力を加速させたいと希望しているのである。[*14] 他の種の生物と語り合うことにより、その生物を保護したいという思いを育むことにつながると期待されている。しかし異種間コミュニケーションは本当に可能なのだろうか?

## 人工知能で動物の言葉をしゃべる

異種間にコミュニケーションの橋を架けようという当初の試みは、CETIプロジェクトとは明確に異なる。二〇世紀の半ば、西洋科学の研究者たちは動物に人間の言語が話せるように教える試みに注力していた。一九六〇年代から一九七〇年代のよく知られたプロジェクトの中には、檻の中で暮らしている霊長類に注目するものがあった。最も有名な例だが、ココという名前のゴリラとワショーと呼ばれたチンパンジーが人間との密接なつながりの中で生活していて、アメリカ人の飼育係から手話を教えられた。[*15] ワショーは二五〇種類を超える手話を学び、ココは一〇〇〇種類以上の手話を覚えて、英語の単語を二〇〇〇語理解できた。そして今度は、ワショーは手話を別のチンパンジーのルーリスに教えた。これは人間以外の動物が人間の言葉を別の人間以外の動物に教えた最初の観察例だ。ボノボのカンジはキーボードの記号を使ってコミュニケーションをすることを覚えた。その一部は母親がトレーニングを受けている様子を見て覚えたのだ。[*16]

類人猿の学習成果の全体が激しく議論されてきた（そしていまだにすべての科学者がそれを受け入れているわけではない）一方で、人間から訓練を受けた霊長類は人間の単純な口頭言語を理解することができ、コミュニケーションをするために一〇〇以上の記号を使うようになることは広く証明されている。ココとカンジ、それからワショーは単に人間からのリクエストが理解できて、さらにやりとりをして相手にリクエストを出すこと（「食べ物をください」）ができるだけでなく、言葉を使って感情を伝えたのだ。プロジェクトの支持者によると、このような結果から、霊長類は人間の言葉を話せるようにはならないが、手話を覚えて人間からの複雑な命令を理解できることがわかった。[*17]

霊長類以外の生物の研究からも、人間の言葉を模倣する能力の存在を示す証拠が見つかっている。オウムは人間の単語を覚える鳥として最もよく知られた例だ。[*18] 言葉の模倣と音声学習はほかの種でも実例が記録されている。メイン州の漁師が育てていたゼニガタアザラシのフーバーは、単純なフレーズを英語で発音することができた。[*19] ロゴシという名前のシロイルカは自分の名前を繰り返して言うことができた。[*20] 韓国のエバーランド動物園で生まれて成長したゾウのコシキの韓国語は、韓国語の母語話者が難なく理解し書き取れるほどの正確さだということだ。[*21]

こうした動物たちの能力が素晴らしい一方で、調教師の人間の方は倫理上の理由から批判を受けた。これらの動物たちの多くは同じ種のほかの仲間と触れ合う機会を奪われていたのである。研究プロジェクトが研究者バイアスで批判を受けるのはいい方で、ともすれば残酷さや虐待を批判される場合もあった。[*22] 科学者からもまた、人間の手によって育てられて檻に入れられている動物を研究することは、野生の場合に音声学習がどのように作用するのかを理解する助けにはならないとする反対論が出た。しかし最も基本的な批判はおそらく、このような研究手法に内在している人間中心主義に向けられていたのだ。なぜ、人間の言葉を話す能力が人間以外の種のコミュニケーション能力を測る物差しであるべきなのか。これは私たちがイルカ語を話す能力を基準に、人間の知性を評価するのと同等に不適切なのだ。

　今日の研究は、異種間コミュニケーションに対して以前とは非常に異なるアプローチをとっている。到達目標は人間以外の種に人間の言葉が話せるように教えることではなく、動物たち自身の持つコミュニケーションの様式を用いて、人間と人間以外の種の間のコミュニケーションを可能にする機器を作り出すことにある。その一例はデニース・ハージングの研究成果だ。彼女はワイルド・ドルフィン・プロジェクト（過去三〇年にわたって大西洋でイルカの研究を行っている）の創始者で、イルカが使用できる携帯機器――スマートフォンとタブレット――を再設計した。[*23] イルカ専用の水中ウェアラブルコンピュータとキーボードを使った異種間コミュニケーションの試みはすぐに成果が表れた。[*24] また研究チームはＣＨＡＴ（クジラ目の聴覚と遠隔計測法 Cetacean Hearing and Telemetry）と名付けた機械学習のアルゴリズムを開発し、それによってイルカが意味を持って出す音を検知できるようになった。例えば、ＣＨＡＴは以前に研究者がホンダワラ属の海藻（イルカが時々おもちゃにする海中に浮かぶ植物）と関連付けるようにイルカを訓練した、ある特定の音を認識した。イルカは新しいシグナルを学習しただけではなく、それを他のイルカと教え合い始めたのだと、ハージングは推測している。人間の耳ではこの発見はできなかったかもしれないが、アルゴリズムを使うことでそれができたのだ。[*25]

　ダイアナ・ライスもまたデジタルテクノロジーとＡＩアルゴリズムを応用して、イルカのコミュニケーションに関する情報を引き出そうと試みた。一九八〇年代以降、ライスはイルカの音声学習を記録し、そのシグネチャー・ホイッスルの解読を続けてきた。またイルカは自分自身を鏡の中で認識できる（多くの研究者が自己認識のできる証拠と考える）と証明して、彼女は大見出しで報じられた。[26] 一つの画期的な研究で、彼女はイルカのために水中キーボードを開発した。するとイルカは特別な説明の指示もないのに、ボールが欲しいとか、身体を撫でてもらいたいなどのリクエストをする時、どのようにキーボードを使うかすぐさまわかったのである。[27] その後のイルカとのやり取りの中で、ライスはイルカの生理機能にさらに適合するように変更を加えたタッチパッドと双方向性のデバイスを用いた。

二〇一〇年代の半ばになると、ライスはロックフェラー大学の生物物理学者マルセロ・マグナスコと共同で、イルカに焦点を絞ってカスタマイズされた双方向性アプリケーションを装備した水中タッチスクリーンの開発を始めた。彼らの海洋性哺乳動物のコミュニケーションと認知プロセス研究プロジェクト（m2c2 = Marine Mammal Communication and Cognition）が目指すところは、こうした機器を使用してイルカのコミュニケーションを解読し、認知プロセスを解明することだ。[28] ライスとマグナスコが特に興味を持っているのは、まったく新しい課題を与えられた場合でも、イルカ同士がぴったり同じ動きをし、正確にその動きを調和させる能力があることで、人間の耳に聴こえる音を出さなくてもそれができるのだ。[29] イルカたちは自分たちの動作を、人間の耳では検知することができない超音波音を用いて調整しているということなのか。

イルカの能力を評価するためには、音を追いかけるだけではなく、場所とその音を出しているイルカとを正確に結びつけることができるアルゴリズムを設計する必要がある。今までのところ、水中での生物音響の研究で用いられている受動的な音響モニタリングシステムでは、自由に交流しつつ、大いに動き回っている仲間のイルカグループから、ホイッスル音を出しているイルカを特定することはできていない。しかし最近発明されたＡＩアルゴリズムは特定のホイッスル音と音の出所の両方を検知することがリアルタイムでできる。これを使えば、テレパシーのように情報を伝えるイルカの能力が発声を通じて起きているのかどうかを、ライスとマグナスコは確かめることができる。もしもそれでわからなければ、イルカが別の――いまだ発見されていない――コミュニケーション手段を使っていることになる。

ライスとハージングの研究は、過去数十年の間に、人間以外の生き物のコミュニケーションに関する研究が人間中心の先入観をゆっくりと脱ぎ捨て始めたことを証明している。動物たちが私たち人間の言葉を理解し、話すことができるという証拠を探すのではなく、人間以外の動物が自在に行っているコミュニケーションを理解することに、科学者たちは注力するようになっている。だがそのコミュニケーション能力は人間の生理機能によって妨げられている。すなわち私たちはイルカの言葉をしゃべることはおろか、イルカの音を聴くこと自体、非常に困難である。今や、人工知能がこのギャップを埋める時なのではないだろうか。

## グーグル翻訳、動物園へ行く

もしも人間の言語のために開発された翻訳アルゴリズムが、人間以外の動物のコミュニケーションを解読するために使われるとしたらどうだろうか。二つの異なる人間の言語の間を橋渡しするために、グーグル翻訳のような翻訳サービスが人工知能のアルゴリズムを用いて（例えば国連やEUによって複数の言語に翻訳される文書のような）膨大な量のテキストデータを分析している。学習のためのデータ量が十分に大きく、広範囲にわたるものであれば、アルゴリズムはデジタル辞書を作ることができる。そしてこれを使えば一つひとつの単語を翻訳し（例えば、英語の river ＝フランス語の la rivière ＝クリー語の sipíy)、文法や慣用法のような、言語の一般的な原則を見つけ出すことができる。翻訳アルゴリズムのスピードは、個々の単語ではなく一文全体を正確に翻訳する能力と同様に、過去一〇年の間に大きく向上している。そしてその対象範囲においてもそうだ。二〇一六年にはグーグル翻訳は一〇〇言語という境界を越えた。この年はグーグルが機械学習の新しい形式——人工ニューラル・ネットワーク——をグーグル翻訳に使い始めた年でもある。こうした翻訳アルゴリズムはまだ人間の翻訳者のニュアンスに対抗できるとはいえないが(人間によって簡単に見つけられてしまう間違いもいまだにある)、限定的で明確に定義された翻訳タスクは得意とする。

こうした技術を適用して人間以外の動物が出す音の録音を分析することは、最近まで非常に難しかった。なぜなら人間以外の動物では大量の音声データが存在しなかったからだ。手動で大量のデータを分類し、基礎となるパターンをアルゴリズムが学習できるようにすることは、恐ろしく時間のかかる作業である。例えば、クジラの歌の世界で当時最も大きなデータベース(クジラFM)は、二〇一一年に公式に誰でも手に入るようになった。研究者たちは四〇〇〇種類を超えるクジラの鳴き声のデータセットをズーニバース(世界最大の市民科学のプラットフォーム)において分類するボランティアを募集した。[*30] 一万人を超えるボランティアが約二〇万種類のラベル付けを行った。録音データが入手可能でも、ここまでの業績はなかなか達成できることではない。困難の理由の二つ目はデータセットが不足していること。コール音のタイプにはさまざまな変化が見られて、大きなデータベースに発展させるほどに研究者の注目を惹く種はごく少ない。また絶滅危惧種になると、そもそも十分な録音を集めることが難しい。残された個体の数が少なすぎるからである。

AIを使った研究では最近二つの躍進があって、これらの問題も克服が可能となった。まず、大きなデータセットを欠いている言語に対して、新しい手法が開発されたことだ。過去には、翻訳アルゴリズムは学習のための大きなデータベースを必要とした。それは過去に人間の手で少なくとも二つの言語に翻訳されたテキスト（研究者がしばしば使う翻訳されたテキストは、例えば聖書やコーラン、ウィキペディアの項目、シェークスピアやＥＵの諸規則など）を含んでいた。しかしこれでは書記テキストのない言語では実行不可能だ。このようなケース（例えばアメリカの先住民族の言葉など）ではラベル付けされたデータセットを手作業で編集する必要がある。苦労が多く、時間のかかる作業だ。[*31] ここ五年の間に、翻訳用のデータセットが小さくても二言語間での翻訳が可能なＡＩアルゴリズムが開発された。[*32] つまり、最新世代のＡＩアルゴリズムは低リソース言語と研究上呼ばれているものも学習することができるのである。[*33]

二〇一三年、さらなる進展があった。二か国語使用の辞書なしに、そしてさらにそれ以前の翻訳例のない（いわゆるゼロリソース言語）中で、言語翻訳を行う新しいアプローチが発明されたのである。このアプローチでは、アルゴリズムは完全な言語全体を表す輪郭（潜在空間と呼ばれる）を生成することによって書かれたデータセットを分析する。この多重次元の幾何学的な構造によって、アルゴリズムが未知の言語を解読できるのである。[*34] 過去数年の間に、このようなアルゴリズムはさらに強力なものになり、性質の離れた言語間の翻訳も可能となっている（例えば英語と中国語）。そして辞書に基づく古いアルゴリズムを凌ぐものとなっている。[*35] 今や主要なハイテク企業で幅広く使用されているさまざまなバージョンを持ったアルゴリズムは、文脈的な意味や多義性（複数の意味）、比喩表現など言語上のニュアンスも分析できる。[*36] こうしたアルゴリズムは柔軟性があり、学習用データセットの中にないパターンでも認識できる。[*37]

二〇一八年、MITのコンピュータ科学者ジェームズ・グラスは、こうした技術をテキストから口頭のスピーチへと音声データを用いて広げていくことを提案した。驚くべき研究成果の中で、彼の研究チームはわずか数百時間の音響録音を使ってドイツ語の音声からフランス語のテキストに翻訳するアルゴリズムを設計することができた。[*38] こうした発展は、世界中の低リソース言語またはゼロリソース言語――つまり、これで人間の言語の大多数ということだ――のための、自動音声認識と音声からテキストへの翻訳システムの基本を作ることになるだろうとグラスは予測した。

もちろんこれが人間以外の生き物のコミュニケーションに関して、今私たちが置かれている状況だ。私たちはマッコウクジラ語の辞書はまだ持っていないが、それを作り出すための材料を持っている。生物音響学は学習のための生データセットを用意している。AIアルゴリズムはこれらのデータセットの中にパターンを見つけ出す。それは意味のある情報を運ぶ音と、(理論上) 一致する。[*39] 実際、アルゴリズムによって行われる作業は人間の解釈を必要とすることがある。機械学習のアルゴリズムが音響データの中に興味深いシグナルを認識――例えば、サウンドスケープの中に何かの音のかたまりがあるとか――したり、その音とそれに対応する行動情報を結びつけるためには、人間による解釈が必要になる。生存が危ぶまれる種では (概して、音響データがほんのわずかしか入手できない)、翻訳アルゴリズムはデータ不足という問題に直面する。つまりデータベースの重要な側面の注釈を手動で行うことが (学習用データセットの全体に手動でラベル付けするのではない)、まだ必要となりうる。こうした問題があるにもかかわらず、技術的な進展は著しい。これらのアルゴリズムは総じて、音響の世界のいわば一連のロゼッタストーンを生み出す能力がある。すなわち文章や辞書なしに、単純に音響録音に基づくだけで言語の解読をするツールなのだ。

さて、ＡＩアルゴリズムにおける二つ目の技術的な大躍進は、音声に加えて、身体的なジェスチャーや動きをコンピュータ処理する場面での進歩だ。例えば二〇一九年にグーグル社のＡＩ研究所が、手と指の位置をトラッキングするオープンソースアルゴリズム、メディアパイプを発表した。これと公式翻訳者がついた政府関係のスピーチのビデオデータを組み合わせると、リアルタイム手話翻訳エンジンが開発可能となった。ジェスチャーが他のジェスチャーに、書かれた言葉に、あるいは口頭語に翻訳可能となり、観客や読者、聴衆に伝えられる。それ以前は見落とされがちだったコミュニケーションの側面――ジェスチャーだけでなく、視線、姿勢、表情――が、これらのアルゴリズムの中に組み込まれることも考えられよう。これらの革新の上に、ハイテク企業は野心的なゴールを打ち立てた。すなわちＡＩシステムが地球上のすべての言語――手話を含む――を話し、見て、聴いて、そして理解できるようになることだ。融通の利かない辞書に頼るのではなく、人間の赤ちゃんが学習するように、音を聴き、ジェスチャーを見て、そしてそのようにして音声活動と動作の中のパターンを識別することによって、未来のＡＩアルゴリズムは人間以外の生き物のコミュニケーションシステムを学習することができるようになるのではないか。

このジェスチャーと動作に基づくＡＩ翻訳システムは人間以外の生物に応用できるのだろうか。並行研究の課題項目の最近の進展を見ると、この点は今や一層の可能性を帯びてきている。ＡＩを使って、動作を通じて発された動物の感情を検知するという研究だ。科学的エビデンスの総体がどんどん膨らんで、広範囲にわたる種に感情があることが確かめられ、コンピュータビジョンと機械学習によって可能となった新しい分析方法により、それを読み解けるようになったからだ。[*40]

一つの実験を例に挙げると、研究者は人間の目視によるデータを使用しない機械学習アルゴリズムを使ってハツカネズミの、例えば憎しみ、激しい恐れ、危険のない恐れ、喜び、そして興味といった幅広い感情を分析した。アルゴリズムはネズミの顔の細かい表情――耳が後ろに引っ張られている、痙攣するような音を出している、髭が傾いているなど――を一〇〇〇分の一秒の尺度で分類した。これにより個々のハツカネズミの感情の状態を、その強さと持続性から分析することが可能となった。[*41] この研究を生かすと、ハツカネズミのジェスチャーと音を、感情と行動に関連付ける能力を持ったAIができあがり、同時にハツカネズミと人間の間の翻訳のためのさらに強力な基礎が整うことになる。これにより、異種間コミュニケーションの可能性に対する一般的な反対意見、つまり発声を行動に関連させることができないという点に、AIは対処できると、提唱者側は論じるのだ。

開発されたAIアルゴリズムは、ネズミが出す超低周波音の鳴き声を分析するだけではなく、動物の個体認識を行い、それが出す音と動作を関連付けることができる。[*42] ハツカネズミの顔を観察して、感情の表出を捉えるアルゴリズムと組み合わせることができれば、私たちは強力な翻訳機を手に入れることになる。過去二年の間にそのような機能が集約されて、BootSnapとかDeepSqueak、VocalMatといった名称のAIアルゴリズムの試作品が作られている。

## AIアルゴリズムが叶える夢

同様のアルゴリズムが別の種に対しても開発されている。二〇二一年にフランスの自然史博物館の研究チームが、コウモリが出す音に関するオープンソースの普及型アルゴリズムを発表した。これは一〇〇万種類を超えるコウモリの音声を含んでおり、九八パーセントまでの正確性を達成し、誰でもそして世界のどの地域のコウモリでもその研究に使用できるとした。[*43] また、過去一〇年の間には生物音響学に基づいたディープラーニング・アルゴリズムが完成し、鳥類の種の識別に目覚ましい結果を残した。最新世代のアルゴリズムでは九七パーセントにのぼる正確性を達成し、一つのアルゴリズム（BirdNET）はほぼ一〇〇〇種類の鳥を識別できる。[*44]

しかしながら、このようなＡＩアルゴリズムの有効性を過信しないことは重要だ。機械学習の手法は進歩が早いが、いまだに欠点もある。かすかな鳴き声や束の間の声、あるいは部分的に隠された鳴き声は捉え損なうこともあるし、背景音の処理も問題である。[*45] したがって自動で個体認識をするアルゴリズムを使うことは、時間を優先して正確性が損なわれる場合があるということだ。手動でデータを処理するのは主観的で時間がかかる場合が多いが、適切に管理できれば、正確性は高まる。完全自動処理ではスピードは上がるが、ミスも多くなりがちだ。現在のところは、生物音響モニタリングはまだ半自動で行われており、専門家が手動でクロスチェックし、曖昧な解釈に決着を付けたり、おおまかな経験則を適用する必要がある。だが、最新世代のＡＩアルゴリズム（畳み込みニューラル・ネットワークと呼ばれる）はパフォーマンスが大きく改善され、このような問題点を処理できることが見込まれている。[*46]

これらのＡＩアルゴリズムは生物音響学者たちの長年の夢を実現するものだ。研究者たちは「シャザム」のような人間以外の生物の種を認識できるアプリが作れないものだろうかと長年考えてきた。この比喩は魅力的だ。シャザムはスマートフォンのアプリで、短い音楽のサンプルを元に曲を特定できる。人間以外の生き物向けシャザムは短い発声——ブウブウでも、チーッチーッ、チューチューでも——を元に動物を特定できるアプリとなる。BirdGenie や BirdNET などは音響サンプルを元に自動で種を特定するというゴールを達成し、さらにその先へ向かっている。同じようなアルゴリズムがほかの動物向けにも開発されており、そのうちのいくつかは珍しい個体を認識することもできる。辞書は書き換える必要があるが、技術はより広く適用可能だ。

急速な革新のペースは、コンピュータアルゴリズムによる作業が、クジラFMのために集まった何万人ものボランティアの力を今や簡単に超えてしまうという事実によって証明されている。人力による英雄的な努力でデータにラベル付けする時代が終わると、人間のボランティアがしていた作業をアルゴリズム（Wndchrm）が再現して、コール音が分析されるようになった。[*47] Wndchrm は人間の作業を超えた。シャチとゴンドウクジラを区別し、特定の個体群に簡単に分類するのだ（アイスランドとノルウェーのシャチ、バハマとノルウェーのゴンドウクジラ）。最新世代の機械学習アルゴリズム（Orca-SLANG や BAT Detective といった名称のものがある）は個々のクジラやコウモリを人間の顔認証テクノロジーと同じように簡単に認識できる。[*48] ゲームのAIアルゴリズムが囲碁やチェスの世界で人間を超えたのと同じ時代に、クジラの歌やコウモリのコール音を認識することにおいて、スピードでも正確性でも人間を超えたのだった。

生物の世界共通音声認識システム（少なくとも発声をする生物を対象とする）は今や到達可能なゴールとなった。異種間インターネットの創始者たちの希望は、このように部分的にすでに達成されている。[*49] グーグル翻訳の動物バージョンは一〇年あるいは二〇年以内に使えるようになりそうだ。まだ予測の段階だが、言語予測アルゴリズム（例えばGPT－3）はコウモリやイルカのように発声が活発な種には適合できるかもしれない。そうなれば野生動物が相互に影響し合う生の再生実験にコンピュータが使えるようになるだろう。

これは目覚ましい成果となるだろう。しかしながら、発声シグナルの認識ができるからといって、動物たちが使っている発声の意味を解読できるというわけではないのだと、科学者たちは注意を促している。私たちの身体的そして経験知的に存在する大きな差異を考慮に入れると、人間と人間以外の動物の言語の間に共通の概念を見つけることは、極めて難しい問題かもしれない。私たちは人間以外の生き物であるということがどのようなことなのか、十分に理解することができない。なぜなら私たちは他の動物たちの棲んでいる環世界（*Umwelt*）を共有していないからだ。[*50] 霊長類や家畜化された動物、ペットとは、私たちは世界の見え方を共有していると期待できるかもしれないが、クジラと同じことが可能といえるだろうか。

さらに翻訳における技術的な困難も決して過小評価してはならない。自然の音の録音はしばしば他の多くの生き物の音を含むことがある。それらを区別するために、生物音響学の研究者たちは手作業でデータセットに名前を付けていく。そうすることでアルゴリズムがゾウとトラを識別することを学習できるのだ。しかし人間の観察データを使用しないアルゴリズムが海の録音を聴くことによってマッコウクジラ語を独学で学ぼうとする場合、アルゴリズムはさまざまな音源――実際には異なる種の生物――からやってくるかすかな音を一度に識別しなければならなくなる。それが可能だとしても、幅広い生物の種と生態系に合わせてアルゴリズムを調整する必要がある――決して楽な作業ではない。

## 動物とコンピュータの相互作用ＡＣＩ

異種間翻訳の世界を探究する場合、私たちは並行研究のことにも留意しておく必要がある。アニマル・コンピュータ・インタラクション（ＡＣＩ）である。イギリスのオープン大学のコンピュータ科学者クララ・マンチーニはＡＣＩの設立方針を二〇一一年に出版された声明の中ではっきりと述べている。[*51] マンチーニが主張しているように、多くの人間以外の生物は双方向型のデジタル機器を使う能力をすでに示しており、人間が考えもしない新しいやり方でこうした機器を勝手に利用している可能性もある。パーベイシブ〔必要な情報にユーザーが簡単にアクセスできるようにする技術〕およびアンビエントコンピューティング〔ユーザーが直接操作しなくてもコンピュータがニーズに応えてくれる技術〕の発展により、デジタル技術は人間がアクセスしやすいものとなる。そして他の種、特に人間よりも優れた感覚器官（例えば触覚やエコーロケーションの能力など）を持っている人間以外の生き物と相互に影響し合うデバイスを設計できる時には、その生き物にとっても同じくアクセスしやすくなるのだ。

マンチーニの声明は、人間以外の生物をターゲットにした新しいデジタルデバイスの開発を誘発した。例えば振動触覚ハーネスが猟犬や介助犬のために開発された。このサイバーハーネスは犬とその飼い主両方のジェスチャーを検知したり、生理機能の指標（例えば心拍数など）を測定し、この情報を命令とコミュニケーションを高める二方向シグナルに変換するのだ。[*52] 同様のデバイスを使って、調教師はゾウに対して鼻経由で触覚型のフィードバックをする。[*53] ＡＣＩでは家畜に取り付けるウェアラブル機器もすでに設計されている。仮想現実や複合現実のシステムに接続されているものもある[*54]（ニワトリたちは言う――ようこそメタバースへ）。

ＡＣＩの研究者たちは、異種間コミュニケーションではそれが遊び心のあるものであれば、続けられる可能性が高まるという考えを支持している。[*55] この考えを確かめるためにマンチーニらの研究者はオランウータン、ブタ、ネコ、コオロギのために複数の動物たちが遊ぶビデオゲームを作った（振動触覚のプレートを通じてコオロギにフィードバックが送られる。コオロギは人間のプレーヤーと一緒にパックマンで遊ぶ）[56]。例えばピッグチェイスゲームでは、双方向型のタッチスクリーンを使って、人間と家畜のブタが一緒にゲームをして遊ぶ。タブレットを通じて人間のプレーヤーはブタの檻の中にある巨大なタッチスクリーン上の丸い光の輪を動かす。ブタがそれについていってライトを目的地（幾何学的な図形）へとガイドすると、光の輪はアニメーションに合わせて点灯する。マンチーニは他にも、檻の中の環境を良くする手段として、あらかじめ録音されたさまざまなタイプの音の中からゾウが選べるようにしたデジタル機器を作っている（例えばクジラの音楽かゾウが出す音か、どちらかを選ぶ）[57]。

このような発明のいくつかは実用化されている。例えば使役犬のためのタッチスクリーンや、檻の中に入れられている動物園の動物や工場式農場経営で飼育されている動物に空想の遊びをさせる――それによって健康な状態になるという――機器もある[58]。他にも同様の技術を使って、類人猿や灰色オウム、そしてブタなど、他の種の動物に記号を教えたりする研究もある[59]。科学者はさまざまな技術――タッチスクリーン、インタラクティブなキーボード、テレビモニター、音響シグナル――を使って、動物が記号を使ったコミュニケーションを行っていて、数値的能力があり、概念を形成し、自分の学習を自律的に計画できることを証明してきた[60]。

こうした実験の多くは家庭のペットや動物園の檻の中の動物を使って行われてきた。この考えをさらに進めていくために、人工知能のアルゴリズムを埋め込んだ生体模倣型ロボットと、自然の生息地で暮らす動物との間で、発声の他、ジェスチャーや身体的なシグナルを使ってコミュニケーションをさせる研究が行われている。前章で論じたランドグラフのミツバチロボットは巣のメンバーに受け入れられて、振動音響コミュニケーションを通して他のミツバチたちの行動に影響を与えている[61]。これと同様の機器が他にも開発されている。魚の群れに受け入れられて、簡単な命令を与えて群れの行動に影響を与えたり（「左へ泳げ[62]」）、植物に対して基本的な指示を出したり（「こちらの方向に根を伸ばせ[63]」）するデジタルツールだ。生体模倣型ロボットは、ゴキブリやアヒル、ドブネズミ、イナゴ、蛾、ニワトリのヒナ、ゼブラフィッシュ、ヤツメウナギなど、幅広い種類の動物とのコミュニケーションに使用されて成功を収めた[64]。

ほかの研究グループでも同様のプロジェクトを進めている。例えばVocal Interactivity in-and-between Humans, Animals, and Robots（VIHAR）collective（人間、動物、ロボットの間および各集団内の音声の相互作用）などだ。二〇一六年に設立されると、VIHAR collectiveは技術者やロボット工学者、生物学者、言語学者などを集めて、人間や動物やロボットによって使われる言葉とさまざまに異なるシグナルのシステムとの関係にまつわる問題を探究した[65]。ロボット工学者の中には、生体模倣型ロボットがあらゆる種類の生態系の中を回って、人間と動物の間の通訳者のように振る舞う未来を描いた者もいた。神経学者やコンピュータ科学者、そしてロボット工学者が協力し合って、自律的に動物のシグナルを学習するＡＩを搭載したロボットを製造した。長期の目標は、人間がプログラムするのではなく、ロボットが「動物語をしゃべる」ことを学習するのに必要な、動物がデータとフィードバックを提供するシステムの開発だ。そんな革命的ロボット工学システムはまだ始まったばかりの段階だが、商業経済はすでにこのような革新技術を基礎に据えて動き始めている。音声認識のソフトウェアは今や動物向けにも存在している。飼い主の音声の意味を伝える、ペットや家畜向けのウェアラブルとともに、鳥からコウモリ、プレーリードッグからマーモセットまでの範囲に広がっている[66]。

こうした生体模倣型ロボットが通訳者として仲介することによって、人間は人間以外の生き物の世界への感謝と理解を育むことができるのだと、ロボット製作者は主張している。ある意味で、長年続いている動物行動学（野生における動物の行動の研究）の、人間の観察による従来のバージョンではなくロボットとコンピュータによってもたらされた二一世紀バージョンを、これらのロボットが提供しているといえる。私たちのコンピュータは人体に制限されておらず、人間以外の生き物の体験的世界、すなわち環世界（*Umwelt*）を理解することにかけては、人間よりも有能といえるかもしれない。「水」は魚にとっては何の意味もない（あるいは少なくとも人間に対するものとはまったく違う意味）かもしれないというのは、実際真実ではないか。しかしこれは人間の異なる文化の間での概念の違いによる障害より、深刻で克服できないというほどのことではない。

私たちが異なった概念や世界の感覚体験の間で翻訳をする時、私たちは意味づけに携わっていることになる。しかしこれは翻訳を不可能にするのではなく、単により複雑でニュアンスのあるものにしているだけだ。コンピュータ計算を用いる動物行動学者の視点からすると、こうした複雑さはむしろ豊かさを与えるものとして喜ばれるべき内容である。不完全なものだとしても海をクジラの視点から理解できるとしたら、私たちはどんな洞察を得られるだろうか。

バイオハイブリッドなロボットのデジタルユートピア的な見方は倫理的な難問をごまかすものだ。私たちは異種間インターネットプロジェクトの創始者たちが望んでいるように、ロボットを使って異種間の理解を促進させようとしているのだろうか。あるいは、新発見の能力を使って、人間以外の動物をさらに家畜化して、私たちの意思に沿うように屈服させるのだろうか。これは仮定上の疑問ではない。すでにここまで述べてきた多くの機器が精肉産業の施設で使用される運命にあるのだ。[*67] このようなケースでは、生物音響学が自然を保護する目的ではなく、それまで飼いならすのが難しかった動物たちを手懐け、より深く搾取する目的で利用しうるのだ。人間とそれ以外の生き物の間の通訳者のように働く生体模倣型ロボットは、生き物に対して人間の目的に仕えるように命令する存在となってよいのだろうか。

## 先住民族の形而上学

デジタルで可能となった異種間コミュニケーションの新しい世界を導いてくれるのは、どの倫理的な道しるべだろうか。先住民族の伝統の中にはこうした問題に洞察を与え、導いてくれるものが存在する。特に先住民族の学者やコミュニティは西洋科学のメインストリームとはまったく異なる、環境データへの取り組みを表明している。先住民族（世界中で三億七〇〇〇万から五億人の人口）は世界の地表面の四分の一を管理しているか、保有する権利を有しており、その土地の中には自然保護地域で生態系的に無傷のままの領域のほぼ四〇パーセントが含まれている。[*68] 数多くの先住民族のコミュニティには、地理情報システム（ＧＩＳ）による地図作製技術やデジタルな追跡技術、そして全球地球観測システムを含む、デジタルテクノロジーや環境保護に関する専門知識が備わっている。[*69] にもかかわらず先住民族からの視点はデジタル技術や保護活動の議論から除外されていることが多い。

それは生物音響学や生態音響学も例外ではない。環境保護活動では時に物理的に先住民族が自分たちの土地から除外されたり（特に国立公園を作る目的で強制的に移動させられて生まれた環境保全難民）、あるいは法に基づいて自分たちの土地に関する意思決定から除外されたりすることもあった。[*70] 科学的行動指針であり、研究者コミュニティとして、生物音響学や生態系の音響学がこれらと同じ排除戦略、すなわち環境保護植民地主義を繰り返す危険を冒している。それに対し、先住民族の学者や活動家たちは、先住民族の権利に関する国連宣言（ＵＮＤＲＩＰ）の中で述べられているように、先住民族のデータの権利とその利益は守られなければならないと論じている。すなわち先住民族の地域でデータを集めるに際しては、研究者は先住民族のデータ主権を認め、それに応じて協働することが求められているのだ。[*71]

先住民族のデータ主権の問題は、人間以外の生物に関して収集されたデータには所有権者がいないという広くいきわたった考え方に異議を唱えるものである。現在のところ、ほとんどの生物音響データは、例えば人間のデータに適用されるデータプライバシーのような、通常の法的な保護や儀礼上のしきたりに従うことなしに収集されている。[*72] 企業や研究者は最低限の保護手段をとれば、こうしたデータセットを活用することができる。最終的には人間に適用されることになる試験用アルゴリズムは、まずは最低限の監視のもとに人間以外の生物で試験が行われる。[*73] 将来的には、先住民族の主権の原則に従って生物音響学の研究者たちは先住民族の所有権を認め、さらには人間以外の生き物を主権者（法人）として認め、そのデータを同様に保護しなければならなくなるのではないか。あるいはデータの収集自体を差し控えなければならなくなるかもしれない。[*74] ＦＡＩＲ原則（見つけやすい、アクセス可能、相互運用性、そして再利用可能）といった伝統的な原則に加えて、ＯＣＡＰ（所有権、管理、アクセス、保有）とＣＡＲＥ（集団の利益、コントロール権限、責任、倫理）のような先住民族を中心に考える研究プロトコルが発動されることも考えられる。[*75] こういったプロトコルはデジタルな音響データの収集や保存、共有に関して一貫した保護を実行することになるだろう。[*76]

先住民族の知恵を知る者は、特定の場所にいること、そこに属していることが重要なのだと、また別の倫理上の教えを説いている。モホーク族／アニシナベの研究者ヴァネッサ・ワッツはこの考え方を「場所思考（place-thought）」と呼んでいる。つまり私たちの言葉や概念、考え方は特定の景観の中から生まれ、その地に根差しているというものだ。これには当然の結果がついてくる。もし私たちが人間以外の生物との本物のコミュニケーションに取り組みたいと思うなら、私たちは彼らが棲んでいる場所とも、生態系内の生物群とも、関係を深めなければならない。[*77] 人間は、その場所で生き物が経験するもの、つまり環世界（*Umwelt*）を理解できて初めて、他の生き物を知覚できるのだろう。デジタルな機器による聴き取りは私たちに環世界へのアクセスを与えてはくれない。しかしじっくりと耳を傾けることでそれは可能になる。強力なデジタル翻訳機器を持っていても、十分に理解するために私たちはその地で時間を過ごし、ただ耳を傾けることが必要なのである。デジタル機器で聴くことは非常に強力だが、他方でその場所で他者にじっくりと耳を傾けるという実体験に比べると、デジタルなデータは大した代わりにもならない。

また人間以外の生物の感覚性という概念を、人間と自然の間の関係を基盤として強調する先住民族の研究者は多い。[*78] 動物や植物、さらには山のような地質学的な存在は、人間ではない登場者、つまり祖先やさまざまな関係を共有する拡大家族の大事な一部と考えられている。[*79] この「先住民族の形而上学」は、物質は岩も山も、ワシやシカ、クマと同様に精霊と良心を吹き込まれた存在であると断言するものだと、ラコタ族／ダコタ族（スー族）の学者ヴァイン・デロリアは主張する。[*80] この「異種間思考」の見方を採用するということは、キム・タルベアが説明するように、世界——生命のあるものも生命のない元素でも——が常に対話の中にあるという理解を含意するのだ。[*81]

この見地からすると、私たちは人間以外の生物の声を盗み聞きすべきではない。そうではなくて、私たちの共同の家をお互いに利益があるように共有することについて対等の立場で対話をしながら、彼らとコミュニケーションをとるべきなのだ。このような「創造的で原始の」対話は特定の地に基礎をおいた関係性の中に根付いているのだと、アニシナベの年長者たちは説明するとヴァネッサ・ワッツは書いている。[82] 近親関係の思想を採用することによって、デジタルな翻訳機器の設計者も、搾取するのではなく倫理的な管理をしつつ、注意深く自然の音を翻訳するようになるだろう。ポタワトミ族の植物生態学者、ロビン・ウォール・キマラーは次のように記述している。

> ポタワトミの物語はすべての植物も動物も、そこには人間も含まれて、かつては同じ言葉をしゃべっていたことを記憶している。しかしその才能は失われてしまった。私たちは貧しくなった。私たちは同じ言葉をしゃべることができないので、科学者としての私たちの仕事はできるだけ上手に物語の部品をつなぎ合わせることだ。私たちは人間ではない存在に、彼らが何を必要としているか直接尋ねることができない。だから私たちは実験を通じて彼らに尋ね、そして注意深く彼らの答えに耳を澄ませるのだ。[83]

翻訳の中で最も大きな問題は、概念的にいえば、先住民族の言葉の文法構造は英語では名詞を使うところで動詞を使う点だと、キマラーは説明する。例えば丘（hills）は常に「丘である」「丘になる」（hilling）というプロセスの途中にあることをいう。英語では感情のないものとされる物体――例えば植物や岩石など――は先住民族の言語では、多くの場合、感情のある生命のあるものとして言及される。キマラーは述べている。「英語の傲慢とはこうだ。生きているというただ一つのあり方、そして尊敬され道徳上考慮される値打ちのある状態とは人間であるということだ」。それに対して、先住民族の言語は人間でないものを単なる物体というのではなく、感情があり、主観があるものと呼んでいる。この「有生性の文法」は人間以外の生命に対する尊敬の気持ちを高めると、キマラーは論じている。[84]

人間以外の生き物の言葉も同様の有生性を表現するのだろうか。もしそうなら、異種間コミュニケーションに取り組むためには、私たちは世界についてのまったく新しい考え方を学習する必要があるだろう。生きているものの文法と語彙である。おそらくマッコウクジラ語の名詞は彼らのホームのように流動体で常に変化する動詞のように構成されているだろう。クジラの言葉はおそらくまったく異なる一連の感覚的概念でできていて、視覚的類似性ではなく、音に結びつくもので、水、時間、海のメタファーだろう。あるいは複数の時間や場所の言葉を話すのかもしれない。大西洋の冷たい水の言葉、また生まれた場所の暖かい海の言葉だ。このような言葉の中では、音はフェロモンや生化学物質、ジェスチャーなどと組み合わさって意味をなすのだろう。したがって、人間以外の生き物のコミュニケーションを音響データだけに基づいて解読することはできないのではないか。キマラーの言う有生性の文法は、人間以外の生き物の言葉が私たちの言葉とは大きく異なっていることを示唆するものだ。

伝統的な知識という観点からすると、コミュニケーションは関係性の織物として編み込まれ、相互の尊敬と依存の関係で特徴づけられているとキマラーは説明する。人間以外の生き物は親戚——いとこ、おば、おじ、祖母たち——であり、感覚も意識もある存在なのだ。これもまた異種間翻訳の倫理の本質なのかもしれない。私たちが他の生き物の言葉を学ぼうと模索する時には、彼らが単なる研究の対象ではないことを認めなければならない。彼らは私たちの教師なのである。

## 翻訳はどこへ向かう?

二〇一二年、著名な科学者たちの国際的な団体によって「意識に関するケンブリッジ宣言」が発表された。その中には異種間インターネットプロジェクトに携わっている数名の研究者も含まれていた。調印式にはスティーヴン・ホーキングが立ち合い、「60 Minutes」〔アメリカのドキュメンタリー番組〕が収録を行って、認知神経科学者、神経薬理学者、神経生理学者、神経解剖学者および計算論的神経科学者が集まった。ここで、意識を持っているのは人間だけの特性ではないと宣言されたのである。宣言が断言しているのは、人間以外の幅広い種類の生物（哺乳類と鳥類のすべて、タコを含む他の数多くの生物）は意識に関する神経学的基盤を有しているという見解だった。[*85] ダイアナ・ライスも署名者の一人だった。彼女やその他の動物研究者たちは自分たちのクジラに関する見解を発表し始めた。クジラ族は複雑な脳と意識だけではなく、言葉も文化も複雑な認識も持っているとライスは主張した。[*86]

このような議論の余地のある問題が決着しないまま、その他の科学者たちから激しく反対論が出されている。[*87] 生物学者アンジェラ・ダッソウは、生物音響学を研究している科学者は意識についての言及を避ける傾向があると指摘している。また言語についての議論も避けているという。この語が「概念的知識の移転」を含意するからである。[*88] それに対して、生物音響学者はコミュニケーションのより狭い概念に注意深く焦点を合わせる。行動上の反応を他の動物の中で発生させるために情報を運ぶというものだ。このように制限をつけた上で、生物音響学の主流の研究では、人間以外の生き物のコミュニケーションをシグナルに対する反応という事柄として、意識と言語というやっかいな問題を避けながら研究を進めている。しかし、もしもコミュニケーションを単に音響的なインプットと行動的なアウトプットで定義するとすれば、私たちは人間以外の生き物の能力を十分に研究することを拒否していることにならないか。人間以外の生き物が意識を持っているかどうかと問うことを避ける時、私たちは人間の優位性という概念を強めようとしているのではないか。異種間インターネットプロジェクトの創始者たちは、生物音響学の研究は真っ向からこの問題に直面すべきだと考えている。

動物の言語と意識に関する議論はますます高まり続けることだろう。[*89] 生物音響学的研究が、人間以外の動物のコミュニケーションの予期せぬ複雑さと摑みどころのなさを明らかにすることは確かだが、他方で生物音響学者の大多数は、哲学的な問題を議論するのを避けている。彼らが研究しているのは発声であって言語ではないのだ。彼らの関心は実証可能なもので、彼らが提示する疑問は著しく実際的なものだ。例えば、発声はどのように動物の行動に関係を持っているのか。環境の騒音汚染が人間以外の生物に与える影響は何か。そして私たちはこの知識をどう使って、多様性の喪失の危機に直面した生物をよりよくモニターし、保護できるのか。

実際に生物音響学の研究者の中には、異種間コミュニケーションに対する希望と、人間以外の生き物の意識に関する好奇心とは、混乱の危険を冒していると論じる人もいる。このような懐疑主義には二面性がある。人間以外の生物の言葉を学習し、自然が送っているメッセージの意味を解読することは可能ではないかもしれない。現代のAIアルゴリズムがマッコウクジラ語を解読できたとしても、私たちはその単語が何を意味するのか理解できないかもしれないからだ（そうした言葉は私たちが考えるような単語を持っていないかもしれない）。そして、もしそれができたとしても、異種間インターネットの創始者たちが熱望したほどには、異種間翻訳は人間の自然に対する関係性の変容のきっかけにならないかもしれない。

懐疑論者はまた、現在の生物多様性が脅かされている壊滅的な速度を考えると、私たちにはより喫緊の課題があると主張する。人以外の生物とコミュニケーションができるかどうかわかった時には、そうした生き物の多くがすでに地球上から消滅しているのではないか。そうではなくて、生物音響学を環境保全の道具として使うべきだと論じる研究者もいる。次章では、生物音響学を基本にしたデバイスが絶滅に瀕した種の保護で成功を収めた実例を見ることにする。実際、地球を席巻しつつある大規模な種の絶滅の波を止める鍵に、生物音響学がなるかもしれないと考えている人々もいるのだ。

# 第10章　命の系統樹の音に耳を傾ける

緑色の自然と育っているものすべてとの対話に人々を連れ戻そう。

神羅万象は私たちに話しかけることを止めない。私たちが聴くことを忘れている時でさえ。

——ロビン・ウォール・キマラー『植物と叡智の守り人』

二〇一〇年、アメリカ合衆国の北東海岸沖に生息しているタイセイヨウセミクジラは、四〇〇頭を切った。商業捕鯨の時代が終わった後、回復を模索したが、クジラは世界で最も絶滅の危機に瀕した種の一つとなった。この年の夏、クジラの古くからの生息地、メイン湾は前例のない熱波に見舞われ、その棲みかは地球上で最も早く温暖化の進んでいるエリアとなった。[*1] その後間もなくメイン湾からクジラの姿が消えた。クジラがどこへ行ったのか、誰にもわからなかったが、クジラが気候変動による避難を始めて、食べ物を求めて必死の旅に出たのだと、研究者たちは推測した。[*2]

セミクジラは世界最大の哺乳類の一種で、海で最小の生き物の一つ、カイアシ類から主に栄養を得て生きている。カイアシ類は世界最大の動物の生物量を形成し、海洋の数々の食物連鎖の底辺を支えている。これは栄養豊富な冷たい水が湧き出している中で繁殖する。熱波がメイン湾を直撃した時、冷たい海水は北方へ退き、カイアシ類の数は激減した。[*3] その後すぐクジラの姿も見えなくなった。[*4]

数か月後、何百キロも北方のセントローレンス湾でクジラが見つかった。世界で最も豊かな海洋地域の一つで、ここは大河セントローレンス川が五大湖（地球上の淡水の四分の一以上を湛える）の水を大西洋に吐き出すところだ。クジラだけが北方へ移動しているのではなかった。サケがマッケンジー川のような北極地方の河川に来ていたし、タイセイヨウマグロはグリーンランドの沖合で観察された。もともと生息していることがわかっていた海域から何千キロも離れた場所へ、新しい生息地を求めてきたのだ。[*5] クジラの選択は賢明だった。生物多様性のホットスポットであり、避難地、そして海の生き物のゆりかごの海域、シェディアック・ヴァリーをクジラは目指していった。そこは豊富な食料に恵まれ、クジラは繁栄できるはずだった。しかしセントローレンス湾は海上輸送が世界で最も栄えている海域でもあった。クジラは豊かな海のビュッフェを見つけられて幸運だったが、そこへ近づくためには一二車線の海の高速道路を巧みに泳いでいく必要があった。

クジラたちが湾内に集まるようになると、航行する船と衝突することが増えた。膨張したクジラの死体が岸に打ち上げられた。皮膚にはスクリューによってできた傷口が開き、鈍器で打たれたような傷を負っていた。[*6] 記録的な数のクジラが漁具に絡まり、これが原因で死に至ることが多かった。二〇一七年には漁具に絡まったり、船舶と衝突したことが原因で、十数頭のクジラがカナダ側の国境で死んだ。その次の二年間でさらに八頭のクジラが死んだ。[*7] 見つかっていない多くの死体は海底に沈んでいると見られる。これだけ生存頭数の少ない種で、見つかっていない死体はさらにある可能性がある。[*8]

政府関係者も何をすべきかわからなかった。クジラのいる場所を特定することは難しい上、地域的な調査からのデータはほとんどが古く、場合によっては一年も前のものだった。[*9] 従来のクジラ保護戦略——例えば漁場封鎖や危険な状態の生息域の指定、船舶の航行ルートの変更など——はクジラが同じ餌場を毎年同じ時期に訪れるという推定の上に立てられるものだ。しかし海の状態が急速に変化しているため、クジラが次にどこに現れるかは誰にもわからなかった。研究者たちは船舶の運航に包括的な規制を加えることを求めた。速度制限と漁場封鎖を、クジラの新しい移動パターンが確立するまでの間、続けるというものだ。漁業者も船会社もこれには反対した。政治家は産業側に立った。十分なデータもないままの不確かな科学を前に、漁業者も海運会社もいつも通りのビジネスを続けた。[*10] 一年が過ぎ、そして二年が過ぎた——クジラは死に続けた。二〇一九年までには一〇頭に一頭の割合で、船舶との衝突かあるいは釣り糸に絡まって死んだ。合計では五〇頭を超えていた。クジラを救うにはもう時間がなかった。[*11]

## クジラの居場所を音で捉える

これ以上のクジラの死を防ぐためには二つの問題があった。クジラが実際にどこにいるのかを割り出すことと、クジラとの衝突を避けられるように船舶にできる限り迅速に警告を出すことだ。生物音響学がこの二つの問題の新しい解決策として登場した。漁業関係者はそれまで航空測量によってクジラのモニタリングを行っていたが、この方法は費用が高く、非効率的で、悪天候の際には使えなかった。カナダのニューブランズウィック大学教授のキムバリー・デイヴィスのような地域に拠点を置いた生物学者は、受動的音響モニターを使えば、より正確にそして低コストで、クジラの現在位置を連続して調べられることを知っていた。[*12] 過去一〇年以上の間にデイヴィスのような海洋生物学者は、クジラの動きを追跡する手段として、受動的音響モニタリングシステムを開発し、改良を続けてきていた。そのデータからは多くのクジラが高緯度海域でより長い時間を過ごしていることが確認された。また、クジラの現在位置は高精度で特定された。[13]

デイヴィスのアプローチの鍵となったのは、革新的な生物音響機器、ハイドロフォンを搭載した自律型水中音響グライダー——空中ドローンの海中版のようなもの——だった。このグライダーは「いかなる気象条件でも一日二四時間、週七日連続でモニタリングができる」とデイヴィスは説明している。[14] デイヴィスは二〇一九年にクジラの位置データの報告を始めると、問題を警告した。彼女のグライダーが海中を行ったり来たりして集めたデータから、クジラがそれまで理解されていたよりもはるかに広い海域を使って暮らしていることがわかったのだ。

船舶と漁業のより規模の大きな制限を広範囲の海域で今すぐに行わないと、さらにクジラが死ぬことになると、デイヴィスは当局者に警告した。当局の反対をものともせず、彼女は生物音響学をもとに解決策を提示した。もしセミクジラがグライダーで検知された場合、その位置情報は政府高官、漁業者、船舶の船長に伝達され、セミクジラの存在が検出された場所の周囲（およそ一六〇〇平方キロの範囲）では特定タイプの漁業（ロブスターやカニなどを含む）を一五日間禁漁とするというものだった。[15] 同じエリアで二度目にクジラが検出された場合には、そのエリアは漁のシーズン全体にわたって禁漁とする。さらに指定の減速ゾーン内ではすべての船はスピード制限（対地速度で一〇ノット［時速一八・五キロ］）を遵守することが求められる。[16] 船舶の航行速度が遅ければ遅いほど、衝突した場合にクジラを死に至らしめる可能性は低くなる。こうした保護区の境界線はクジラの観測と海の状態に応じて絶えず変化する。例えば、水温はクジラがどこに集まるかに影響を与える。クジラにとってより危険なゾーンでは、制限速度を超えた船舶は最高二万五〇〇〇ドルの過料を科せられる。[17] クジラの位置情報と速度制限に関するデータはオープンソースの地図上に記され、域内のすべての船舶に伝えられるので、知らぬ存ぜぬを通すことはできない。

さらなる交渉の末、カナダ政府関係者は生物音響学をベースにしたシステムをセントローレンス湾の管理の枠組みの一部として採用した。[*18] デイヴィスのグライダーは新しい移動式海洋保護区で再利用された。このプログラムはすぐさま成功を収めた。最初の進水から数時間の間にグライダーはクジラを検知し、船舶に減速するよう合図した。二〇二〇年と二〇二一年、セントローレンス湾において船舶との衝突が原因で死んだセミクジラは一頭も報告されていない。[*19]

タイセイヨウセミクジラの話は、生物音響学が世界中の絶滅に瀕した種の保護活動に役立ち得るというデジタル技術の未来に関する寓話である。海岸には四五〇〇万人が暮らす地域で、わずかな数の水中ドローンと小規模大学の研究室の人工知能のアルゴリズムによって、四〇〇頭のクジラが何万隻もの船舶の動きを左右している。言葉を換えれば、デジタル生物音響学はクジラの声を盗聴するだけでなく、クジラの邪魔をしないというただそれだけでクジラを保護することもできるのである。

地上環境と海洋環境の両方において、同様のシステムが今、世界中で構築されている。一度機械学習のアルゴリズムが十分に頼れるようになると、次のステップはこのようなアルゴリズムを直接野外のセンサーに組み込むことだ。もしそれぞれのセンサーの中のアルゴリズムがリアルタイムでデータを解析できるなら、ここから保護活動の新しい可能性が開かれる。例えば国立公園内で銃の発砲を、ＡＩが搭載された音響センサーがリアルタイムで検知した場合、密猟対策パトロールに向けて即刻警告を出すことができる。移動式保護区――リアルタイムの生物音響データが利用可能――は環境保護活動の未来に重要な役割を果たすだろう。

コンピュータ処理とデータの保存を野外のセンサーに組み込む（研究者の間では時にエッジコンピュ

ーティングと呼ばれる）という目標を達成するためには、二つの大きな問題に対処する必要がある。センサーを途切れなく作動できる十分な電力と、携帯電話ではカバーできない遠隔地であっても安定した通信網があることだ。ただ、こうした問題は一〇年以内には解決しそうだと専門家も感じている。例えば電力問題はこれまでほどたくさんの電力や電池を必要としない新しいセンサーの設計によって解決するだろうし、衛星を利用した新しい地球規模のインターネットシステムによって、通信に関する問題もなくなるだろう。「電池不要の音響インターネット」は一〇年もしないうちに利用可能になるだろうと予測する研究者もいる。[*20] もしこの予測が本当になれば、絶滅に瀕した種の保護のために、地球上の最も人が多いところにいながら最も遠く離れた地域の、リアルタイムの音響を利用した環境保護活動が可能となるだろう。

## 船を誘導するクジラ

こうした予測を成功させるために、生物音響学を利用した自然保護活動のシステムを活用する場合、人間の側も骨身を惜しまずに新しい何かを受け入れることが必要になる。つまり私たちが直接見たり聴いたりできない何かに応えるために、行為を変化させるということだ。道路を横切るヘラジカを見たらスピードを落とすことと、近くにクジラを検知したとコンピュータが伝えてきた時に貨物船の航路を変えることとは別問題だ。生物音響学を用いた環境保護計画を稼働させるためには、このような新しいテクノロジーに対する信頼感と、その結果——絶滅に瀕した種を救う——がコストを上回るという信念を育んでいくことが、不可欠なのである。

生物音響学を用いた計画のうち、世界で最も野心的なものの一つが、カリフォルニアの海岸で始まった。海運業の考え方を世界規模で変えるという試みだ。オブザーバーたちはこれを注視している。もし時間厳守で運送する企業が生物音響学に基づく自然保護に同意するならば、これは世界的に重要な先例を作ることになるだろう。

カリフォルニアのケースは、世界のクジラ保護活動を象徴するものである。海運業は貿易のグローバル化によって著しい成長を遂げ、大型船舶が平均速度を上昇させたため、交通量の多いエリアではクジラとの衝突も増加している。[*21] ロサンゼルスのすぐ北、サンタバーバラ海峡は世界で最も交通量の多い輸送ルートの一つで、そこでは超高層ビルの長さのタンカーを見ることも珍しくない。またここは、絶滅が危惧されているナガスクジラやザトウクジラ、シロナガスクジラなどの昔からの移動ルートであり、餌場でもある。地球上で最も大きな動物、シロナガスクジラは特に船舶との衝突事故に弱い。海峡内では、船舶が海水面よりも非常に高く飛び出しているため、クジラを避けることはおろか、見つけることさえ難しいのである。一〇年前、連邦政府は任意の減速ゾーンを設定した――船舶との衝突によるクジラの死は劇的に減少した[*22]――が、任意の速度制限を守っているのは半分以下の船だけだ。[*23] 南カリフォルニアでは、二〇一八年と二〇一九年は船舶との衝突によるクジラの死亡数が最悪だった。このようなひどい統計的数字も真の被害を少なく数えている可能性は高い。ほとんどの死体は岸へ打ち上げられる前に沈んでしまうからだ。[*24]

カリフォルニア大学サンタクルーズ校の海洋学者モーガン・ヴィサリがリーダーを務める研究チームは、生物音響学を用いた新しいクジラ保護システムを開発した。「ホエール・セーフ」と名付けられたのは、生物音響とその他三種類のデジタルテクノロジーを組み合わせたものだ。[*25] まず生物音響を用いて自動的にクジラのコール音を検知する水中モニタリングシステムである。[*26] 多数の水中マイクロフォン（ハイドロフォン）は、人工知能のアルゴリズムを使って音声を検知し、そのデータを処理する。この人工知能のアルゴリズムはクジラを認識するだけではなく、シロナガスクジラなのかザトウクジラなのか、あるいはナガスクジラなのかを特定できるものだ。このデータはそれから衛星を通じてクジラ研究者のところに送られて、検討、確認を行う。

デジタルテクノロジーの一つ目はサンタバーバラの海洋学者たちが使っているモデルで、クジラの位置を予測するものだ。これは海洋学データ（海水温や海底の地形、海流のデータ）と、衛星タグを用いた過去のクジラの位置研究を組み合わせるものだ。[*27] 海水温と海の状況は毎日変化するので、クジラの動きも同様に変化する。このモデルはリアルタイムに近い非常に精度の高い予測を行う。二つ目は市民科学者や船員、ホエールウォッチングの船がクジラの目視観測をモバイルアプリケーションを通じて記録するもので、これにより位置予測を補完する。[*28] そしてホエール・セーフが検知した船舶の位置情報[*29]をクジラの位置情報に重ね合わせて、クジラの存在の可能性を段階評価するのが三つ目だ。スクールゾーン警告のようなものだ（緑＝クジラはいない、黄色＝注意しながら進め、赤＝クジラがいるのでゆっくり進め）。この段階評価は船舶の船長にリアルタイムでスマートフォンやタブレットを通じて伝えられる。[*30] 船舶の船長は減速し、それまでより多くの見張りを立てるように促され、それから船舶が任意の減速規定に従っているかどうか検知される。

また減速ゾーンを拡大するかどうか、どう拡大するかについて規制当局が決定する際に、ホエール・セーフはクジラがあるエリアで予想以上に長い時間を過ごしている場合にそれを知らせることによって支援する。それから、ホエール・セーフのチームは船舶をモニターして、スピード制限をどこまで遵守しているのかを示す公式の成績表を公表する。規則に従っていない船舶は「落第」評価を受ける。法令遵守をさらに高めるために、船舶の船首に取り付ける赤外線熱画像カメラ――ドライブレコーダーと同様のもの――の開発が進んでいる。それによってクジラとの衝突はもちろん、クジラをリアルタイムで検知するのである。将来的には、クジラの存在が検知された回避ゾーン内に規則を守らないで進入した船舶は、現行犯で捕まることになるだろう。[*31]

ホエール・セーフはそれまでの手法をはるかに超える進歩を遂げている。過去の手法は不正確で、不完全なデータに依存していた上、データを分析する前に海中から録音機材を引き揚げる必要があった。その結果、数週間から数か月というタイムラグが生じていた。今や天気予報のように、リアルタイムに近いクジラの現在地予測を出すことができる。これにより、他の場所でクジラが現れる可能性もわかるのだ。[*32] 二〇二〇年半ばのスタートは好調で、今度チームはサンフランシスコ湾にまで活動を広げる計画だ。

世界の他の地域でも同様の計画が生まれている。一例を挙げると、南タラナキ湾（ニュージーランド北島と南島の間にある）では近頃、生物音響を利用してシロナガスクジラの珍しい定住生息数を特定した。ところが研究の指揮をとるリー・トレスは、定住クジラ仮説を提出したことで手厳しく批判された。海運業や鉱山業の支援者たちは、ここにいるのは定期的な移動をしているクジラの一部だと主張した（実際ほとんどのクジラは移動性である）。しかしトレスの細心の生物音響学的研究は遺伝子検査を組み合わせており、シロナガスクジラの個体群は遺伝的に明確に異なり、一年を通じて定住していることが証明されたのである。[*33] このエリアの海底の鉱山採掘許可の申請が行われた時、この珍しい定住クジラの個体群に関する新知識は、ニュージーランドのシロナガスクジラを救おうという全国的な運動を巻き起こした。この運動は最高裁が海底鉱山の採掘許可を無効にし、政府に対して海底資源の採掘を全面禁止にするよう要請する判決を下すに至って、最高潮に達した。[*34] その間に、研究者はシロナガスクジラの現在位置が予測できるモデルを開発した。これを使えば、移動式の保護海域を南タラナキ湾に設定できるようになる。[*35]

ヴィサリは、船舶が速度を落とすことでさまざまな関係先が恩恵を受けると指摘した。船舶が減速するとクジラとの衝突事故が減るだけでなく、騒音公害も減少し、環境汚染物質や二酸化炭素の排出も削減されるという。クジラを船舶との衝突から救うことは、同時に気候変動を和らげることに寄与し、地球環境にも恩恵を与えるのだ。クジラは二酸化炭素の貯留に大きな効果を及ぼしている。クジラは死ぬと一頭につき平均三〇トンの二酸化炭素を封じ込め、その炭素は何世紀にもわたって大気から隔離される。それに比べて、平均的な樹木は一年間に二一キロの二酸化炭素を吸収する。[*36] 気候の観点からいえば、一頭のクジラは海の中で、何千本もの樹木に相当する存在なのだ。

また、クジラは栄養豊富な排泄物で海を肥沃にすることによって炭素を隔離する。そしてそれによって植物プランクトンの数が増え、これがまた炭素を隔離する――そのためクジラのことを「海の生態系のエンジニア」と呼ぶ科学者もいる。二〇一九年には国際通貨基金の経済学者たちが、クジラ一頭が生態系サービスに与える価値は二〇〇万ドルを超えると見積もった。彼らは気候変動に対する「自然に基づいた結論」の一例として、クジラの生息数を商業捕鯨以前のレベルに戻すための、新しい世界規模の経済的誘因プログラムの導入を求めた。[*37]

海洋の生物多様性と気候変動の緩和を援護するために、地球全体のクジラ保護プログラムを求める要望が出されている。目下、生物音響モニタリングと保護海域を世界の海の全体に広げる管理システムの構築が行われている。今日、生物音響によるクジラ保護システムは隔離されたエリアに留まっている。しかし、将来的には生物音響を使った聴音ステーションのネットワークが、クジラ自身が監督する柔軟な「クジラ・レーン」を世界中の海に作り出すことになるのではないか。

## 移動式保護区

気候変動に関する政府間パネルが発表した海の状態についての最も新しい報告書は、海洋熱波、海水面の上昇、サンゴ礁の死滅、そして海氷の消失が、生物多様性の現在のレベルをさらに悪化させるだろうと予測している。[*38] 地球上の海面温度の上昇と海流の変化、苛烈な気候災害もますます普通の出来事になりつつある現在、海の生き物の大規模な移動はすでに進行中である。[*39] 世界の海洋生物の動きが予期できない今、世界の海での移動式海洋保護計画は欠くことのできない、そして広範な保護手段になるかもしれない。デジタル生物音響機器を使って海の生き物の存在を確かめることは、今後一層緊急性のあるものとなるだろう——海洋の管理における「新しい標準」として。

移動式海洋保護区域のための基礎となる構造のいくつかは、音響を用いた遠隔測定法のネットワークの形ですでに存在している。例えばオーストラリアのＩＭＯＳ統合海洋観測システム（Integrated Marine Observing System）や、アメリカのアメリカ海洋大気庁海洋騒音基準観測ネットワーク（Ocean Noise Reference Station Network）、南アフリカのＡＴＡＰ音響追跡アレイプラットフォーム（Acoustic Tracking Array Platform）である。[*40] 変化しつつある環境の状態に海洋保護区を対応させるために、このような集音ネットワークは、数を減少させている生き物の存在を確かめるのを助け、海洋生物がどのように動いているのかを推測するのに役立つ。[*41] 北極圏の氷が溶けて新しい海域が輸送のために開けるにつれて、例えばベーリング海峡——船舶にとってもクジラにとってもボトルネックになる——のような海域では、船がクジラに衝突しないようにする新しい手段が必要になるだろう。[*42]

このような移動式海洋保護区は、希望ある新しい戦術の例である。科学者や環境保護団体がデジタルな機器を取り入れて環境問題に取り組むようになって出現してきたものだ。人間は何千年も動物の動きを追跡し続けてきた——野生動物の数を管理し守るのと同時に生存のために——が、デジタル機器によって可能となる監視の度合いは前例のないものだ。過去一〇年の間に、インターネットによって可能となった新しいトラッキング技術の小型化と、増産による低価格化が進んだことで、バイオロギングの新黄金時代に入った。これによって、例えば昆虫などのような小さな種でも、長距離を移動するサケやカメのような生き物と同様に、精密なモニタリングが可能になった。[*43] このようなトラッキングの一部は視覚的だが、ほとんどは音響によるものだ。[*44]

これの何が重要なのか。生物多様性の喪失が加速するにつれて、地球の第六次大量絶滅は進行する。多くの動物はその習性を変化させることによって対応している。例えば夜行性になるとか新しい生息地に移動するなどだ。人間が地球の気候と同様に、陸上や海洋の生き物の生息域を変化させ続けると、自然保護の面で新しい問題を引き起こす。絶滅が危ぶまれている種の生息域は消滅しつつあるか、あるいは気候変動のためにその場所を変化させている。つまりもともと指定されていた保護のための区域ではもはや食料を見つけられないし、生き残るために適切な生息域でもなくなるのだ。増え続けるこうした種のために、保護区域は地理的に可動性が必要なのだ。

次の数十年間に、地球上には二〇億の人間が増加すると見込まれているので、生物音響による手法は、人間の活動とその他の種のバランスをとるための最善の選択肢の一つとなる。例えば機械学習のような人工知能の進化したものと組み合わされたデジタル音響モニタリングを使えば、動物の生物多様性をリアルタイムでモデル化することができる。これは活発に音声を出している種を検知するのに使用できる。音声を発している生き物に依存するか、または密接に反応し合っている音声を出さない種も同様だ。[*45] 今後これは最も配慮が必要な場所や時間に、人間の活動を方向づけたり規制したりするのに役に立つかもしれない。少数の公園ではなく、たくさんの進化する「セーフゾーン」を展開して、急速に生息域を移す生き物を追いかけるのだ。もちろん、生物音響学を活用する自然保護計画は、例えば化学物質による公害のような、生物多様性に対するすべての脅威に対処することはできない。しかしそうであっても、生物音響の利用で強化される自然保護は、生物多様性を守るために可能な最善策の一つを提供できる。

生物音響テクノロジーは環境犯罪を防止するためにも活用できる。例えば生物音響学は現在、爆破漁の空間分布やホットスポットを監視するのに使われている。漁師たちが違法に手に入れるか、灯油と肥料から自分で作った爆発物を使用する行為は、海中でのゾウの密猟に相当するものだ。漁師たちは魚が数多く集まるサンゴ礁を狙って爆発物を使う。魚を殺すか気を失わせれば、より簡単に魚が獲れるのだ。深い海にいる魚(例えばマグロ)は爆破漁の標的にされることが増え、スキューバダイバーが海中から拾っていく。生き残った魚は傷ついていたり、聴覚を完全に失っていたりすることが多く、その後の生存率に悪影響を及ぼすことになる。東南アジアのサンゴ礁海域コーラル・トライアングルで広く行われている爆破漁は、タンザニアの密猟と同様、検知することも規則を守らせることも困難だ。小規模の漁業者が、めったに来ないパトロールを逃れるのは簡単だと考えてやっていることが多い。[*46] しかし爆発を検知する自動アルゴリズムを備えた受動的音響モニタリングは、五〇〜六〇キロ離れたところから簡単に密漁をピンポイントで検知し、法執行機関は犯人を素早く特定できる。[*47]

絶滅が危惧されている海洋生物の場所を、人が特定したり避けたりするのに役立つことに加え、海の生き物が人間を避けるのにも、音響テクノロジーが力を発揮する。混獲されてしまう目的外の魚（特にウミガメ、イルカ、他にはクジラ）の数が多いことについて世界的に懸念が高まっている中、海の哺乳類や魚類に警告を出す音響アラームが開発されている。今日、何百何千というデジタル音響忌避装置が船舶や漁網、波止場、海上生け簀などに取り付けられ、海の生き物への警告に用いられている。忌避音は特定の種に照準を合わせることも可能だ。[*48]

しかしながらアラーム音はそれによって回避できる以上に多くの害を及ぼしているのではないかと考える者もいる。例えば忌避装置が効果を発揮する種もあるが、別の種に対しては悪影響を与える場合がある。それはちょうど、泥棒を寄せ付けないために設置したまぶしい光源が光害となり、近隣の住民をイライラさせるのにも似ている。[*49] さらに音響忌避装置からのノイズが増大すると、比較的低いノイズレベルであっても音響的なマスキング——音響空間での不明瞭さ——を生み出す可能性がある。この慢性的な背景音は、すぐに海の生き物を殺すことはないかもしれないが、生物間のコミュニケーション空間の質を落とし、可聴範囲を狭めてしまうこともありうる。その結果、動物たちは音を出さなくなったり、短距離からの音声だけしか聴き取れなくなるかもしれない。

魚であろうとイルカであろうと、少しずつ耳も目も利かなくなるのではないか。[*50] これを受けて、海洋生物音響学の研究者の中には忌避装置が出す音量を下げたり、音響による警告以外の選択肢を選んだりするよう訴え始めた者もいる。[*51] とはいえ、たとえもし音響による警告をやめることにしても、これだけで海洋生物が直面している全般的でより大きな脅威——激増する環境騒音による猛攻撃に対処できるわけではない。

## 九・一一後の海中の音

二〇〇一年九月一一日の朝、生物学者ロザリンド・ローランドは、メイン州の北東に位置するファンディ湾で自分のボートを発進させようとしていた。海は穏やかで、明るく晴れ渡った秋の日だ。ラジオから攻撃のニュースが入った時、現実感がなかった。しばらくして、恐怖感はあったが、それをものともせずにボートの仲間は海に出ることを決めた。なぜなら湾は、ローランドの言葉によると、「心静まる」ものだったからだ。[*52] 海上に出ると、研究チームはそれぞれ忙しく、セミクジラの健康と繁殖の研究の一環としてクジラの便のサンプルを集めた。研究室に戻ると、いつものようにサンプルからクジラのストレスと健康に結びつくホルモンレベルを分析した。

海洋学者スーザン・パークスもまたボートで海へ出て、セミクジラの母親と子どもの社会的行動に関する研究のためにデータを集めていた。攻撃の次の週はほとんどの船が港に係留されていたが、パークスは湾内での記録を取り続けていた。この例外的に静かな期間、湾に出て活動を続けていたクジラの研究者のうちの二人、パークスとローランドが、自分たちのデータが組み合わされれば、次のような画期的な疑問に答えを出せると気がついたのは、何か月も後になってのことだった――海中のノイズレベルが低いほど、それに比例してクジラのストレスレベルも低くなるのではないだろうか?

海洋の騒音が、一九五〇年代以来多くの海域で一〇年ごとに倍増していることを考えると、この問題は緊急を要するものだ。[*53] これは海洋での産業化の進展によるところが大きい。[*54] 貿易のグローバル化が進んで商業船舶の積載量が一〇倍に増加した。近年では、深海の石油と天然ガス資源の採掘競争が人工地震探査の急増を招いている。このことは船舶の交通量や水中音波探知機、工事、そして忌避音響を用いた装置などの増加とあいまって、海中での産業騒音を急激に増加させた。[*55]

こうしてパークスとローランドの実験は、数十年間のストレスがクジラへ与えた影響を捉えた。二人の合同分析の結果は大ニュースになった。九・一一後の一時的な静けさの中でクジラのストレスレベルは際立って低くなっていたのだ。[*56] 海の騒音がそれまでの四分の一のレベルに落ち込んだことで、ストレスに関係のあるクジラのホルモン代謝物の減少が観察された。その後、船舶の交通量と騒音が増加するにつれて、クジラのストレスホルモンのレベルも上昇した。同様の効果は人体にも表れた。騒音にさらされることは血圧の上昇、ストレスホルモンのレベル上昇、心臓血管への影響や冠状動脈疾患とも関係がある。[*57] しかし過去にクジラの身体に対する騒音公害の効果を実証した研究者はいなかった。[*58]

好奇心を刺激された二人は他の海洋生物でも実験を始めた。すると同様の結果が幅広い種――イカのような無脊椎動物にも――で見られることがわかった。[*59] その後二〇年経って、実証は決定的なものとなった。海洋の騒音公害は生き物のストレスレベルを上昇させるだけでなく、健康に数々の有害な影響を与えることが判明したのだ。音の強さの程度が低くても、例えば遠方の貨物船や自動車や航空機からの音でも、タコが呼吸を止めたり、カキが殻を閉じたりする原因となることがある。[*60] 増大する海の騒音によって引き起こされるマイナスの影響の範囲は信じがたいほど大きい。発育を遅らせたり、生殖を妨げたり、成長を止めることもあれば、睡眠を阻害することもある。さらには生き物を完全に殺してしまうこともある。[*61] 水中での人工地震を起こすための爆破は、騒音公害の特に破壊的な原因の一つである。人工地震による探査で使用したエアガンのたった一発で、アザラシやクジラのような大型海洋哺乳類の聴力を失わせる原因となるほか、爆発地点から一・五キロ先までの魚が聴力を失ったり、動物プランクトン――海の食物連鎖の底辺にいるもの――が死んだりする。[62]しかも音は水中を非常によく移動するため、その影響は個別の動物が感じるだけではなく、海の生態系全体に広がるのだ。[63]

騒音に起因する健康への同様の悪影響は、陸上の生物でも記録されている。[64]人間が原因となる音は生殖や餌探し、狩りや季節移動、活動パターンなどに混乱を与える。また騒音は動物の神経内分泌のシステム（コルチゾールレベルの上昇）、生理機能（呼吸数の上昇）とコミュニケーションの能力――群れで集まることや、繁殖相手を見つけること、狩りや社会生活をすることが困難になる――に干渉する。[65]人間が生み出す音が増加すると、動物も自分たちの音声レベルを上げる。ちょうどそれは人間が、大音量の背景音の中では声を張り上げるのと同様だ。これによって動物は自分のエネルギーを激減させることになり、それ以外の生命に関わる活動に使える蓄えが少なくなる。[66]

もし動物が大きな音から逃げ出そうとすれば、他の生態系のプロセス――例えば種子の散布や受粉など――が影響を受ける。[67]「ファントムロード」という革新的な実験では、一五台の拡声器を、アイダホ州にあるラッキーピーク州立公園の森の中の、道路のない区域に設置した。拡声器からは高速道路の音が再生され、鳥の反応を測定した。合計で三分の一の鳥がその区域を避けた。幼鳥（特に一歳）はほとんどが姿を消した。残った鳥たちは体調に衰えが見られた。体重を増やすのにも苦労した――立ち寄る鳥たちがここでエネルギーを補給する必要があると考えると、多くの移動性の鳥たちが生き残るためには、これは問題のある結論だ。二〇五〇年までに、地球を六〇〇周できるほどたくさんの新しい道路が建設されると研究者は言及している。緩和策によって、人間に起因する騒音が及ぼすインパクトを小さくすることができるかどうかは、疑わしいところだ。[68]公園や保護区域の中でさえ、動物たちはすでに拡大しつつある人間の音の洪水と戦っている。[*69]

おそらく最も心配なのは、騒音公害が多種多様な種の胚の発達を阻害するらしいということだ。出産前に聴こえる音は動物が生き残れる確率を決定する。胚の時代の音響発達プログラミングは、脳の連結性や、内分泌、遺伝子の発現における変化を通じて、動物の生理作用と認知に影響する。健康な生態系では、これが働いて動物たちはその環境に適応する。多くの種の子どもは生まれる時その親のコール音を認識する。キンカチョウのような種では、生まれる前に親が出すコール音のタイプに合わせて自分の身体のサイズを変更することさえある。サウンドスケープを破壊することは、私たちにはまだ十分解明できていないところで、生物に深いダメージを与えているのかもしれない。[*70] 私たちにわかっていることは、動物は音の中のほんの小さな変化でも極端に敏感だということだ。ある研究で、モーターボートが魚の胚に与える影響はエンジンタイプに左右されることがわかった——どのタイプのボートのモーターも胚の心拍数を上げるが、二ストロークエンジンの船外モーターのモーターボートはそれより静かな四ストロークエンジンのモーターボートより心拍数が上がるという結果だった。[*71] サイエンス誌のある記事は、気味の悪い表現で、その結果をまとめている。人間の出す音が、魚の赤ちゃんが入った卵をスクランブルエッグにしているというのだ。[*72]

## 海草藻場への脅威

騒音汚染による海洋の荒廃は、地球上で最も古代からある植物の一つ、海草藻場、海のグレートプレーンズの最近の研究によって、特に明確になった。南極大陸を除けば、地球の海岸地帯はかつて海草が豊富にあった。その広がりや重要性はサンゴ礁に劣らず、海草藻場は多くの海の生き物の子どもの食べ物や隠れ場所となり、海岸を浸食から保護し、養分の循環を可能とし、海底を安定させ、水質を向上させる。ちょうど陸上の森のように、海草は炭素吸収源として大きな役割を果たし、地球上の気候を安定させることに寄与している。[*73] しかし過去数十年の間に、海草は世界各地の海岸地帯で壊滅的に失われた。アマゾンと同じ広さの海草藻場が消えた。[*74] 科学者の意見では、海草藻場の荒廃はさまざまな脅威に原因があるという。例えば気候変動、化学物質による汚染、船舶の錨や浚渫、海水淡水化プラントから出る高濃度の塩水だ。カタルーニャ工科大学環境工学上級研究員マルタ・ソレは、騒音公害もまた原因ではないだろうかと考えた。

ソレは自分の博士論文の指導教官ミシェル・アンドレと共に研究をしており、すでに型にはまらない研究をすると評判を得ていた。人間が生み出した音が聴覚器官のない海洋生物に与える影響について、ソレは研究してきた。頭足類（例えばタコ）や刺胞動物の仲間（例えばサンゴやクラゲ）、甲殻類（例えばエビ）、それからフナムシだ。[*75] それでも、彼女が企画した海洋植物の音に関する敏感さの研究は未知の領域だった。ソレは世界最古の海草のポシドニア（*Posidonia*）に焦点を絞ることにした。ギリシャの海神にちなんで名付けられたポシドニアの化石記録は白亜紀にさかのぼる。一つの実例として、ポシドニア・オセアニカ（*P. Oceanica*）は成長の遅い分枝系海草で地中海に特有だ。これは根と根茎のネットワークを発達させ、深さ数メートルにまで伸びる。かつてポシドニア・オセアニカは海岸線をすべて覆い隠していた。果実は浮動性で、「海のオリーブ」として知られていた。[*76] 海草藻場は古代から存在している。イビサ島の南海岸の沖で発見された群落は一〇万年前からのものだが、二〇万年前に近い可能性もある。そうなると世界で最も古くから生存している生物ということになる。[*77]

ソレの初期の研究は、頭足類が平衡胞と呼ばれる小さな感覚器官を通じて音を聴くことを示したものだ。[*78] 海洋地震探査や船舶の音に近い周波数の騒音にさらされると、平衡胞へのダメージは大きい。平衡胞は膨れ上がり、破裂して死滅する。ちょうど人間の鼓膜が大音量によってダメージを受けるのと同じだ。[*79] 胎芽も同様に傷つくほか、広い範囲の表皮に病変が現れて、繊毛がダメージを受ける。[*80]

海の植物も同じように海中の騒音によって悪影響を受けるのではないだろうかと、ソレは考えた。[*81] 海草はその他の海中の植物のように平衡胞に該当するものを持っている。アミロプラストと呼ばれる細胞小器官で、植物が重力に従ったり、その根の方向を指示したり、水の中での特定の移動を通して、音の出所を突き止めるのに役立つ。[*82] アミロプラストはポシドニア・オセアニカの根冠と根茎の特定の細胞の中に高濃度で見つかることはわかっていた。大きな音がタコを傷つけるのと同様、海草にもダメージを与えるのだろうか。

海洋動物に行ったのと同じように、ソレは海草のサンプルを集めて研究室の水槽に入れた。[*83] 対照群には何もしないでそのままにし、実験群の方では、船舶や海中人工地震のような産業活動から出る音に近い大きな低周波音を鳴らした。それから根と根茎の中の細胞、根に付着した菌性の共生者も同時に調べた。対照群の方ではアミロプラストは損傷を受けていなかった。ところが大音量にさらされた海藻のグループでは、アミロプラストはひどく変形し、その数も劇的に減少していた。走査型電子顕微鏡の下では、タコの平衡胞との不気味な共通点が観察された。病変と損傷し破裂した細胞のパックリと大きく開いた穴から内部のものが流れ出ていた。タコと同様に、海草も感覚器官に深い永久的な傷を負っていたのである。このダメージは海草の、重力を感じたりエネルギーを蓄えたりする能力——生存のための基本的な二つの機能——に悪影響を与えることが推測された。それよりもさらに懸念されることがあった。

根に付着して共生していた菌類もまたダメージを受けていたのである。このような機能低下は、海草が海から十分な栄養を集めることが難しくなる可能性を意味した。

ソレの研究は科学界に衝撃を与えた。[*84] 海草の研究者には、これまで音が脅威になると考えた者はなかった。生物音響学の分野でも、海の植物が環境音によって傷つく可能性があるとは想像もされていなかった。こうした発見は海の生態系の保護に密接な関連を持っている。沖合ではさまざまな活動――海底の採掘から、石油や天然ガス、そして再生可能エネルギーのための建設――が増加しているが、海の植物の生命に音が与える効果にはほとんど注意が払われていない。音にさらされる時の閾値はまだ決定されていないが、この新興の科学はいずれ海洋の産業活動の許可や生産過程に革命を引き起こすことになるだろう。海の中のすべての植物、動物が音に影響を受けやすいのなら、騒音公害は特定の種だけの問題ではなく、生態系の問題なのだとソレは説明する。問題は今やはっきりしていると、アンドレは言う。「特定の種を保護するために閾値を決めて強制するだけではなく、海洋環境の騒音公害をまとめて制限する解決策を作り出す必要がある」。これはグローバルな海運業や鉱業にとって歓迎されるニュースではない。しかしアンドレが言うように、生物音響学の科学者から見ると、規制当局は「ボクシングのリングの中でロープを背にして立っている」というくらいの絶体絶命の状態にあるのだ。[*85]

アンドレは生態音響学による指標を開発することを提案している。生物学上の活動と環境の中の騒音公害の影響を評価するためだ。[*86] 彼の主張の根拠は「生物学上の活動が豊かなエリアはサウンドスケープも豊かで多様性がある」ことである。変動する生態音響学の指標（長期にわたってサウンドスケープの変化をモニタリングする）は、視覚による方法よりも精密に、正確に、音響パターンの変化を通じて評価される生態系の常に変化している健康状態をほんのわずかなコストで計算できる。[*87] 生態音響学の指標はすでに数多く存在しており、これらはコンピュータによる計算負荷が高い傾向にある。しかしアンドレは、ハードウェアとソフトウェアは両方とも堅牢であり、しかも低コストであるから、生態音響学の指標を環境モニタリングに地球規模のスケールで組み込むことは、十分に可能だと主張する。生体音響学の指標もまた膨大な量のデータを適切に調節する必要がある。しかし世界中には一五〇か所を超える生態音響の観測所があり、データを連続して一日二四時間一〇年以上提供しているのだと、アンドレは指摘する。

もしアンドレが正しければ、世界中の生態音響学指標は二一世紀の環境の健康を測る新しいスタンダードとなるだろう。[*88] 国際単位系（メートルやキログラムなど）が商業における規格統一を促進し、貿易のグローバル化を加速したのと同様に、地球全体をカバーする生態音響指標の発明は生態系モニタリングの世界システムの先駆けとして機能する。これは規制当局が産業による騒音公害と戦うための強力なツールとなる。

なぜ私たちは世界規模の生態音響指標を発明しようとしているのか。そしてそれはどういった目的に資するのか。アンドレは次のように説明する。各地の数多くの観測所から報告される生態系の健康観察データを組み合わせることで環境の健康をも監視できる。ちょうど天気予報のようなもので、降雨や気温を計測している何千という観測地点からのデータを組み合わせている。気候変動に直面している今、私たちは生態系がどのように変化し、動物たちがどう移動しているのか、理解を深めることができるのだ。それぞれの記録を手に入れることによって、私たちは世界中の種のメモリーバンクを作り出している。未来の科学者たちのための宝箱だ。

しかし生態音響指標を作る最も重要な理由は、環境音による汚染が世界の直面している大きな脅威の一つというだけではなく、私たちが簡単に緩和できる汚染タイプの一つだからだとアンドレは主張する。音は点汚染源で、その原因を止めれば影響はすぐに収まる。そして二酸化炭素レベルの上昇やいつまでも残る化学物質（これらは消失するのに何十年、何世紀とかかる）と違って、騒音公害を減少させ元通りにするのはたやすい。このように、影響は直接的で、潜在的に非常に影響力がある。生態音響指標は環境音に対して閾値を設けるので、それによって音による公害を危険なレベル以下に留めることができる。これは環境音による汚染で、ストレスや早産リスクの増大、心臓発作、認知機能障害や認知症など、悪影響を受けている人間にとっても有益だ。[*89]

生き物が音に対して特別敏感な海の環境では、騒音公害を減少させるために私たちができるいくつかのステップがある。海運業で変化を起こすと、騒音は劇的に減少する。船舶は生き物が影響を受けやすいエリアからルートを変更し、スピードを落とし、より静かなスクリューとエンジンを備えた設計に変更すればよい。人工地震を引き起こす海中銃を禁止し、探査のためには別のタイプの機材を導入する。最近まで、海の騒音を減少させることは一見気まぐれな白昼夢だった。二〇一一年、科学者たちのグループの一つが現実離れした提案を行った。人間の出す音がない海を研究するため一年間海の輸送を停止しようというものだ。[*90] 海洋学者ピーター・タイヤックが詩的な表現で述べているように、それは「人間の干渉がない、これまで見たこともない海だろう。世界の照明がほとんどすべて消された時の、夜の空を見るように」。[*91] このアイディアに刺激されて、ほかの科学者グループが「国際静かな海洋実験」――わずか数時間の実験――を、その機会がありさえすれば実施するという計画を発表した。[*92] しかしこのアイディアさえも手の届かないところにあるように思われた。

その後、新型コロナウイルスによるパンデミックが世界を襲った。世界の流通が突然ストップすると、陸上でも世界中の海洋でも、騒音公害が大きく減少したことが研究で示された。[*93] 北米大陸の太平洋岸北西部のような海岸では、何十年もこれほど静かになったことはなかった。[*94] パンデミックによる経済活動の減速は「国際静かな海洋実験」を現実のものとしたのだ。このことは環境音の減少によって、いかに早く地球が利益を受けるかということを示した。[*95] パンデミックによる行動制限は強烈なリマインダーとなった――人間が地球のサウンドスケープを音の洪水であふれさせた時に、どれほど多くのものを私たちが失っていたか、そして人間が静かになって再び自然の音に耳を傾け始めた時、どれほど多くのものを地球が得たかということについてだ。

## 気候変動と地球のビート

もしも私たちが地球上の騒音公害をなんとか減少させたとしても、地球のサウンドスケープはまた別の深刻な脅威に直面している。気候変動である。まだほとんどの人が気づいていないけれども、気候変動は地球の自然のサウンドスケープを直接変化させている。海生でも陸生でも、音に敏感な生き物はそれぞれの生息地の音響に不安定な変化が生じていることを経験している。世界の音響学研究のトップを行く三人――ジェローム・スエル、バーニー・クラウス、アルモ・ファリア――は気候変動を「地球のビートを壊す」ものであると表現した。バイオフォニー（動物や植物、昆虫などによる音）とジオフォニー（雨、川や海、風、地球自体の出す音）の両方を含む生命の音のリズムを破裂させているという。[*96]

どのようにしてこうしたことが起きるのか。気象と海の状態が変化するにつれて、空気中の音の伝わり方のパターンも変化する。なぜなら音のスピードは温度や湿度、風、さらには雨の降り方によっても変わるからだ。温暖化が進みつつある世界では激烈な気象現象が増え、それによって個々の生き物の間でコミュニケーションが可能な範囲は劇的に変化する。音の進む距離が前よりも短くなり、生き物のコミュニケーションや社会生活、繁殖相手を見つけること、さらにはお互いを探すなどの能力が抑制される。コミュニケーションをとるために前より多くのエネルギーが必要となって、生存のための能力が阻害される。

周囲の気温もまた、鳥類や昆虫から、両生類、魚類、甲殻類に至るまで、数多くの種の発声と聴き取るプロセスに直接影響を与える。例えば両生類や魚、節足動物の発声の速度、高さ、そして音量は温度によって変化する――コオロギの鳴く回数が周辺の温度変化につれて変化することを明らかにした、ハーバード大学でのピアースの実験をめぐる第7章での議論を思い出してほしい。また気候変動は音響的な現象を含む自然現象の周期的、季節的なパターンにも影響を与えている。これが生態系においても進化の過程においても重要な役割を果たす。気候変動は、生物に直接影響を与えるか、またはその依存している資源（食べ物など）に影響を与えるかして、こうした季節的な音響パターンの変化を誘引する。もし温暖化する海の広い海域からカイアシ類が消えたら、クジラはもはやそこへ行って歌を歌うことはないだろう。

気温が変化するにつれて、セミやコオロギ、カエル、魚などは歌を変えたり歌うのをやめたりする。ある研究グループによると、海の変化による長期にわたる影響は、より頻繁で強烈になった冬の嵐に反応して魚のコーラスが止んで、「静かな冬と夏のロックンロール」をもたらす結果になるという。[*97] このような音響的な変化は、熱帯の生物への影響が最も劇的になりやすい。高温の変化への耐性が低く、順応する能力が足りないからだ。[*98]

北極と南極を含む、地球上で最も遠く離れた地域でさえも、影響を受けていると考えられる。コロンビア大学のルース・オリバーが率いる研究チームは、アラスカの遠隔地ブルックス山脈に設置された自律型録音機器を使って、季節移動をしている鳥類が昔からの繁殖地に到着する時間と発声を観察した。[*99] 労力が必要で鳥のほんの一部しかカバーできない標識調査と比べて、録音機器は鳥の季節移動のタイミングを五年連続で記録し、地域全体の変化のデータを出した。人間向けの音声認識ソフトウェアから借用した機械学習の手法を用いて、環境状態は鳥の到着日時だけでなく、鳴禽類の発声活動、特に産卵を始める前のさえずりにも影響を与えることが明らかになった。鳥の鳴き声パターンが変化しているように、その他多くの種の習性にも変化が見られる。

スエルとその同僚たちが書いているように、温度と湿度の状態の変化は自然の音の調律を狂わせる――楽器の調律が狂うように。[*100] 地球の大気が変化すると、地上の気候や地質学上のサウンドスケープも徐々に変化して、サイクロンや竜巻、洪水、山火事、熱波や、干ばつが激化する。気候変動がサウンドスケープを歪ませると、自然の音を認識することはより困難になり、聴き取ることも難しく、さらにはすべて消えてしまう。動物たちの行動に合図――繁殖相手を見つける、季節移動をする、棲みかを選ぶ――を出す自然の音は以前と変わり、方向がわからなくなり、そして何も聞こえなくなる。つまり、気候変動に誘引された音響的変形は、世界中の生き物にとって顕著な脅威を引き起こすことになるのだ。

気候変動を緩和させることはすでに喫緊の課題となっている。気候変動が音の混乱の原因となっているという認識は、行動を起こすためのさらなる根拠となる。これは緊急の問題なのだ。生命記号論者のグレゴリー・ベイトソンはかつて、広くつながり合っていたどんな生態系の崩壊でも、その先触れとして、自然のコミュニケーション秩序の崩壊と自然のコーラスの消滅があるものだと述べた。[*101] 地球規模で見れば、騒音公害は化学物質による汚染と同じくらい著しい脅威なのである。

二〇一七年、ユネスコは今日の世界における音の重要性に関する決議を提案した。「音の環境は、すべての人類が他者との、そして世界との関係において、バランスを保つための重要な要素の一つである」と宣言するものだった。[*102] EUの海洋戦略枠組み指令では加盟国に騒音公害を監視し緩和することを求めたが、行動を起こした政府はほとんどなかった。科学的エビデンスの蓄積を考慮すると、同様の立法上の修正が続く可能性は高い。[*103] もしそうなら生物音響学の技術と、騒音による環境汚染の拡大された基準は、いつの日か世界中の環境保護規制の規範となるのではないか。

しかしこのような技術は規制当局の単なるツールではないと、ミシェル・アンドレは考えている。彼は次のように表現している。「デジタル技術のおかげで、私たちは新しい感覚――第六感のような――を発達させてきた。環境の声を聴き取る能力だ。私たちはイルカやクジラのように海の声を聴くことができる。しかしイルカやクジラよりさらに良いのは、私たちはどこでも、同時に、常時聴くことができるということだ。最終的にはこの洞察によって、私たち人間は自然との関係を再び結び、すでに失くしてしまったものを取り戻すことになるだろう」。

これらは新しい発見ではないのだと、彼は続ける。「私たちがアマゾンで活動していると、マイクロフォンからはたくさんの不思議な音が聞こえてくる。それを録音することはできるが、それが何かは私たちにはわからない。地元の人々はこの音が何なのかを説明することができる。その地に暮らしている人々は、これらの音を特定し、その生態系での文脈を理解する知恵と知識を持っている」[*104]。環境的な評価と法規制についての情報を伝える目的で、国際的生態音響指標を広める活動の一方で、アンドレは、科学の限界について人間はもっと慎み深くあるべきだと警告する。先住民族の知識を乗っ取ったり、勝手に利用したりすることは避けるべきだが、私たちは伝統的な知識から学習、再学習すべきことが多くある。

その土地に基づいた知識がなければ、生態音響学は単なる会計学の活動に過ぎない。つまりその音を理解することなしに、音を数えるということだ。デジタル技術による聴き取りとディープリスニング——特定の場所において生物の生きた共同体に耳を傾ける——を組み合わせることによってのみ、私たちの周りにある音の意味を理解することができる。そして音の意味を理解して初めて、私たちはその音を出す生き物を保護しようという気持ちになるのだ。これが理由で、科学者たちは音響モニタリングシステムを世界中に、海の最も深いところから未開拓林の奥深くまで、提供しているのである。[*105] 演奏家でありデータサイエンティストでもあるアリス・エルドリッジは、こうした生物音響ネットワークが音響によって初期の警告シグナルを具体化できる未来を想像している。地球消滅の証拠を挙げるだけでなく、手遅れになる前に行動を起こすきっかけを作るためだ。[*106] また地球の自然のサウンドスケープを保存しようという先住民族の指導者の声に共鳴して、ケチュアの年長者の次のような言葉を引用している。「聴こえる一続きの歌は数百万年もかかって書かれた交響楽のようだ。これは他に例のない、値段のつけようもない創造物だ。私たちはこれを破壊したり、消失させたりしてはならない」[*107]。

## 音の顕微鏡

系統樹の端から端まですべての生き物にとっての、音の普遍的な重要性を、私たちは今ちょうど理解し始めたところだ。小さな慎み深いサンゴから力強いクジラに至るまで、人間以外の生物の世界は、私たちが思うより音に対してずっと敏感である。人間以外の生き物の多くは音を使って、科学者たちがかつて理解していた以上にずっと複雑なやり方で、お互いにコミュニケーションをとっていた。デジタルな生物音響機器を使って私たちはこうした複雑な形式のコミュニケーションを録音することができる。また、人工知能を使うことによって、それを読み解くこともできる。

生物音響学と人工知能を組み合わせることで、人類は自分たち以外の生き物の意味づけの世界を覗く強力な新しい手段を手に入れた。人間はクジラのように歌ったり、ミツバチのようにブンブンうなったりすることはできないが、コンピュータと生体模倣型ロボットにはそれができる。デジタル技術が取り次ぐ異種間コミュニケーションの新しい時代を、人間はデジタル機器によって垣間見た。このことは環境保護の形を変容させるだけでなく、自然とは何か、人間であるとはどういう意味なのかという問題への答えを変えることになるかもしれない。森羅万象の声が再び聴こえ、私たちにとって意味のあるものとなった時、私たちはこの地球上でどのように生きることを選ぶだろうか。

こうした考え方の変化が、後になってどれほど広い範囲に及ぶものだったのかを理解するために、数世紀前に発明された別の革命的な技術がもたらした影響について考えてみよう。顕微鏡だ。歴史家キャサリン・ウィルソンが論じているように、顕微鏡は科学革命の根本的な触媒だった。なぜなら科学的な行為を変貌させたし、人類は自分たちの重要性を理解し、生物の世界との関係についても幅広い見方ができるようになったからだ。[*108] 生物音響学は、これと同じ程度まで人類の地球に対する関係を変化させる準備ができている。しかし、視覚によるのではなく、音に対する感性を広げることを通じてそれをするのだ。

小学校を卒業しただけのオランダ人織物商、アントン・ファン・レーウェンフックによって著名な科学者のもとへ持ち込まれた時、顕微鏡の持つ意味はすぐには理解されなかった。レーウェンフックの才能は顕微鏡を組み立てる――彼は五〇〇台も組み立て、そのうちの多くは前例のない結果を巻き起こした――ことにあっただけでなく、日常の世界を詳しく調べるという一風変わった習慣のうちにも発揮された。ガリレオが天空を眺めたのに対して、レーウェンフックは泉の水やカビ、シラミ、パン酵母、血液細胞、人間の母乳（彼の妻のもの）、それから精子（彼自身のもの）を眺めた。自作のガラスレンズに目を近づけた時、彼は驚くべきものを見た。微小動物――非常に小さな生き物が絶え間なく形や大きさを変化させていた――が視界いっぱいに踊ったり身体をくねらせたりしていたのである。文字通り、世界は小さくてくねくね動く奇妙な生き物で生き生きとしていた。その存在を人類はそれまで想像だにしていなかったのだ。

この奇妙なものを眼前にしてレーウェンフックは、あざけり笑われるのを恐れて初めのうちその発見を秘密にしていた。結局彼はロンドンの王立協会――当時の最先端の科学者団体――に手紙を書いた。[*109] 王立協会の研究者たちは最初この発見を懐疑的に見ていた。人は知覚できないものは存在しないと考える傾向があるという格言の通りだ。しかしレーウェンフックは強く主張した――私たちの世界にあるすべての隅や割れ目に生きている生き物の、肉眼では見られない不思議な新しい世界が拡大によって明らかにされたのだと。[*110] 眼鏡は書かれた言葉に焦点を合わせた。望遠鏡は星空を近くへ持ってきた。しかし顕微鏡は、今まで想像もしていなかったまったく新しい世界を開いて見せたのである。顕微鏡を詳しく調べるため代表を派遣した後、王立協会はとうとう彼の発見を認めた。[*111] レーウェンフックの研究論文はサー・アイザック・ニュートンの論文と並んで、当時の先進的な科学雑誌に発表された。[*112]

顕微鏡の数が激増するにつれて、科学者にとって、また哲学者にとっても同様に、原子論や機械論のようなさまざまな理論への関心を刷新しつつ、新しい可能性が表れた。顕微鏡の世界の探索――そして、生命の誕生と、感染症や病気の広がりの両方における微小生物の役割――は、ベーコンやデカルト、ロックなどといった哲学者たちを夢中にさせ、影響を与えた。顕微鏡が病原菌の存在を明らかにすると、病気について広く信じられていた考え方（例えば病気は悪臭や罪業によって起きるという理論など）は疑いをかけられ、排斥された。レーウェンフックによる顕微鏡の視覚の補装具――人間が新しいものを新しいやり方で見るのを助ける人工的な目――としての使用は、生命の暗号（ＤＮＡ）を含む数え切れないほどの未来の新発見の基礎を築いた。顕微鏡は人類が自身の目と自身の想像力の両方を使って新しく物を見ることを可能にしたのだった。

デジタル音響学は、同様の重要性を持った発明だ。顕微鏡のように科学的人工補装具として機能する。私たちの聴覚を広げながら、私たちの知覚的、概念的な限界を広げる。世界の、そして系統樹の反対側の新しいサウンドスケープに出会う時、私たちは情報と意味を運ぶ音の力について知る。だが、生き物を害したり傷つけたりする音の力も同時に知る。そうしている間に、私たちは地球という惑星をよりよく保護するために、この新発見の知識をどう使うかを学んでいるのである。

レーウェンフックが新しく組み立てた顕微鏡を通して覗いていた時と同じく、私たちはこの新しいデジタル音響技術によって明るみに出されたすべてを理解しているわけではない。今日私たちは、聴こえるとは想像もしていなかったものを聴いている。これはまったく新しいことでもないし（先住民族の伝統には人間以外の生き物の声を聴く強力な方法がある）、中立的なものでもない（デジタル技術は間違って使われたり、悪用されたりする場合がある）。しかし警告と安全装置を付けて、生物音響学は人類に対して人間以外の生き物の世界を覗く強力で新しい手段を提供している。生物音響学を通じて、私たちはあらゆる生き物が音を通じて意味を生み出すことの普遍性について学んでいる。人工知能の助けによって私たちは、異種間コミュニケーションにおける画期的な進歩の目前にいるのかもしれない。私たちが耳を傾ければ、不思議に満ちた世界が待ち構えているのだ。

# 謝辞

このプロジェクトは、スタンフォード大学の行動科学高度研究センター（Center for Advanced Study in the Behavioral Sciences）での、二〇一五年から一六年にかけての一年間の特別研究期間とともに始まった。レノア・アネンバーグとウォリス・アネンバーグによるコミュニケーション研究奨学金給付財団（Lenore Annenberg and Wallis Annenberg Fellowship in Communication）からの支援を受けたものだ。同じ年に、スタンフォードのスクール オブ アース、エネルギーと環境科学のコックス客員教授職を得た。ローズマリー・ナイト博士とマーガレット・リーヴァイ博士らを含む同僚や主催側の方々に謝意を表する。

本書の執筆に際し、以下の方々にインタビューを行った。ミシェル・アンドレ博士（カタルーニャ工科大学）、デビッド・バークレー博士（ニューブランズウィック大学）、ディヒア・ベルハビブ博士（エコトラスト）、ジェラルド・カーター博士（オハイオ州立大学）、キムバリー・デイヴィス博士（ニューブランズウィック大学）、クリスティーナ・デイヴィ博士（トレント大学）、リチャード・デューイ（ビクトリア大学）、カミラ・フェレイラ博士（ブラジル野生生物保護協会）、ジャクリーン・ジャイルズ博士、ティム・ゴードン博士（エクセター大学）、デビッド・ハネイ博士（ジャスコ）、キム・ジュニパー博士（カナダ海洋ネットワーク）、ミリアム・クノルンシルト博士（ベルリン自由大学）、ティム・ランドグラフ博士（ベルリン自由大学）、ローレン・ヘレン・マクウィニー博士（ヘリオット・ワット大学）、ケイティ・ペイン博士（コーネル大学）、ジュリア・ライリー博士（マッコーリー大学）、スティーブ・シンプソン博士（エクセター大学）、マルタ・ソレ博士（カタルーニャ工科大学）、クリスタ・トラウンス（バンクーバー港湾局）、モーガン・ヴィサリ博士（カリフォルニア大学サンタバーバラ校応用海洋保全センター）。

非常に優秀な大学院生で共同研究者となってくださったマックス・リッツ博士（現在、ケンブリッジ大学）との初期の研究中には（本書中には直接の引用はしていないものの）、以下の方々にもインタビューを行った。イアン・アグラナット（ワイルドライフ・アコースティックス）、ジェシー・バーバー博士（ボイシ州立大学）、エリン・ベイン博士（アルバータ大学）、クリストファー・クラーク博士（コーネル大学）、アルモ・ファリーナ博士（国際生態音響学研究所）、カート・フリストルプ博士（コロラド州立大学／国立公園局）、スーザン・フラー博士（クイーンズランド工科大学）、ジャンニ・パヴァン博士（パヴィア大学）、ケイティ・ペイン博士（コーネル大学）、アレックス・ロジャーズ博士（オックスフォード大学）、ホルガー・シュルツェ博士（コペンハーゲン大学）、マイケル・ストッカー（海洋保全研究）、ピーター・タイヤック博士（セント・アンドリュース大学）。

本書の内容は、以下のさまざまな機関で繰り返し口頭発表と議論を経ている。ケンブリッジ大学、オックスフォード大学、スタンフォード大学、トロント大学、オハイオ州立大学、ヴァーヘニンゲン大学、ウォータールー大学だ。また、国際環境コミュニケーション協会（International Environmental Communication Association）では基調講演を行った。聴衆の皆様からの論評や興味、懐疑、そして文援に対してお礼を申し上げる。

研究に重点を置いた書籍は、大勢の研究者たちとの対話や資料収集から生まれる場合が多い。意見や提案をしてくださったのは以下の方々だ。ジョン・バロウズ、ジム・コリンズ、エイミー・クラフト、コートネイ・クレーン、ディルク・ブリンクマン、ジョナサン・フィンク、レイラ・ハリス、ニーナ・ヒューイット、ホルガー・クリンク、ローズマリー・ナイト、ケヴィン・レイトン・ブラウン、アラン・マックワース、レイモンド・ン、クリストファー・ライマー、マックス・リッツ、そしてダグラス・ウェブだ。「水の脱植民地化」のメンバーからは、インスピレーションを受け続けた。研究の手助けをしてくださったのは、以下の方々である。アマンダ・チェンバース、アリシア・フェリ、オリバー・ガドゥリー、ソフィー・ギャロウェイ、キャロライン・ハンナ、シャーロット・マイケルズ、ガブリエル・プラウエンズ、クレア・アデル・テリアス、ベントレー・ツェ、ソフィア・ウィルソンである。このような支援が可能となったのは、スタンフォード大学の地球・エネルギー・環境科学大学院（School of Earth, Energy and Environmental Sciences）と、スタンフォードの行動科学高度研究センターからの奨学資金があったことによる。また、カナダ社会科学・人文科学研究会議（Social Sciences and Humanities Research Council of Canada）とピエール・エリオット・トルドー財団（Pierre Elliott Trudeau Foundation）からの助成金もいただいた。協力してくださった方々、後援者の皆さん、研究資金を提供してくださった方々に対して、感謝を申し上げたい。

エンドレスな執筆と書き直しに忍耐強く付き合ってくれた私の娘たちと夫に対して多謝。ロビン・ウォール・キマラー、エイメ・クラフト、モニカ・ガリアーノ、スザンヌ・シマード、ケイティ・ペインに、そしてカミラ・フェレイラは「もし、なら」の疑問を出して、科学的手法の力を認めつつも、そこにはまだ――科学を超える――何かがあることをも認知しているという、緊張感を持った生き方を示してくれた。感謝している。物語の語り手であり、冒険家、歴史家、また道化師であり手品師、そして友人である叔父のジョン、書くことと屋外で眠ることを私に教えてくれたシルビア・バウアーバンクにも感謝を伝えたい。ルイーズ・マンデル、賢明なオッターウーマンは土地、法律、そして同族としての人間以外の生命について教えてくれた。エイメ・クラフトには水と脱植民地化、そして霊魂について教えられた。ジュディ・シュミットはタバコについて教えてくれた。光が差し込んで、あなたの庭が長く育ち続けますように。アン・ゴーサッチから学んだミツバチのこと、場を整えること。コートネイ・クレーンは才能ある目と優しい存在感に満ちていた。ニーナ・ヒューイットからの一番必要な時の励ましの言葉。デビッド・エイブラムは林の中に入ったらどんな注意が必要か教えてくれた。デーンザー族の領地にあるモバリー湖ではケイレブ・ベーンとその仲間たちからバノックについて、親密な関係、そしてホームについて教えられた。感謝に堪えない。

サギー・ナアチー／ピース川からは最も大切な教えを受けた。耳を傾けて聴くことだ。サギー・ナアチー川は強大なマッケンジー水系の支流で、カナダのアマゾン川のような存在だ。桁外れの生物多様性と美にあふれる場所。低木の茂みでキャンプをしながら、この地域で研究して過ごした時間には最も重要な教えがいくつもあった。この地の工業化――林業、石油と天然ガス、水力、石炭、そして今や再生可能エネルギーの利用――が急速に進むにつれて、人間が存在することによる影響の累積がいかにランドスケープを、同様にサウンドスケープを劣化させてきたかを、この目で、この耳で確かめることになった。本書がその償いの一助にでもなればと願っている。

最後になったが、編集者アリソン・カレットに感謝を述べたい。その忍耐と穏やかな指導がなければ、本書は日の目を見なかっただろうと思う。本書の評者の皆さんとプリンストン大学出版会の皆さんにも謝意を表したいと思う。

# 訳者あとがき

この書物の翻訳に励んでいた二〇二三年八月、著者カレン・バッカー、ブリティッシュ・コロンビア大学教授が亡くなった。オックスフォード大学でローズ奨学生として博士号を取得し、アネンベルク財団の特別研究員として、環境ガバナンスとデジタル・トランスフォーメーションの研究を行うなど、多数の研究業績を残している。TED TalkやGoogle Talkで本書について語るバッカー氏は、穏やかな中にある知性の煌めきと、生き物への敬意あふれる話しぶりで、私はしだいに親しみを抱くようになった。さまざまな生き物たちの姿、その研究者たちの苦難の研究過程と成果を一文一文たどりながら、私は著者と直接知り合ったような気持ちだった。日本語の最初の読者になれたことは私の誇りだ。衷心よりご冥福をお祈りしたいと思う。

その二〇二三年八月、私はまだ第4章の半ばにいた。ジャクリーン・ジャイルスとカミラ・フェレイラは、カメは声を出さないし、聴力もおそらくないだろうという大多数の爬虫類・両生類学者に対して異議を申し立てた。そればかりか、カメの音声コミュニケーションの多様さが複雑な社会構造の存在を示唆しているという主張を始めるに至る。足元の悪い湿地帯でハイドロフォン録音機などの機材を運び、二三〇日もの時間をオーストラリアの野外で過ごしたジャイルス。フェレイラはアマゾンのカメの出す、ただしめったに出さない、ごく小さな、低い音のサンプルを集めていた……。好奇心に導かれて苦難の道を突き進んでいく研究者たちの姿を、著者は敬愛を込めて丹念に描いていた。

感染症の蔓延で仕事がすべて在宅となり、ステイホームが合言葉になった時、私が手を出したのはバードウォッチングだった。倍率八倍の双眼鏡と小さな図鑑を手に入れて、鳥の世界に関心を向けた。今も初心者の域を出ていないが、鳥の名前がわかることは単純にそれだけでおもしろかった。知らない間は、ああ「鳥」が鳴いていると思うだけで、姿を見てもスズメとカラス、ハト以外は、全部「鳥」だった。双眼鏡を手に入れて、観察を始めると、それまで「いろいろなカモ」だった近所の池の水鳥は、名前の他に姿の特徴や鳴き声など、気がつくことが増えていく。知っているか知らないか、見えるか見えないか、その違いは大きい。

コーネル大学研究室が作ったBirdNETアプリが本書で紹介されている。昨年春、訪れたボストンでは、同じコーネル大学の作成したアプリMerlin Bird IDを活用した。街なかでも特徴あるさまざまなさえずりが明るくにぎやかに響いていて、その鳴き声を録音し、種類を調べ、出会った場所とともに記録した。その時の記録が（時にそばにいる人の声とともに）旅の思い出としてアプリ内に残っている。音声だけでなく、姿の特徴に関する質問に答えたり、自分が撮った写真からでも識別できる。名前がわかるだけで、感じる親しみは格段に深まる。次に出会った時にその名前を呼べることが嬉しい。

さっきからチッチッチ、チッチッチ、チッチッチ、と鳴いている虫は何だろう。ここ数日、夕方になると家の裏手で鳴く虫。そのままの質問をグーグル検索にかけると、「カネタタキ」とわかった。短い羽根を細かく動かして音を出す姿を、その音とともにYouTubeで確認する。見えたり聴こえたりするもので、知りたいと思えば、今は簡単に調べがつく時代なのだ。

ところが、本書『饒舌な動植物たち』は、存在しているのに人間の耳では聴こえない音の世界に、私たちの耳で聴き取ることができない周波数や、頻度、音量で交換されている、人間以外の生き物たちの情報の世界があることに気づかせてくれる。章から章へと驚きの連続だ。クジラが繁殖の相手に何百キロも先から呼びかけ、アマゾンのカメは人間の耳では聴き取れない音で卵の中から母親と声を掛け合うという。魚の幼生たちはサンゴ礁の音を道しるべに、はるかかなたから泳ぎ集まってくる。

私が岡山の山奥で子どもだった頃、また子どもたちを連れて毎年夏をそこで過ごしていた頃は、山全体がうなるような大音量でヒグラシの声が響いていたものだ。一日の終わり、遊び時間のカウントダウンのようで、今思い出しても胸がキュンとなる。最後に実家で過ごした五年前の夏にも、ヒグラシの声は谷間を渡って波のように寄せたり返したりしていた。だが声量はかなり失われていた。温暖化など環境の変化が原因なのだろうが、聴こえればこそ気がつくことだ。だが本書では、デジタル技術が人間の耳には届かない音を見つけ出し、その変化を検知する。ある場所全体を音の風景、サウンドスケープの姿としてデジタルに観察し、その変化を生物たちの生態系の変化として捉え直すことができるのだ。自然と人間を隔てると考えられがちなデジタルテクノロジーが、人間の耳に届かない音の世界を人間に近づけてくれる。

本書のもう一つの楽しみは、ジャイルスやフェレイラのような研究者たちの苦労と、その先に見えてくる新しい世界を知ることにある。ミツバチが巣の仲間に餌のありかを教えるミツバチダンスは今では有名な話だ。しかし、それをハイテク機器がない時代、しかも第二次世界大戦のさなかに、カール・フォン・フリッシュが、どのように証明したのかは、科学者でない読者にも息を飲むおもしろさだ。ミツバチの研究はその後、ロボット工学とエンジニアリングの分野で「群知能」の進歩を促進することにつながっていく。サンゴ礁の研究者ティム・ゴードンは白化して死んでいくグレート・バリア・リーフの惨状に直面し、衰え死んでいくサンゴ礁をその音の変化から記録に残す研究に取り組んだ。聴覚がないとされる魚の幼生たちが健康なサンゴ礁の音を聴き取ることを突き止めると、その後の研究はサンゴ礁再生プロジェクトへとつながっていく。誰が、どこで、何に気がつき、将来のどこにつながっていくのか、それを著者は淡々と、それでいて興味深く語ってくれた。

聴こえなかったものが聴こえるようになる時、生き物たちが情報交換をしている姿が見えるようになる時、そこに人間の言語のようなものがあるのか、認知能力は、感情は、あるのか、といったことが注目される。ここでも、新しいテクノロジーがさまざまな能力を発揮して、人間の好奇心、探求心の助けとなる。しかし、デジタル機器によって聴くことは、いわば「強化された盗み聞き」の形式で、その意味を理解することはできないと著者は言う。その場所で他者にじっくりと耳を傾けるという実体験に比べると、デジタルなデータはたいした代わりにもならない。

デジタルテクノロジーが明らかにしてくれることを、私たちは何にどう使うのか。自然や生き物たちを人間の目的に仕えるようにさせ、より深く搾取する目的で使用するのか。そうではないだろう。これまで人間が地球上で一人勝ちの存在になっていることを、私たちは知らなければならなかった。人間以外の生物の聴覚や身体や、人間とは異なる周波数で連絡を取り合っている生き物たちの生命に関わるコミュニケーションに、人間の活動が危害を及ぼしていることに気がつかなければならなかった。聴こえないものは存在しないかのように、言語や認知能力は人間にしかないかのように思い込んでいる自分勝手な人間は、新しいデジタルテクノロジーによって、謙虚な地球生物の一種となるべきだったのだ。

アマゾンの先住民族、カマユラ族の人々が伝統的に「良い聴き手」と呼んできたのは、人間以外の存在と常に打ち解けて会話をしながら、その音を感じ、覚えていて、それを再生することも、語ることもできる技だ。私たちは可能な限り「良い聴き手」となるべきなのだと、著者は今後も繰り返し言いたかったことだろう。人間のバイアスを介さないで自然を見て、深く耳を傾けて聴き、生き物に対して地球という環境を共有する仲間なのだと考えるようにと。

今回もまた興味深い翻訳に声をかけてくださった築地書館の土井二郎社長に、お礼を申しあげたい。また、編集の黒田智美さんには丁寧に訳文を見ていただいた。コメントを書き込んだワードデータではなく、プリントアウト上で検討したいという私のわがままを聞いてくださったことに、心から感謝している。几帳面な手書きの文字に大変励まされた。

二〇二四年九月

千葉県柏市の自宅にて

和田佐規子

# 図版出典

すべて wikimedia commons より。

第 1 章　Humpback Whale Underwater (37209287981)（ザトウクジラ）/National Marine Sanctuaries

第 2 章　A bowhead whale breaches off the coast of western Sea of Okhotsk by Olga Shpak, Marine Mammal Council, IEE RAS（ホッキョククジラ）/Olga Shpak

第 3 章　Loxodonta cyclotis 3970039（マルミミゾウ）/Matt Muir

第 4 章　Tabuleiro de Monte Cristo, Pará (40320114112)（オオヨコクビガメ）/Ibama from Brasil

第 5 章　Agincourt Reef, Great Barrier Reef, Queensland (483733) (9443486998)（グレート・バリア・リーフ）/Robert Linsdell from St. Andrews, Canada

第 6 章　PermaLiv sukkererter 20-08-20（エンドウマメ）/Øyvind Holmstad

第 7 章　Rousettus aegyptiacus 2 - Israel（エジプトルーセットオオコウモリ）/גיזונים - MinoZig

第 8 章　Apis mellifera - Melilotus albus - Keila2（セイヨウミツバチ）/Ivar Leidus

第 9 章　Atlantic Spotted Dolphin（タイセイヨウマダライルカ）/Bmatulis

第 10 章　Posidonia oceanica (L)（ポシドニア・オセアニカ）/Frédéric Ducarme

# 参考文献

本書の参考文献は、築地書館ウェブサイト（https://www.tsukiji-shokan.co.jp/mokuroku/ISBN978-4-8067-1674-7.html）をご参照ください。

＊12　Warkentin (2005, 2011).
＊13　Fabre et al. (2012); Hill and Wessel (2021); McKelvey et al. (2021).
＊14　Hill and Wessel (2021).
＊15　Hill and Wessel (2021).
＊16　Hutter and Guayasamin (2015).
＊17　Raick et al. (2020).
＊18　Cerchio et al. (2020).
＊19　Buxton et al. (2016).
＊20　Dimoff et al. (2021).
＊21　Freeman (2012); Freeman and Hare (2015).
＊22　Derryberry et al. (2020); Halfwerk (2020).
＊23　Warkentin (2005).
＊24　Zwart et al. (2014).
＊25　Durette-Morin et al. (2019); Visalli et al. (2020).
＊26　Thorley and Clutton-Brock (2017).
＊27　Piniak (2012); Piniak et al. (2018); Tyson et al. (2017).
＊28　Clay et al. (2019); Gazo et al. (2008).
＊29　Ausband et al. (2014).
＊30　King et al. (2017).
＊31　Suraci et al. (2016).
＊32　W. B. Romano et al. (2019).
＊33　Gordon et al. (2019).
＊34　French et al. (2020).
＊35　Clark et al. (2012).
＊36　Piitulainen and Hirskyj-Douglas (2020).
＊37　Partan et al. (2009, 2010); Rundus et al. (2007).
＊38　Narins et al. (2005).
＊39　Steiner et al. (2017).

＊91　Tamman (2020).
＊92　For more on the International Quiet Ocean Experiment (or IQOE), 以下のウェブサイトを参照。https://www.iqoe.org/. 以下の文献も参照。Tamman (2020).
＊93　Basan et al. (2021); Denolle and Nissen-Meyer (2020); Derryberry et al. (2020); March et al. (2021); Nuessly et al. (2021).
＊94　Čurović et al. (2021). 以下の文献も参照。Coll (2020); Cooke et al. (2021); Ryan et al. (2021).
＊95　Asensio, Aumond, et al. (2020); Asensio, Pavón, et al. (2020); Lecocq et al. (2020); Silva-Rodr.guez et al. (2021); Vishnu Radhan (2020).
＊96　Sueur et al. (2019).
＊97　Siddagangaiah et al. (2021).
＊98　Burivalova et al. (2019); Chen et al. (2011); Francis et al. (2017); Gibbs and Bresich (2001); Larom et al. (1997); Narins and Meenderink (2014); Oliver et al. (2018); Parmesan and Yohe (2003); Sugai et al. (2019).
＊99　Oliver et al. (2018).
＊100　Sueur et al. (2019). 以下の文献も参照。Krause and Farina (2016).
＊101　Harries-Jones (2009).
＊102　UNESCO (2017).
＊103　Chou et al. (2021); Duarte et al. (2021).
＊104　Michel André と Marta Solé への 2021 年 11 月のインタビューより。
＊105　例えば以下の文献を参照。Williams et al. (2018); Zwart et al. (2014).
＊106　Eldridge (2021).
＊107　Eldridge (2021, 4).
＊108　Wilson (1997).
＊109　Coghlan (2015).
＊110　Poppick (2017).
＊111　Royal Society (n.d.).
＊112　Ford (2001).

### 付録　生物、および生態音響学に関する研究概観

＊1　生物音響学はさまざまな技術の集合体である。音を捉えるレコーディング機器、そのデータを分析し分類する人工知能のアルゴリズム、データを保存し処理するコンピュータ、情報を共有するインターネット、そして私たちの生活にこうしたデータを運んでくるアプリである。
＊2　Vallee (2018).
＊3　Jacoby et al. (2016).
＊4　Gibb et al. (2019); Lucas et al. (2015); Wrege et al. (2017).
＊5　Frommolt and Tauchert (2014).
＊6　Isaac et al. (2014); Klingbeil and Willig (2015).
＊7　Supper and Bijsterveld (2015).
＊8　Cocroft et al. (2014); Hill (2008); Hill and Wessel (2016, 2021); Hill et al. (2019).
＊9　Cocroft and Rodr.guez (2005); Cocroft et al. (2014); Gagliano, Mancuso, et al. (2012); Gagliano, Renton, et al. (2012); Hill and Wessel (2016); Maeder et al. (2019); Michelsen et al. (1982); Mortimer (2017).
＊10　Cocroft et al. (2014); Hill (2008); Hill and Wessel (2016); Narins et al. (2016).
＊11　Hill (2008).

（コンプレッサーと天然ガス採掘場で使われる機械類の音を再生する）でも同様の結果が得られている――60万か所の新しいガス井戸が過去20年間に北米中で掘削されていることを考えると心配な状況だ。

＊69 Barber et al. (2011); Buxton et al. (2017).

＊70 Mariette et al. (2021). 以下の文献も参照。Nedelec et al. (2014); Rivera et al. (2018).

＊71 Jain-Schlaepfer et al. (2018).

＊72 Buehler (2019). 以下の文献も参照。Fakan and McCormick (2019).

＊73 Boudouresque et al. (2006, 2016); Hemminga and Duarte (2000); Lamb et al. (2017); UNEP (2020).

＊74 Boudouresque et al. (2009); Capó et al. (2020); Edwards (2021); Green et al. (2021); Jord. et al. (2012); Krause-Jensen et al. (2021).

＊75 Andr. et al. (2011); Solé et al. (2013a, 2013b, 2016, 2017, 2018, 2019, 2021a, 2021b).

＊76 den Hartog (1970).

＊77 Arnaud-Haond et al. (2012).

＊78 海洋生物は平衡胞のおかげで方向把握、平衡、音の検知、重力の認識が可能だ。平衡胞は水中で分子の運動と圧力を検知する魚の内耳に似た機能がある。耳のない頭足類では平衡胞は頭部の軟骨の中に位置している。頭足類の発生後の初期段階では、感覚毛細胞が頭部と腕に沿った側線状に分かれて配置される。タコがどのようにして、耳がないのに獲物や捕食動物を見つけることができるのか、それも特に暗い場所でそれができるのか、これで説明がつく。平衡胞と感覚毛細胞が並んだ複数の腕を使って、タコはごく微かな音でも水の中の振動で感じ取るのだ。

＊79 2種類のノイズ周波数が使用された。スキャニングおよびトランスミッション電子顕微鏡技術である。以下の文献を参照。Solé et al. (2013b).

＊80 Solé et al. (2018).

＊81 Solé et al. (2021a).

＊82 アミロプラストはデンプンを充填したプラスチドで、植物が水柱内で方向を定めるのを助ける。これは、音に敏感な平衡胞が海洋無脊椎動物の空間での方向を定めるのと似ている。アミロプラストは、私たちの細胞内のミトコンドリアのように、二重脂質膜に囲まれた独立した細胞小器官であり、独自のDNAを持っている。アミロプラストは内部膜区画内でデンプンを製造したり保存したりする時、細胞内で沈殿する。それによって植物内で重力信号伝達が引き起こされる（根の特定の部分にメッセージを送ることで、根が下方向に向かうように誘導する）。Solé et al. (2021a). 以下の文献も参照。Hashiguchi et al. (2013); Kuo (1978); Pozueta-Romero et al. (1991); Yoder et al. (2001).

＊83 Solé et al. (2021a).

＊84 Solé. et al. (2021a).

＊85 Michel AndréとMarta Soléへの2021年11月のインタビューより。

＊86 生態音響指数は、音響エネルギーの重要な側面を「聴覚シーン」で統合する数学的な関数である。指標にはさまざまな手法を採用できる。例えばシグナル対ノイズの比率や、エネルギーのスペクトル分布を計算する方法、またはデータを音響イベントに関連するパターンに分割する方法などだ。以下の文献を参照。Barchiesi et al. (2015); Kholghi et al. (2018).

＊87 生態音響学の指標は動的な基準だ。なぜなら、地球が動的にバランスを保って、空間と時間において永遠に進歩を続けるため、生態音響学指標も動的に進化していくからだ。

＊88 例えば以下の文献を参照。Bohnenstiehl et al. (2018).

＊89 Barzegar et al. (2015); Basner et al. (2017); Bates et al. (2020); Cantuaria et al. (2021); Dutheil et al. (2020); Thompson et al. (2020).

＊90 Boyd et al. (2011).

＊35　Barlow and Torres (2021).
＊36　Lavery et al. (2010); Pershing et al. (2010); Roman et al. (2014).
＊37　Chami et al. (2019).
＊38　IPCC (2019).
＊39　Poloczanska (2018).
＊40　Abecasis et al. (2018); Cooke et al. (2011); Cowley et al. (2017); Currier et al. (2015); Haver et al. (2018); Steckenreuter et al. (2017).
＊41　Proulx et al. (2019).
＊42　Jones et al. (2020); McWhinnie et al. (2018); Siders et al. (2016).
＊43　Cooke et al. (2017); Hays et al. (2016); Wilmers et al. (2015).
＊44　私たちが過去には到達できなかった場所で、動物を観察し音を聴く能力が向上したことで、生物音響学の新しい手法が移動生態学の分野で発展することとなった。移動生態学とは、生物が空間と時間を通じてどのように移動するかを理解しようとする科学的分野である。以下の文献を参照。Nathan et al. (2008); Fraser et al. (2018).
＊45　Chalmers et al. (2021); Dodgin et al. (2020).
＊46　Burke et al. (2012).
＊47　Braulik et al. (2017); Showen et al. (2018); Woodman et al. (2003, 2004). 以下の文献も参照。Gibb et al. (2019).
＊48　Culik et al. (2017); Cur. et al. (2013); Omeyer et al. (2020).
＊49　例えば以下の文献を参照。Todd et al. (2019).
＊50　Clark et al. (2009).
＊51　Chou et al. (2021).
＊52　Lindsay (2012).
＊53　Erbe et al. (2019).
＊54　Boyd et al. (2011).
＊55　Duarte et al. (2021).
＊56　Rolland et al. (2012).
＊57　Jariwala et al. (2017); Passchier-Vermier and Passchier (2000).
＊58　この発見にもかかわらず、連邦政府は石油と天然ガスの調査会社に対して、東海岸沖の海底地図を作り掘削する可能性のある場所を探査するために、人工地震を起こす大砲を使うことを許可した。Struck (2014).
＊59　Jones et al. (2020).
＊60　Charifi et al. (2017); Erbe et al. (2018); Kaifu et al. (2007).
＊61　de Soto et al. (2013); Hawkins et al. (2015); McCauley et al. (2003); Popper and Hastings (2009); Richardson et al. (1995).
＊62　Fewtrell and McCauley (2012); Kostyuchenko (1971); McCauley et al. (2017); Neo et al. (2015); Pearson et al. (1992).
＊63　Di Franco et al. (2020); Dwyer and Orgill (2020); Erbe et al. (2018); Kavanagh et al. (2019).
＊64　Francis and Barber (2013); Kight and Swaddle (2011); McGregor et al. (2013).
＊65　メタレビューに関しては、以下の文献を参照。Barber et al. (2010); Duquette et al. (2021).
＊66　これはロンバート効果として知られているものである。例えば以下の文献を参照。Brown et al. (2021).
＊67　Gomes et al. (2021).
＊68　Cinto Mejia et al. (2019); McClure et al. (2013, 2017); Ware et al. (2015).「ファントム・ガス田」

ジラの観察された合計死亡率は、生息数の4%と推計された。以下を参照。Davies and Brillant (2019); Daoust et al. (2017); Johnson et al. (2021); Koubrak et al. (2021); Sharp et al. (2019).

＊8　Davies and Brillant (2019); Department of Fisheries and Oceans (2017).

＊9　Gavrilchuk et al. (2021). 以下の文献も参照。Williams (2019).

＊10　Davies and Brillant (2019).

＊11　北大西洋のセミクジラ死亡率の詳細はNOAAが記録している。以下のウェブサイトを参照。https://www.fisheries.noaa.gov/national/marine-life-distress/2017-2021-north-atlantic-right-whale-unusual-mortality-event.

＊12　Parks et al. (2011).

＊13　Davis et al. (2020).

＊14　CBC News (2020). 以下の文献も参照。Gervaise et al. (2021).

＊15　Government of Canada (2021a).

＊16　Government of Canada (2021b).

＊17　カナダ船舶法第38条第1項は、カナダの国際的義務を実施する規則の違反に対して、最大100万ドルの罰金または最大18か月の懲役刑、あるいはその両方を科すことができると規定している。以下を参照。Koubrak et al. (2021).

＊18　すべての漁業者は、固定漁具を使用する際には弱いロープのみを使用することが求められる。クジラが絡まった場合にロープが切れて自己脱出できるようにするためだ。また、「ゴーストギア」と呼ばれる大規模な取り組みが始まり、失われたネットやロープ、釣り糸の回収に資金を提供している。これらの放棄された漁具は、クジラにとっても大きな脅威となるからだ。

＊19　Durette-Morin et al. (2019). 以下のウェブサイトも参照。http://whalemap.ocean.dal.ca/.

＊20　Lostanlen et al. (2021).

＊21　Carnarius (2018); International Chamber of Shipping (2020).

＊22　Channel Islands National Marine Sanctuary (n.d.).

＊23　Morgan Visalliへの2020年11月のインタビューより。以下の文献も参照。Visalli et al. (2020).

＊24　Olson (2020).

＊25　同様のシステムはすでに使用されており、北大西洋のセミクジラでいくらか成果が上がっている。以下の資料を参照。National Geographic (2020); NOAA Fisheries (2020a, 2020b); Nrwbuoys.org (2020).

＊26　Baumgartner et al. (2019).

＊27　Abrahms et al. (2019).

＊28　ホエール・セーフの音響データは継続して監視され、2時間ごとに新しいデータが送られる。映像データはホエール・アラート（一般市民のための科学アプリ、ホエール・ウォッチングや観光、ボート遊びの最も盛んな季節にはさらに活動が増える）と、スポッター・プロ（本格的なナチュラリストや科学者に使用されているアプリ）を経由して供給される。クジラのために有利な海洋条件に関するモデリングデータは毎日更新される。船舶の位置情報も毎日更新されるが、更新には2〜3日の遅れが発生する。

＊29　Fox (2020); Olson (2020); Simon (2020).

＊30　以下のウェブサイトを参照。http://www.whalealert.org.

＊31　CBC News (2019); Jeffrey-Wilensky (2019); Lubofsky (2019); Murray (2019).

＊32　Davies (2019); Durette-Morin et al. (2019).

＊33　Barlow and Torres (2021); Barlow et al. (2018, 2020, 2021); Torres (2013); Torres et al. (2020).

＊34　New Zealand Supreme Court (2021).

Swain et al. (2011); Vaughan et al. (2000); Wahby et al. (2018a, 2018b).
＊65　Moore et al. (2017). 以下のウェブサイトも参照。https://vihar.lis-lab.fr/.
＊66　Mac Aodha et al. (2018); Bonnet et al. (2019); Brattain et al. (2016); Carpio et al. (2017); FitBark (2020); Haladjian, Ermis, et al. (2017); Haladjian, Hodaie, et al. (2017); Kreisberg (1995); Neethirajan (2017); Oikarinen et al. (2019); Siddharthan et al. (2012); Yonezawa et al. (2009).
＊67　Bonnet et al. (2019); Schaeffer (2017).
＊68　Garnett et al. (2018); Kimmerer (2013); Schuster et al. (2019).
＊69　Ansell and Koenig (2011); Kyem (2000); Louis et al. (2012); Pearce and Louis (2008); Pert et al. (2015); Rundstrom (1995).
＊70　Dowie (2009); Rundstrom (1991).
＊71　Carroll et al. (2019); Global Indigenous Data Alliance (2020); Kukutai and Taylor (2016); Kyem (2000); Rundstrom (1995).
＊72　Hagood (2018).
＊73　Ritts and Bakker (2021).
＊74　Carroll et al. (2019).
＊75　Lovett et al. (2019).
＊76　Kukutai and Taylor (2016).
＊77　Watts (2013).
＊78　Salm.n (2000).
＊79　Cruikshank (2012, 2014); Hall (2011); Kimmerer (2013).
＊80　Deloria (1986, 1999).
＊81　TallBear (2011).
＊82　Watts (2013, 2020).
＊83　Kimmerer (2017, 251).
＊84　Kimmerer (2017, 131).
＊85　Low et al. (2012).
＊86　Marino et al. (2007); Reiss (1988); Reiss et al. (1997); Whitehead et al. (2004); Whitehead and Rendell (2014).
＊87　例えば以下の文献を参照。Andrews and Beck (2018).
＊88　例えば、ハウザー、チョムスキー、フィッチに対するピンカーとジャッケンドフの間の論争を参照。Fitch (2005, 2010); Fitch et al. (2005); Hauser et al. (2002); Pinker and Jackendoff (2005).
＊89　Hurn (2020); Kulick (2017).

## 第10章　命の系統樹の音に耳を傾ける

＊1　Pershing et al. (2015).
＊2　Record et al. (2019).
＊3　Clark et al. (2010); Davis et al. (2017, 2020); Grieve et al. (2017); Meyer-Gutbrod and Greene (2018); Meyer-Gutbrod et al. (2018); Record et al. (2019); Scales et al. (2014); Simard et al. (2019); Woodson and Litvin (2015).
＊4　Alm.n et al. (2014); Grieve et al. (2017); Wishner et al. (2020).
＊5　MacKenzie et al. (2014).
＊6　Stokstad (2017).
＊7　ジラの死亡数は米国とカナダで別々に集計されている。2017年の海運業や漁業による北米のセミク

＊41　Dolensek et al. (2020); Girard and Bellone (2020).

＊42　Neff (2019).

＊43　Roemer et al. (2021).

＊44　BirdNETに関しては以下を参照。Kahl et al. (2021). 以下の文献も参照。Gupta et al. (2021); Zhang et al. (2021);

＊45　この問題は、異なる音響環境をシミュレーションするために、トレーニング用のデータに背景音を補うことで対処できる。以下を参照。Krause et al. (2016); Salamon and Bello (2017).

＊46　Fairbrass et al. (2019); Salamon and Bello (2017).

＊47　Wndchrumは天文学上のデータセット（銀河の循環に関して新しい見方を明らかにする）や、ポップソング（1950年代以降、より哀しいものや怒りを表す傾向が見られる）にも、分析に使用されてきた。さらには視覚的な芸術に関しても、Wndchrumは印象派と表現主義、シュルレアリスムの区別もできる（90%を超える正確さで）。以下の文献を参照。Kuminski et al. (2014); Napier and Shamir (2018); Shamir et al. (2008, 2010).

＊48　Bergler et al. (2021); Bermant et al. (2019); Kaplun et al. (2020); Lu et al. (2020); Mac Aodha et al. (2018); Shamir et al. (2014); Usman et al. (2020); Wang et al. (2018); Zhang et al. (2019).

＊49　Abbasi et al. (2021); Coffey et al. (2019); Fonseca et al. (2021); Hertz et al. (2020); Ivanenko et al. (2020); Marconi et al. (2020).

＊50　Barbieri (2007); von Uexküll (2001, 2010). 以下の文献も参照。Schroer (2021); Tønnessen (2009).

＊51　Mancini (2011). 以下の文献も参照。Hirskyj-Douglas et al. (2018); Mancini (2016).

＊52　Bozkurt et al. (2014); Byrne et al. (2017); Valentin et al. (2015).

＊53　French et al. (2020).

＊54　Neethirajan (2017).

＊55　Aspling (2015); Aspling and Juhlin (2017); Aspling et al. (2016, 2018); Barreiros et al. (2018); Grillaert and Camenzind (2016).

＊56　van Eck and Lamers (2006, 2017).

＊57　French et al. (2020).

＊58　Baskin and Zamansky (2015); Lee et al. (2020); Piitulainen and Hirskyj-Douglas (2020); Pons and Jaen (2016); Webber et al. (2017a, 2017b, 2020); Westerlaken (2020); Westerlaken and Gualeni (2014); Zeagler et al. (2014, 2016).

＊59　Cianelli and Fouts (1998); Fouts et al. (1984); Gardner and Gardner (1969); Gisiner and Schusterman (1992); Herman et al. (1984); Pepperberg (2009); Reiss and McCowan (1993); Schusterman and Krieger (1984, 1986); Sevcik and Savage-Rumbaugh (1994).

＊60　Amundin et al. (2008); Boysen and Berntson (1989); Egelkamp and Ross (2019); Herman et al. (1984, 1990); Kilian et al. (2003); Kn.rnschild and Fernandez (2020); Pepperberg (1987, 2006, 2009); Reiss and McCowan (1993); Savage-Rumbaugh and Fields (2000); Schusterman and Krieger (1984, 1986).

＊61　Landgraf et al. (2011, 2012, 2018).

＊62　Bonnet et al. (2018); Bonnet and Mondada (2019).

＊63　Hofstadler et al. (2017); Wahby et al. (2016).

＊64　Bonnet et al. (2018); Cazenille et al. (2018); Gribovskiy et al. (2015); Griparić et al. (2017); Halloy et al. (2007); Katzschmann et al. (2018); Landgraf et al. (2012); D. Romano et al. (2017a, 2017b, 2019); W. B. Romano et al. (2019); Shi et al. (2014); Stefanec et al. (2017);

＊18 Pepperberg (2009).
＊19 Ralls et al. (1985).
＊20 Eaton (1979).
＊21 Stoeger et al. (2012).
＊22 Hurn (2020).
＊23 Herzing (2010).
＊24 Kohlsdorf et al. (2013); Ramey et al. (2018).
＊25 Herzing (2014, 2015, 2016); Herzing and Johnson (2015); Herzing et al. (2018); Kohlsdorf et al. (2014, 2016).
＊26 Hooper et al. (2006); Kaplan et al. (2018); Marino et al. (1993, 1994); McCowan and Reiss (1995, 1997); Morrison and Reiss (2018); Reiss and Marino (2001); Sarko and Reiss (2002).
＊27 Reiss and McCowan (1993).
＊28 Meyer et al. (2021); Woodward et al. (2020a, 2020b).
＊29 以下のウェブサイトを参照。http://www.m2c2.net/.
＊30 手動でのラベル付けは次のように行われた。まずボランティアには拡大されたスペクトログラムの画像が提示され、画像をクリックすることでそれに対応する音声を聴く。それからプロジェクトのデータベースから無作為に選ばれたコール音を聴く。一致するものを見つけるとボランティアはスペクトログラムをクリックし、結果は一致した一組として保存された。大勢のボランティアでこの作業を繰り返すことにより、組み合わせの結果は信頼性が増した。
＊31 Mager et al. (2021).
＊32 新しい技術には逆翻訳と合成トレーニングデータの使用が含まれる。しかしながらこれらの技術は不完全で、AIアルゴリズムはよくある欠陥（あまりにも文字通りの解釈、口頭語での成果の低さ、異なるダイアレクトの合成）にまだ対処できない。
＊33 過去10年の間に、ディープラーニング（人工ニューラルネットワークとも呼ばれる）という機械学習の特殊なタイプのものが採用されるようになり、機械翻訳と機械読解を含む自然言語処理（NLP）に目覚ましい成果をもたらしている。これらのニューラルネットワークは単語とシーケンスをベクトル（実数の方向性シーケンス）として記号化することを学習する。ニューラルネットワークの重要な革新とは、ベクトルが伝統的な言語学的構造や規則に従わないということだ。そのかわりに、これらのベクトルに対して適用される数学的な操作が文を生成するのだ。言い換えると、ニューラルネットワークが獲得した言語学的な能力は、言語学的な規則や構造に関する旧来の知識に依存していないということだ。以下の文献を参照。Linzen and Baroni (2021).
＊34 Mikolov et al. (2013).
＊35 Artetxe et al. (2017); Conneau et al. (2017).
＊36 Ethayarajh (2019); Ethayarajh et al. (2018); Schuster et al. (2019). 以下の文献も参照。Dabre et al. (2020).
＊37 Acconcjaioco and Ntalampiras (2021); Huang et al. (2021); Wolters et al. (2021).
＊38 Chung et al. (2018).
＊39 人間以外の生物の辞書を作るために必要なもう一つの構成要素は、生物の発音を示す標準化された記号体系だ。2021年、計算言語学者ロバート・エクルンドはanimIPA――国際音声アルファベット（IPA）の人間以外の生き物版――の創設を提案した。これは、人間以外の生き物に特徴的な音声（ゴロゴロいう声やうなり声のような呼気音や吸気音の空気の流れ）を集めて、発音の記号を標準化したチャート上に示すというものだ。結果的にそれはユニコードとなる。
＊40 Bekoff (2002); Bekoff et al. (2002); De Waal (2016); De Waal and Preston (2017); Dolensek et al. (2020); Panksepp (2004); Preston and De Waal (2002).

＊68　Lockwood (2008).
＊69　Kosek (2010); Moore and Kosut (2013).
＊70　Ebert (2017); Leek (1975).
＊71　Rangarajan (2008).
＊72　Scheinberg (1979).
＊73　Cook (1894); Crane (1999); Crane and Graham (1985); Gimbutas (1974); Lawler (1954); Posey (1983); Ransome (2004); Sipos et al. (2004); Stillwell (2012).

## 第９章　地球生命のインターネット

＊1　Reiss et al. (2013).
＊2　鏡像自己認識テストは、動物が視覚的自己認識能力を持っているかどうかを判定するための手法として、1970年代にアメリカ人心理学者ゴードン・ギャラップによって開発された。Gallup (1970). 以下の文献も参照。Bekoff (2002); Bekoff and Sherman (2004).
＊3　ガーシェンフェルド。発言の引用はTEDトークより。以下のウェブサイトを参照。https://blog.ted.com/the-interspecies-internet-diana-reiss-peter-gabriel-neil-gershenfeld-and-vint-cerf-at-ted2013/.
＊4　以下のウェブサイトを参照。https://www.interspecies.io/about.
＊5　Andreas et al. (2021).
＊6　Bilal et al. (2020).
＊7　Allen et al. (2017, 2018, 2019); Ferrer-i-Cancho and McCowan (2009); Gustison and Bergman (2017); Gustison et al. (2016); Heesen et al. (2019); Semple et al. (2010).
＊8　ジップ・マンデルブロの法則はすべての既知の人間の言語において、驚くほど一貫性をもって当てはまる。この法則は個々の記号と使用頻度の量化（逆べき分布）の関係を証明するものだ。伝えられる情報量が増加するにつれて、コミュニケーションのデータ伝送路が複雑化する。しかし、これが――正確な記号の解釈と意味のある記号の創造の両面において――原動力を高め、認知上の要求を強める。こうして、情報の内容と認知上の複雑さの間で釣り合いが生まれるのだ。ここで釣り合いを取ろうとすることが、人間の言語の発展に一つの役割を果たしており、コミュニケーション一般に通じるものかもしれない。もしそうであるなら、人間以外の、言語に似たコミュニケーションの指標として、同様のパターンが利用できるのではないだろうか。逆に、このパターンが見出せないコミュニケーションの仕組みは複雑な言語でない可能性が高い。動物が出す音の頻度分布がジップ・マンデルブロ曲線からの逸脱が大きければ大きいほど、どの種の出す音であっても、複雑な言語である可能性は低くなる。以下の参考文献を参照。Fedurek et al. (2016); Ferrer-i-Cancho (2005); Ferrer-i-Cancho and Sol. (2003); McCowan et al. (2005); Seyfarth and Cheney (2010).
＊9　Matzinger and Fitch (2021).
＊10　Da Silva et al. (2000); Doyle et al. (2008); Freeberg et al. (2012); Freeberg and Lucas (2012); Kershenbaum et al. (2021); Shannon (1948); Suzuki et al. (2006).
＊11　例えば、以下の文献を参照。Mann et al. (2021); Kershenbaum et al. (2021).
＊12　Allen et al. (2019); Engesser and Townsend (2019); Speck et al. (2020); Zuberbühler (2015, 2018).
＊13　Bermant et al. (2019).
＊14　以下のウェブサイトを参照。https://audaciousproject.org/ideas/2020/project-ceti.
＊15　Gardner and Gardner (1969); Gardner et al. (1989).
＊16　Hurn (2020).
＊17　McKay (2020); Pedersen (2020); Perlman and Clark (2015); Reno (2012).

＊28　Bateson et al. (2011); Perry et al. (2016).
＊29　Srinivasan (2010, R368).
＊30　Passino and Seeley (2006); Passino et al. (2008); Schultz et al. (2008); Seeley et al. (2006, 2012). 以下の文献も参照。Niven (2012).
＊31　Viveiros de Castro (2012); Seeley (2010); Seeley et al. (2012).
＊32　McNeil (2010); Seeley (2009, 2010); Seeley et al. (2012).
＊33　Nakrani and Tovey (2003, 2004); Seeley (2021).
＊34　Boenisch et al. (2018).
＊35　Boenisch et al. (2018).
＊36　Nouvian et al. (2016).
＊37　Liang et al. (2019).
＊38　Haldane and Spurway (1954).
＊39　Michelsen et al. (1993).
＊40　Singla (2020).
＊41　Koenig et al. (2020).
＊42　Dong et al. (2019).
＊43　Cejrowski et al. (2018); Murphy et al. (2015).
＊44　Kulyukin et al. (2018); Ramsey et al. (2020); Ramsey and Newton (2018); Zgank (2019).
＊45　HIVEOPOLISに関しては以下のウェブサイトでさらに情報が得られる。https://www.hiveopolis.eu.
＊46　Nunn and Reid (2016); Whitridge (2015).
＊47　Hollmann (2004); Rusch (2018a, 2018b); Swan (2017).
＊48　Sugawara (1990).
＊49　Gruber (2018); Isack and Reyer (1989); Marlowe et al. (2014); Spottiswoode et al. (2011).
＊50　Crane and Graham (1985).
＊51　Isack and Reyer (1989).
＊52　Spottiswoode et al. (2016).
＊53　Spottiswoode (2017); Spottiswoode et al. (2016). 以下の文献も参照。FitzPatrick Institute of African Ornithology (2020).
＊54　Clode (2002); Dounias (2018); Hawkins and Cook (1908); Peterson et al. (2008).
＊55　Spottiswoode and Koorevaar (2012).
＊56　van der Wal et al. (2022).
＊57　Spottiswoode et al. (2011). 以下の文献も参照。FitzPatrick Institute of African Ornithology (2020).
＊58　Wario et al. (2015). 以下の文献も参照。Boenisch et al. (2018); Wario et al. (2017).
＊59　Wario et al. (2015).
＊60　BroodMinder (2020); IoBee (2018); OSbeehives (n.d.).
＊61　McQuate (2018).
＊62　Wyss Institute (2020); MAV Lab (2020).
＊63　Hadagali and Suan (2017); Kosek (2010); Mehta et al. (2017).
＊64　Couvillon and Ratnieks (2015).
＊65　Kosek (2010); Moore and Kosut (2013).
＊66　Sinks (1944).
＊67　Kosek (2010); Schaeffer (2018).

ン・ユクスキュルはこの語を、正確に定義することを拒否した。
＊68 Sapolsky (2011).
＊69 Trestman and Allen (2016).
＊70 Griffin (1976).
＊71 Griffin and Speck (2004, 6).
＊72 例えば、以下の文献を参照。Dennett (1995, 2001); Searle and Willis (2002).
＊73 Yoon (2003).
＊74 Terrace and Metcalfe (2005).
＊75 Nagel (1974).
＊76 Nagel (1974, 436).
＊77 Wittgenstein (1953).
＊78 Nagel (2012, 7).
＊79 Knörnschildへの2021年6月のインタビューより。

**第8章　ミツバチ語の話し方**

＊1 Kelly (1994, 7–8).
＊2 Hrncir et al. (2011).
＊3 Nobel Prize (1973a, 1973b).
＊4 Munz (2016).
＊5 Munz (2016, 19).
＊6 Frisch (1914).
＊7 Frisch (1967). 他にも以下の文献を参照。Camazine et al. (2003); Gould (1974); Gould et al. (1970).
＊8 Dyer and Seeley (1991); Gould (1982).
＊9 De Marco and Menzel (2008); Menzel et al. (2006).
＊10 Munz (2016, 1).
＊11 Gould (1976).
＊12 Munz (2005).
＊13 Gould (1974, 1975, 1976); Gould et al. (1970).
＊14 Munz (2016); Nobel Prize (1973a, 1973b).
＊15 Munz (2016).
＊16 Frisch (1950). 以下の文献も参照。Schürch et al. (2016).
＊17 この項目に関する概観は以下の文献を参照。Hunt and Richard (2013).
＊18 Witzany (2014).
＊19 Dreller and Kirchner (1993); Kirchner (1993); Lindauer (1977).
＊20 Cecchi et al. (2018); Collison (2016); Nolasco and Benetos (2018); Nolasco et al. (2019).
＊21 Ramsey et al. (2017); Tan et al. (2016).
＊22 Boucher and Schneider (2009); Dong et al. (2019); Nieh (1998, 2010); Richardson (2017); Terenzi et al. (2020).
＊23 Witzany (2014).
＊24 Cheeseman et al. (2014); Wu et al. (2013).
＊25 Dyer et al. (2005); Wu et al. (2013).
＊26 Abramson et al. (2016); Alem et al. (2016).
＊27 Moritz and Crewe (2018).

ある。鳴禽類では、同じ遺伝子の障害は発声の学習に明らかな影響を与え、音節を落としてしまったり、異常なほどに変わりやすい不正確な歌になったりする。発声学習に関連する可能性があるとして50以上の遺伝子が特定されている。こうした遺伝子は鳴禽類とヒトの脳に同様に発現する（発声学習をしない種、例えばハトやマカクには現れないパターン）。こうした共通性から研究者は人間と鳴禽類の両者にある同じ遺伝子を研究することができ、人間では倫理的に行えない実験——例えば問題の遺伝子を完全に不能にしたり、人工的に強化したりする——も鳴禽類に対してなら行うことができるのだ。しかし鳥類の脳の構造は人間のものとは大きく異なっている。層構造になった哺乳類の大脳皮質と皮質—基底核回路の両者は、認知や学習といった高度な機能と関連している。これにより鳥類の脳は学習するための神経経路が十分にできていないという、以前は信じられていた（今日では否定されている）考えが生まれた。羽の生えたロボットのように、鳥類が本能だけに従って自動的に行動しているとは、科学者たちは今ではもう考えていない。そうではなくて、鳴禽類はちょうど人間が歌うことを学習するように——模倣と反復練習を通じて——自分たちの歌を学習するのだ (Beecher et al. 2017)。最近になってやっと、鳴禽類の脳は複雑な構造を持っていると証明された。しかし人間のような層状態ではなく塊（核と呼ばれている）を作っている。鳥類の脳細胞は人間の脳のようなマクロ構造を持っていないのかもしれないが、同様の複雑さで機能する。それにもかかわらず違いは著しく、鳥類の研究が必ずしも人間における類似の作用を解明することにはならない。以下を参照。Dugas-Ford (2012); Calabrese and Woolley (2015); Haesler et al. (2007); Heston and White (2015); Lai et al. (2001); Pfenning et al. (2014); Reiner et al. (2004).

＊50　Rodenas-Cuadrado et al. (2018).

＊51　Vernes and Wilkinson (2020).

＊52　Ripperger et al. (2019); Wilkinson and Boughman (1998). 録音とこれらの分類項目に関する議論は以下のウェブサイトを参照。http://mirjam-knoernschild.org/vocal-repertoires/saccopteryx-bilineata/.

＊53　Prat et al. (2016); Skibba (2016).

＊54　Hörmann et al. (2020); Knörnschild et al. (2020).

＊55　Shen (2017).

＊56　本書の執筆時にはコウモリ17種のうち8種で、音声を学習をしているという証拠が見つかっている。音声の学習はクジラや鳥類、ゾウを含むそれ以外の種でも確認されている。以下の文献を参照。Lattenkamp et al. (2018); Petkov (2012); Vernes and Wilkinson (2020); Vernes (2017).

＊57　Kn.rnschild (2014).

＊58　Kn.rnschild and Fernandez (2020).

＊59　この手法はELVIS（エコーロケーション・視覚化とインターフェース・システム）という名称で知られている。以下の文献を参照。Amundin et al. (2008); Starkhammar et al. (2007).

＊60　Knörnschildへの2021年6月のインタビューより。

＊61　Rose et al. (2020).

＊62　Zwain and Bahuaddin (2015).

＊63　Low et al. (2021).

＊64　Brady and Coltman (2016).

＊65　Alaica (2020).

＊66　Fern.ndez-Llamazares (2021).

＊67　T.nnessen et al. (2016). 自然科学（生命記号論、動物記号論）と社会科学（マルチスピーシーズ民族誌、ポストヒューマン動物研究）の関連研究分野では、*Umwelt*という語はさまざまに使用されている。この語に普遍的に受け入れられる定義がないからだ。発明者であるヤーコプ・フォ

＊14　Yoon (2003).
＊15　Griffin (1989).
＊16　Grinnell and Griffin (1958); Griffin et al. (1960).
＊17　Griffin (1989, 138).
＊18　同前。
＊19　Knörnschild への 2021 年 6 月のインタビューより。
＊20　Balcombe (1990); Jones and Ransome (1993); Wilkinson (2003).
＊21　Fernandez and Kn.rnschild (2020).
＊22　Knörnschild et al. (2012).
＊23　Knörnschild (2014).
＊24　Knörnschild and Helverson (2006).
＊25　Hörmann et al. (2020).
＊26　Knörnschild et al. (2017).
＊27　また、コウモリが新しいダイアレクト（方言）を大人になって学ぶことができるというエビデンスもある。その他の種の研究では、あるコロニー（集団営巣地）から別のコロニーへ移動させられたコウモリが、自分のコール音を新しく入ったコミュニティのコール音の周波数に合わせることができることが証明されている。以下の文献を参照。Hiryu et al. (2006).
＊28　Smotherman et al. (2016).
＊29　Morell (2014).
＊30　Smotherman et al. (2016).
＊31　Goodwin and Greenhall (1961).
＊32　Barlow and Jones (1997).
＊33　Vernes and Wilkinsin (2020).
＊34　Knörnschild への 2021 年 6 月のインタビューより。
＊35　同前。
＊36　同前。
＊37　Byrne and Whiten (1994); Whiten and Byrne (1997).
＊38　Chaverri et al. (2018); Kerth (2008); Wilkinson et al. (2019).
＊39　Kn.rnschild (2017).
＊40　Knörnschild への 2021 年 6 月のインタビューより。
＊41　Skibba (2016).
＊42　Harten et al. (2019); Moreno et al. (2021); Prat and Yovel (2020).
＊43　Carter and Wilkinson (2013, 2015).
＊44　Carter and Wilkinson (2016).
＊45　Ripperger et al. (2020). 以下の文献も参照。Stockmaier et al. (2020a, 2020b); Waldstein (2020).
＊46　Dressler et al. (2016).
＊47　Dressler et al. (2016); Ripperger et al. (2016).
＊48　Visalli への 2021 年 11 月のインタビューより。
＊49　人間の言語の起源について考えるにあたり、コウモリ研究が役に立つのはなぜか。伝統的には、発声学習の研究に使う動物モデルは鳴禽類が選択されてきた。鳥と人間は進化の過程では 3 億年近く離れているけれども、遺伝学的にも行動学的にも共通点がある。例えば、人間に言語上の不具合を発現させることがわかった最初の遺伝子 FOXP2 は、同様のパターンで鳴禽類と人間の脳に発現する。人間において、FOXP2 の障害は文法や言語表現の障害を引き起こす可能性が

＊56　Capranica and Moffat (1983).
＊57　Barber et al. (2021); Corcoran et al. (2009); Neil et al. (2020).
＊58　Yovel et al. (2008, 2009).
＊59　Kaufman (2011).
＊60　von Helversen and von Helversen (1999).
＊61　De Luca and Vallejo-Marin (2013); Vallejo-Marin (2019).
＊62　ミツバチは花の電界を検出し、それを学習することもできる。以下を参照。Clarke et al. (2013).
＊63　Veits et al. (2019).
＊64　この研究に対する批評は以下を参照。Pyke et al. (2020); Raguso et al. (2020). それに対する応答は以下の文献を参照。Goldshtein et al. (2020).
＊65　Kaufman (2011). 以下の文献も参照。Simon et al. (2011). 著者たちは植物を基礎にした手法を用いたUAVのためのより優れたソナー開発に乗り出している。以下の文献を参照。Simon et al. (2020).
＊66　Gagliano et al. (2014); Schaefer and Ruxton (2011).
＊67　Segundo-Ortin and Calvo (2021).
＊68　Bailey et al. (2013).
＊69　Sch.ner et al. (2016).
＊70　Lacoste, Ruiz and Or (2018); Maeder et al. (2019); Quintanilla-Tornel (2017); Rillig, Bonneval and Lehmann (2019).
＊71　G.rres and Chesmore (2019).
＊72　Mason and Narins (2002).
＊73　Briones (2018); Hill and Wessel (2016).
＊74　Mishra et al. (2016); ten Cate (2013).
＊75　Segundo-Ortin and Calvo (2021).
＊76　Safina (2015).
＊77　Supper (2014); Turino (2008).
＊78　Callicott (2013); Daly and Shepard (2019); Kirksey (2014); Russell (2018).
＊79　Kimmerer (2002, 436).
＊80　Gagliano (2017, 2018).

## 第７章　コウモリのおしゃべり

＊1　Hahn (1908).
＊2　Dijkgraaf (1960).
＊3　Griffin (1958).
＊4　Saunders and Hunt (1959).
＊5　ピアースの器具は20キロヘルツからおよそ100キロヘルツの範囲の超音波を検知できた。
＊6　魚類の場合は温度もまた音響コミュニケーションに影響を与える。Ladich (2018).
＊7　Pierce (1943).
＊8　Pierce (1948, 7).
＊9　Griffinの発言。以下の文献中に引用された。Squire (1998, 74).
＊10　Griffin (1980); Pierce and Griffin (1938).
＊11　Griffin (1980).
＊12　Griffin (1946); Griffin and Galambos (1941).
＊13　Griffin and Galambos (1941, 498).

＊26　Gagliano, Mancuso, et al. (2012); Gagliano, Renton, et al. (2012).
＊27　Sano et al. (2013, 2015).
＊28　Frongia et al. (2020); Gagliano (2013a, 2013b); Gagliano, Mancuso, et al. (2012); Gagliano, Renton, et al. (2012); Khait, Lewin-Epstein, et al. (2019); Khait, Obolski, et al. (2019); Khait, Sharon, et al. (2019); Szigeti and Par.di (2020).
＊29　Pace (1996).
＊30　Gagliano, Mancuso, et al. (2012); ガリアーノへの2021年3月のインタビューより。
＊31　Gagliano, Mancuso, et al. (2012).
＊32　ガリアーノへの2021年3月のインタビューより。
＊33　Pollan (2013).
＊34　Brenner et al. (2006)と、その後のやり取りは以下の文献を参照。Alpi et al. (2007); Brenner et al. (2007).
＊35　これにより植物には認知行動が可能なのかという、本書の扱う範囲を越える問題が浮上することになる。栄養を求める行動や複雑な意思決定など、かつては動物界に特有だと思われていた高度な行動が植物もできるのだと示した最近の研究に基づいて、植物が認知能力を持った生物であるとみなすのに十分な証拠があると主張する科学者がますます増えている。以下の文献を参照。Segundo-Ortin and Calvo (2021).
＊36　Gagliano et al. (2017).
＊37　Gagliano et al. (2017). その後の独立した研究によって、植物には学習したり記憶したりする能力があるというガリアーノの主張は検証されたのだが、彼女の研究に異論を呈する研究者もいる。特にその実験計画の過程の説明――夢の中で植物自身が実験計画を指示したとか、彼女がシャーマン的トランス状態であったとか――が疑問視されている。以下の文献を参照。Gagliano (2018). 論評や批評は以下を参照。Cocroft and Appel (2013); Robinson et al. (2020); Taiz et al. (2019). 反論は以下を参照。Baluška and Mancuso (2020); Maher (2017, 2020). 以下の文献も参照。Mancuso and Viola (2015).
＊38　Appel and Cocroft (2014).
＊39　Michael et al. (2019).
＊40　Kollasch et al. (2020).
＊41　Quoted in Mishra et al. (2016, 4493).
＊42　Body et al. (2019); Ghosh et al. (2016).
＊43　ガリアーノへの2021年3月のインタビューより。
＊44　Kollist et al. (2019).
＊45　Paik et al. (2018); Sharifi and Ryu (2021).
＊46　Simpson (2013).
＊47　Rogers et al. (1988).
＊48　Gagliano, Mancuso, et al. (2012); Khait, Obolski, et al. (2019); Simpson (2013).
＊49　Monshausen and Gilroy (2009).
＊50　Liu et al. (2017); Yin et al. (2021).
＊51　Krause (2013). 以下の文献も参照。Farina et al. (2011).
＊52　Eldridge and Kiefer (2018); Farina et al. (2011); Mossbridge and Thomas (1999); Villanueva-Rivera (2014).
＊53　Krause (1987, 1993, 2013).
＊54　Haskell (2013, 5).
＊55　関連する「音響生息地」仮説に関しては以下の文献を参照。Mullet et al. (2017).

＊75　Mars (n.d.). 以下の文献も参照。Mars Coral Reef Restoration (2021).
＊76　Gordon et al. (2018).
＊77　Mars (n.d.).
＊78　Simpson et al. (2004, 2005).
＊79　Jones et al. (1999); Swearer et al. (1999).

## 第６章　植物たちのポリフォニー

＊1　Microsoft (2020c).
＊2　マイクロソフト社によるツイッター（現 X）への 2020 年 2 月 13 日の投稿「もしも私たちが植物に話しかけることができるとしたらどうだろう?　これこそがプロジェクト・フローレンスが探求する問題である。さあ、始めて!」msft.it/6009TwcKT #MSInnovation.” https://twitter.com/microsoft/status/1228114232547381248.
＊3　Microsoft (2020a).
＊4　Microsoft (2020b).
＊5　Iribarren (2019).
＊6　Sarchet (2016).
＊7　O'Reilly (2008); Hammill and Hendricks (2013).
＊8　Gagliano et al. (2017); Kivy (1959); Ravignani (2018).
＊9　Darwin (1917, 107).
＊10　Arner (2017); Madshobye (n.d.); McIntyre (2018).
＊11　Burdon-Sanderson (1873).
＊12　Bose (1926).
＊13　Bouwmeester et al. (2019); Selosse et al. (2006); Simard et al. (1997); Simard and Durall (2004); Twieg, Durall, and Simard et al. (2007).
＊14　例えば以下の文献を参照。Rodrigo-Moreno et al. (2017).
＊15　Choi et al. (2017); Fernandez-Jaramillo et al. (2018); Hassanien et al. (2014); Jung et al. (2018, 2020); Khait, Obolski, et al. (2019); Kim et al. (2021); L.pez-Ribera and Vicient (2017a, 2017b); Mishra and Bae (2019); Pr.vost et al. (2020).
＊16　Ghosh et al. (2019); Joshi et al. (2019); Sharifi and Ryu (2021).
＊17　例えば以下の文献を参照。Kawakami et al. (2019).
＊18　Mankin et al. (2018).
＊19　以下を参照。Chamovitz (2020); Gagliano (2018); Hall (2011); Holdrege (2013); Kohn (2013); Mancuso and Viola (2015); Marder (2013); Simard (2021).
＊20　Myers (2015); Pollan (2013).
＊21　Baluška et al. (2010); Myers (2015); Sung and Amasino (2004).
＊22　Myers (2015).
＊23　本書の扱う範囲を越える植物の意識に関しての議論は、以下を参照。Allen (2017); Allen and Bekoff (1999); Baluška and Levin (2016); Baluška and Mancuso (2018, 2020, 2021); Brenner et al. (2006); Calvo and Trewavas (2020a, 2020b); Calvo et al. (2020); Levin et al. (2021); Linson and Calvo (2020); Lyon et al. (2021); Maher (2017, 2020); Mallatt et al. (2021); Robinson et al. (2020); Taiz et al. (2019, 2020).
＊24　Gagliano (2013a, 2013b); Kikuta et al. (1997); Kikuta and Richter (2003); Laschimke et al. (2006); Perks et al. (2004); Rosner et al. (2006); Zweifel and Zeugin (2008).
＊25　Kimmerer (2013, 128).

＊37　Leis (2006); Leis et al. (2011); Jones et al. (2009); Swearer et al. (1999).
＊38　Jones et al. (1999).
＊39　Neme (2010).
＊40　Lillis et al. (2013, 2016); Raick et al. (2021). 以下の文献も参照。Neme (2010).
＊41　Staaterman et al. (2014).
＊42　Simpson et al. (2004).
＊43　Simpson et al. (2004, 2005).
＊44　Radford et al. (2011).
＊45　Papale et al. (2020); Stanley et al. (2010).
＊46　Simpson et al. (2016).
＊47　Simpson et al. (2011). 以下の文献も参照。Lindseth and Lobel (2018).
＊48　Leis et al. (2011, 826).
＊49　Eldridge (2021).
＊50　Haggan et al. (2007).
＊51　Schwartz (2019).
＊52　Haggan et al. (2007); Hair et al. (2002); Johannes (1981); Johannes and Ogburn (1999); Leis et al. (1996); Leis and Carson-Ewart (2000); Poepoe et al. (2007); Stobutzki and Bellwood (1998).
＊53　NOAA (2021b).
＊54　Neme (2010).
＊55　Vermeij et al. (2010).
＊56　Vermeij et al. (2010). 以下の文献も参照。Simpson (2013).
＊57　Budelmann (1989).
＊58　Neme (2010); シンプソンへの2021年3月のインタビューより。
＊59　以下の文献も参照。Madl and Witzany (2014).
＊60　研究者は十分に確立されている遺伝分析法（PCR）を用いて、サイファストレアサンゴのDNA抽出物をFOLH1およびTRPV遺伝子について分析した。これらの遺伝子は、以前にイソギンチャクや淡水ポリプ（サンゴとかなり類似した生物）で観察されているものだ。TRPVは例えばショウジョウバエのような他の生物で、音声を聴き取ることに関連する。Ibanez and Hawker (2021). 以下の文献も参照。Peng et al. (2015).
＊61　Gordon et al. (2018).
＊62　Simpson et al. (2004); Gordon et al. (2018); Radford et al. (2011).
＊63　Karageorghis and Priest (2012); Koelsch (2009); Terry et al. (2020).
＊64　Gordon et al. (2019); Parmentier et al. (2015); Tolimieri et al. (2004).
＊65　Lamont et al. (2021).
＊66　Williams et al. (2021).
＊67　Suca et al. (2020).
＊68　Ferrier-Pag.s (2021); Simpson et al. (2011, 2016).
＊69　Gordon (2020); Mars et al. (2020). 以下の文献も参照。Ladd et al. (2019).
＊70　Lecchini et al. (2018).
＊71　Great Barrier Reef Foundation (2020).
＊72　以下のウェブサイトを参照。https://www.50reefs.org/.
＊73　Mission Blue (2020).
＊74　Gordon et al. (2018).

＊3　Doney et al. (2009); Gattuso and Hansson (2011); Guo et al. (2020); Hoegh-Guldberg et al. (2007, 2017); Mongin et al. (2016); Raven et al. (2005); Wei et al. (2009).
＊4　Hoegh-Guldberg et al. (2017).
＊5　Plaisance et al. (2011).
＊6　Guo et al. (2020); Hughes et al. (2018); Hoegh-Guldberg et al. (2007); Mongin et al. (2016); Wei et al. (2009).
＊7　Kwaymullina (2018, 198–99).
＊8　Nunn and Reid (2016). 以下の文献も参照。Reid and Nunn (2015).
＊9　Fitzpatrick et al. (2018); Lambrides et al. (2020); Waterson et al. (2013).
＊10　Cheng et al. (2020); Cressey (2016); Hughes et al. (2018).
＊11　各サンゴポリプの基礎には小杯状組織と呼ばれる保護用の石灰石でできた骨格がある。ポリプが岩や海底に定着すると、小杯状組織が互いに接続する何千ものクローンに自己分裂して、サンゴ礁は形成される。遺伝学的なアプローチを用いてサンゴ礁の年齢を推定すると、5000年にも達するサンゴ礁があるという。以下を参照。NOAA (2021a).
＊12　Nielsen et al. (2018); Oakley and Davy (2018).
＊13　Preston (2021).
＊14　Burnett (2012); Gillaspy et al. (2014); Ruggieri (2012); *St. Augustine Record* (2014). 以下の文献も参照。Taylor (n.d.).
＊15　Tavolga (2002).
＊16　Coates (2005); Hawkins (1981). 以下の文献も参照。Hase (1923).
＊17　Tavolga (2012).
＊18　Tavolga (1981).
＊19　Tavolga (2012).
＊20　Tavolga (2012).
＊21　Aguzzi et al. (2019); Carri.o et al. (2020); Dimoff et al. (2021); Lindseth and Lobel (2018); Lin et al. (2021); Lyon et al. (2019); Mooney et al. (2020); Popper et al. (2003); Roca and Van Opzeeland (2020); Tyack (1997).
＊22　例えば以下を参照。McCauley and Cato (2000).
＊23　Barlow et al. (2019).
＊24　Erisman and Rowell (2017).
＊25　Glowacki (2015); Talandier et al. (2002, 2006).
＊26　Rice et al. (2017); Rupp. et al. (2015).
＊27　以下のウェブサイトを参照。https://dosits.org/science/movement/sofar-channel/sound-travel-in-the-sofar-channel/.
＊28　Radford et al. (2011); Simpson et al. (2004, 2005).
＊29　Elise et al. (2019).
＊30　Lin et al. (2019); Mooney et al. (2020).
＊31　Bohnenstiehl et al. (2018).
＊32　Bohnenstiehl et al. (2018); Linke et al. (2018).
＊33　Lin et al. (2021).
＊34　Gordon et al. (2018).
＊35　2016年に起きた壊滅的な白化の後、2度目の大規模で深刻な白化が2017年に発生した。これによりこのサンゴ礁が再生する見込みはほとんどなくなった。Gordon et al. (2018).
＊36　Simpson et al. (2004); Simpson et al. (2005).

＊31　dos Santos (2020).
＊32　Smith (1974).
＊33　Ferrara et al. (2013, 2014a, 2014b, 2017).
＊34　Ferrara et al. (2014c, 266).
＊35　フェレイラへの2020年11月のインタビューより。
＊36　Ferrara et al. (2019). カメの胚の出す音に関しては次の研究もある。Monteiro et al. (2019).
＊37　Warkentin (2011).
＊38　カメのすべての種で孵化の時間を調整しているというわけではない。孵化のタイミングを合わせている場合でも、常に音響コミュニケーションを使っているわけでもない（振動が同時孵化を促しているのかもしれない）。Doody et al. (2012); Field (2020); McKenna et al. (2019); Nishizawa et al. (2021); Riley et al. (2020).
＊39　Monteiro et al. (2019); Nuwer (2014); Rusli et al. (2016).
＊40　Crockford et al. (2017); Ferrara et al. (2013, 2014a, 2014b).
＊41　Ferrara et al. (2013).
＊42　Holtz et al. (2021); Nelms et al. (2016); Piniak (2012); Piniak et al. (2012, 2016).
＊43　Giles (2005); Giles et al. (2009).
＊44　Papale et al. (2020).
＊45　Noda et al. (2017, 2018).
＊46　Abrahams et al. (2021); Greenhalgh et al. (2020, 2021).
＊47　Abrahams et al. (2021).
＊48　Rountree and Juanes (2018).
＊49　Buscaino et al. (2021).
＊50　Chang et al. (2021)
＊51　機械学習のアルゴリズムを利用すれば山火事や伐採による森林の荒廃を明らかにすることができる。物理的な荒廃はその結果生じるサウンドスケープの劣化から推定できる。現在構築中のデジタル音響によるアーキテクチャはアマゾン熱帯雨林をデジタル音響情報が作るランドスケープ（景観）として特徴付け、モデル化することができる。表現を変えると、アマゾン川には将来のいつか音響学的デジタルツインが生まれるということだ。以下の文献を参照。Colonna et al. (2020); Do Nascimento et al. (2020); Rappaport et al. (2021); Rappaport and Morton (2017).
＊52　Seeger (2015).
＊53　Brabec de Mori (2015); Brabec de Mori and Seeger (2013); Lima (1996, 2005); Pucci (2019); Thalji and Yakushko (2018); Viveiros de Castro (1996, 2012).
＊54　de Menezes Bastos (1999, 87).
＊55　de Menezes Bastos (2013, 287–88).
＊56　Ferreira (1972a, 27), 以下の文献で引用されている。Smith (1974).
＊57　Cantarelli et al. (2014); P.ez et al. (2015); Pantoja-Lima et al. (2014); Rhodin et al. (2017).
＊58　Pantoja-Lima et al. (2014).
＊59　Castello et al. (2013).

## 第５章　サンゴ礁の子守歌

＊1　Doney et al. (2009); Gattuso and Hansson (2011); Hoegh-Guldberg et al. (2007); Raven et al. (2005); Watson et al. (2017).
＊2　Doney et al. (2009); Gattuso and Hansson (2011); Hoegh-Guldberg et al. (2007); Raven et al. (2005); Watson et al. (2017).

気の流れや循環を起こしているのではない。それではどのようにしてカメは発声が行えるのか。人間が横隔膜を使うのと同じやり方で、カメは喉を膨らませたり縮めたりする喉のポンプ作用で空気を発生させるのだろう。とはいえ、現時点ではこれは単なる推測に過ぎない。水中で音を聴くために特化したカメの耳に関する理解は進んでいるものの、長く水に潜っている間どのように発声するのかは、科学者の間でも解明できていない。以下の文献を参照。Russell and Bauer (2020).

＊3　ジャイルスとの2021年4月の通信より。

＊4　Vergne et al. (2009). 以下も参照。Britton (2001) and Garrick and Lang (1977).

＊5　Pope (1955). 以下の文献中の有用な概説を参照。Liu et al. (2013). カメの発声に関して論じた科学者は幾人かはいたが、却下されるか忘れられるかしていた。以下の文献も参照。Campbell and Evans (1972); Walter (1950).

＊6　Russell and Bauer (2020); Willis and Carr (2017).

＊7　Giles (2005); Giles et al. (2009).

＊8　この種のカメはパプアニューギニア、オーストラリア、南米でしか見られない。ジャイルスとの2021年4月の通信より。

＊9　ジャイルスとの2021年4月の通信より。

＊10　同前。

＊11　Giles et al. (2009).

＊12　Capshaw et al. (2021). 以下も参照。Pika et al. (2018).

＊13　アマゾンの川ガメに関するこの議論は以下の文献に基づく。Alves (2007a, 2007b); Alves and Santana (2008); Bates (1864); Brunelli (2011); Cleary (2001); Coutinho (1868); dos Santos et al. (2020); Forero-Medina et al. (2019); Gilmore (1986); Johns (1987); Klemens and Thorbjarnarson (1995); Mittermeier (1975); Papavero et al. (2010); Pezzuti et al. (2010); Smith (1974, 1979); Stanford et al. (2020); Vogt (2008).

＊14　Coutinho (1868), 以下の文献で参照されている。Smith (1974).

＊15　Bates (1864).

＊16　Darwin (1999, 326–27), 以下の文献で参照されている。Egerton (2012).

＊17　Bates (1864, 322), 以下の文献に引用がある。Egerton (2012).

＊18　Vogt (2008).

＊19　dos Santos et al. (2020).

＊20　Ferreira (1972a, 1972b), 以下の文献で参照されている。dos Santos et al. (2020).

＊21　Landi (2002), 以下の文献で引用されている。dos Santos et al. (2020).

＊22　Ferreira (1972a, 1972b), 以下の文献で参照されている。dos Santos et al. (2020).

＊23　Ferreira (1972a, 1972b), 以下の文献に引用がある。Smith (1974).

＊24　Bates (1864); Smith (1974); Vogt (2008).

＊25　Pezzuti et al. (2010); Salera et al. (2006).

＊26　Smith (1974).

＊27　Bates (1864); Coutinho (1868).

＊28　Smith (1979) ではおよそ2億個の卵が収獲されたと推定している。dos Santos et al. (2020) ではそれよりもはるかに上回る数を推定。Bates によると、エガというコミュニティでは年間4,800万個を収獲したということだ。伝えられているところでは、カメの脂を年間に10万壺生産した村もあるという。

＊29　例えば以下の文献を参照。Allan (1991); Benton-Banai (1988); Bevan (1988); Fischer (1966); Johnston (1990); McGregor (2009); Mohawk (1994); Peacock and Wisuri (2009); Umeasiegbu (1982).

＊30　Smith (1974).

＊52　King et al. (2009).
＊53　King et al. (2011).
＊54　King et al. (2017).
＊55　King (2019).
＊56　King et al. (2017); King et al. (2011).
＊57　Branco et al. (2020); Dror et al. (2020); King et al. (2018); Ngama et al. (2016); Van de Water et al. (2020); Virtanen et al. (2020).
＊58　以下を参照。https://elephantsandbees.com/.
＊59　Herbst et al. (2012).
＊60　King (2019); McComb et al. (2003).
＊61　Arnason et al. (2002).
＊62　Leighty et al. (2008); Soltis (2010); Soltis et al. (2005).
＊63　King (2019); King et al. (2010).
＊64　Cheney and Seyfarth (1981); Seyfarth et al. (1980). 鳥類の多くの種やベルベットモンキーを含むその他の種では、異なるタイプの警戒コールがあり、異なる脅威（ヒョウ、ワシ、ヘビ）に対して音響的に異なる警戒コールを発していることが報告されている。
＊65　Soltis et al. (2014).
＊66　Dutour et al. (2021).
＊67　McComb et al. (2014).
＊68　McComb et al. (2000, 2003); O'Connell-Rodwell et al. (2007).
＊69　de Silva and Wittemyer (2012); de Silva et al. (2011); McComb et al. (2001); Stoeger and Baotic (2016).
＊70　Poole et al. (2005).
＊71　Poole et al. (2005).
＊72　Brainard and Fitch (2014).
＊73　Kamminga et al. (2018); Zeppelzauer et al. (2015).
＊74　Premarathna et al. (2020).
＊75　Chalmers et al. (2019); Dhanaraj et al. (2017); Mangai et al. (2018); Ramesh et al. (2017); Premarathna et al. (2020).
＊76　Firdhous (2020); Hahn et al. (2017); Shaffer et al. (2019); Wright et al. (2018); Zeppelzauer and Stoeger (2015); Zeppelzauer et al. (2013).
＊77　Fernando et al. (2005); Lorimer (2010).
＊78　以下のウェブサイトを参照。https://www.elephantvoices.org/about-elephantvoices/mission.html.
＊79　Corbley (2017). 以下のウェブサイトも参照。https://helloinelephant.com/.
＊80　French et al. (2020); Mumby and Plotnik (2018); Stoeger (2021).

### 第４章　カメの声

＊1　ジャイルスとの2021年4月の通信より。
＊2　カメが音声を発することは科学者の間で認められている一方で、発声方法についてはいまだ謎である。過去何世紀にもわたってどれほど多くのカメが食料として切り刻まれたかを考えると、私たちがいまだにカメの解剖学的構造を完全に理解するに至っていないことは皮肉な話である。かつてカメは水中では音声を発することができないと、生物学上推測されていた。解剖学上の基本原理から、発声には空気の流れが必要であると考えられたからだ。しかしカメは肋骨を使ってポンプ作用による吸

＊10　Payne (1998, 21).
＊11　Payne et al. (1986). 以下も参照。Webster (1986).
＊12　See Webster (1986).
＊13　Pye and Langbauer (1998).
＊14　Moss et al. (2011).
＊15　ジョイス・プールは現在非政府組織「ゾウの声」（Elephant Voices）の運営にあたっている(https://elephantvoices.org/)。
＊16　例えば以下の文献を参照。McComb et al. (2001).
＊17　例えば以下の文献を参照。Lee and Moss (1986).
＊18　Langbauer et al. (1991); Poole et al. (1988).
＊19　Moss (1983).
＊20　Langbauer et al. (1991).
＊21　McComb et al. (2000, 2003); Poole et al. (2005).
＊22　Byrne et al. (2008); Poole and Moss (2008).
＊23　Roca et al. (2001).
＊24　Hedwig et al. (2018).
＊25　Payne (2004).
＊26　Fox (2004); Payne (2004); Wrege et al. (2012).
＊27　Cornell Lab (2021).
＊28　Wrege et al. (2017).
＊29　Wrege et al. (2010, 2017).
＊30　Thompson et al. (2010); Turkalo et al. (2017, 2018). 以下も参照。Maisels et al. (2013).
＊31　Maisels et al. (2013).
＊32　Chase et al. (2016).
＊33　Gobush et al. (2021).
＊34　Payne et al. (2003).
＊35　Simpson et al. (2015).
＊36　Bjorck et al. (2019).
＊37　Bjorck et al. (2019); Keen et al. (2017). 以下も参照。Temple-Raston (2019).
＊38　Sethi et al. (2020).
＊39　Nath et al. (2015).
＊40　Davies et al. (2011); Fernando et al. (2005); Hedges and Gunaryadi (2010); Guynup et al. (2020); Nyhus and Sumianto (2000).
＊41　Vollrath and Douglas-Hamilton (2002).
＊42　Barua et al. (2013); Jadhav and Barua (2012); Nath et al. (2009).
＊43　Calabrese et al. (2017); Thouless et al. (2016).
＊44　Shaffer et al. (2019).
＊45　Hoare (2015); Liu et al. (2017).
＊46　Thuppil and Coss (2016); Wijayagunawardane et al. (2016).
＊47　Vollrath and Douglas-Hamilton (2002).
＊48　Ellis and Ellis (2009); Fran.a et al. (1994); Pereira et al. (2005).
＊49　同前。
＊50　King (2010).
＊51　King et al. (2007).

Ferguson et al. (2012).
＊53　Herz (2019).
＊54　Clark et al. (2015); George et al. (2004); George and Thewissen (2020); Stafford and Clark (2021).
＊55　Nishimura (1994).
＊56　Clark (1995); Stafford et al. (2001); Watkins et al. (2000, 2004).
＊57　George et al. (2018). 以下も参照。Fox et al. (2001); Wiggins (2003).
＊58　Shiu et al. (2020).
＊59　Vickers et al. (2021).
＊60　Johnson and Tyack (2003).
＊61　Green et al. (1994); Johnson and Tyack (2003); Miller et al. (2000); Parks, Clark, and Tyack (2007).
＊62　Thode et al. (2012).
＊63　Parks et al. (2007).
＊64　Parks et al. (2007).
＊65　Syracuse University (2019).
＊66　Johnson et al. (2015); Stafford et al. (2008, 2012); Tervo et al. (2011); Würsig and Clark (1993).
＊67　Clark and Johnson (1984); Cumming and Holliday (1987); Delarue, Laurinolli, et al. (2009); Delarue, Todd, et al. (2009); Ljungblad et al. (1980, 1982); Stafford and Clark (2021); Tervo et al. (2011); Würsig and Clark (1993).
＊68　Johnson et al. (2015). 個体群の健康状態を予測できる鳴禽類の多様性の問題に関しては以下を参照。Laiolo et al. (2008).
＊69　NOAA Fisheries (2020a, 2020b).
＊70　Gabrys (2016b, 90). 以下も参照。Gabrys (2016a).
＊71　Brewster (2004); Huntington et al. (2021).「アメリカ先住民の生存狩猟の概要：アラスカ」も参照。https://iwc.int/alaska.
＊72　Brewster (2004); Wohlforth (2005).
＊73　Bodenhorn (1990).
＊74　Brewster (2004, 156).
＊75　Gillespie et al. (2020); Hastie et al. (2019).

## 第３章　音のない雷鳴

＊1　Parker and Graham (1989).
＊2　推定数はさまざまだが、アフリカゾウの生息数は1973年に130万頭だったが、1989年には半分以下の数に減少した。以下を参照。Douglas-Hamilton (1987, 2009); Poole and Thomsen (1989); Roth and Douglas-Hamilton (1991).
＊3　King (2019).
＊4　Douglas-Hamilton and Burrill (1991).
＊5　Poole and Thomsen (1989).
＊6　Martin (1978). 以下も参照。Larom et al. (1997).
＊7　Krishnan (1972).
＊8　Payne (1998, 20).
＊9　Payne (1998, 21).

＊16　Citta et al. (2015).
＊17　Ashjian et al. (2010); Grebmeier et al. (2006); Moore and Laidre (2006); Moore et al. (2010); Watanabe et al. (2012).
＊18　Wohlforth (2005).
＊19　Albert (2001).
＊20　Burns et al. (1993); George et al. (2004); Noongwook et al. (2007); Wohlforth (2005).
＊21　Wohlforth (2005).
＊22　Kelman (2010).
＊23　Huntington et al. (2017).
＊24　Joyce and McQuay (2015).
＊25　Joyce and McQuay (2015). 以下の文献も参照。Hess (2003); Wohlforth (2005).
＊26　Clark and Johnson (1984).
＊27　Clark et al. (1986).
＊28　Ko et al. (1986).
＊29　Clark and Ellison (1989); Zeh et al. (1988).
＊30　トラッキングアルゴリズムは数年の間に次第に精度を上げており、視覚データと音響データを組み合わせて評価する枠組みの不可欠な構成要素となった。以下を参照。Clark (1998); Clark et al. (1996); Clark and Ellison (1989); Greene et al. (2004); Sonntag et al. (1988).
＊31　Ko et al. (1986).
＊32　Ellison et al. (1987); George et al. (1989).
＊33　Brower (1942); Tyrrell (2007); George et al. (1989); Schell (2015).
＊34　Tyrrell (2007).
＊35　Erbe (2002); Greene (1987); Koski and Johnson (1987); LGL/Greeneridge Sciences (1995); Matthews et al. (2020); Patenaude et al. (2002); Richardson et al. (1985, 1986, 1990); Richardson and Greene (1993); Streever et al. (2008); Wartzok et al. (1989).
＊36　George et al. (1999); Wohlforth (2005).
＊37　Erbs et al. (2021); Johnson et al. (2011); Stafford et al. (2018); Würsig and Clark(1993).
＊38　George et al. (2004).
＊39　Albert (2001); Clark et al. (1996); Clark and Ellison (1989); George et al. (1989, 2004).
＊40　「アメリカ先住民の生存狩猟の概要：アラスカ」の記事を参照。https://iwc.int/alaska.
＊41　Suydam and George (2021).
＊42　IWC (1982, 44). 以下も参照。Ikuta (2021). また以下のウェブサイトの記事「アメリカ先住民の生存狩猟の概要：アラスカ」も参照。https://iwc.int/alaska.
＊43　Duarte et al. (2021).
＊44　Clark et al. (2009)
＊45　Blackwell et al. (2013); Charif et al. (2013); Ljungblad et al. (1988); Richardson et al. (1999).
＊46　以下も参照。Weilgart (2007).
＊47　Weilgart (2007).
＊48　Eisner et al. (2013).
＊49　Comiso et al. (2008); Druckenmiller et al. (2018); Gearheard et al. (2006, 2010, 2013); Stroeve et al. (2008, 2011).
＊50　George et al. (2017); Hartsig et al. (2012); Hauser et al. (2018).
＊51　Berkman et al. (2016); Parks et al. (2019).
＊52　Matthews et al. (2020); Willoughby et al. (2020). 以下も参照。NWMB et al. (2000);

＊54　同前。
＊55　Brody (1993).
＊56　Payne and McVay (1971); Negri (2004).
＊57　Payne and McVay (1971, 597); Van Cise et al. (2018).
＊58　Schevill and Lawrence (1949). 以下の文献も参照。Schevill (1962); Gertz (2016). 録音を聴くなら、Watkins Marine Mammal Sound Database (2021).
＊59　Payne (2000).
＊60　Cummings and Philippi (1970); Guinee and Payne (1988); Payne and Payne (1985); Payne and McVay (1971); Payne and Webb (1971).
＊61　Garland et al. (2011, 2017).
＊62　Darling et al. (2014); Garland et al. (2011, 2013, 2017).
＊63　Ocean Alliance (2019).
＊64　Payne and Webb (1971).
＊65　Brody (1993).
＊66　Kwon (2019).
＊67　Schneider and Pearce (2004).
＊68　World Wildlife Fund (2013).
＊69　Payne and Webb (1971).
＊70　Marler (1974, 35).
＊71　Kwon (2019).
＊72　Kwon (2019); Mellinger and Clark (2003); Stafford et al. (1998). 以下の文献も参照。Brand (2005).
＊73　Schevill and Watkins (1972).
＊74　Clark and Clark (1980).
＊75　Rolfe (2012).
＊76　Nishimura (1994).

## 第２章　海は歌う

＊1　Albert (2001).
＊2　Royal Geographical Society (2018).
＊3　Sakakibara (2009).
＊4　Demuth (2019c).
＊5　Sakakibara (2009, 292).
＊6　Brewster (2004); Sakakibara (2008, 2009, 2010); Turner (1993); Zumwalt (1988).
＊7　以下の文献で参照している。Sakakibara (2010, 1007).
＊8　Lantis (1938).
＊9　Adams (1979).
＊10　Blackman (1992); Bodenhorn (1990); Brower (1942); Hess (2003); Kruse et al. (1982); Sakakibara (2017).
＊11　Brewster (2004).
＊12　Brewster (1997).
＊13　Baker and Vincent (2019).
＊14　Blackman (1992); Brewster (2004); Huntington et al. (2001).
＊15　Albert (1992, 25).

*24 Eber (1996).
*25 Gogala (2014); Weber and Thorson (2019).
*26 Godin (2017); Munk and Day (2008); Munk et al. (1995); Worzel (2000).
*27 SOFARチャネルが存在するのは、音の進む速さ、温度、そして水圧の間の関係による。水深が深くなればなるほど、水温は低くなり、音の進むスピードは遅くなる。しかし、水圧も水深が深くなるに伴って高まる。海中の深いところへ降りていくと、水温が一定になる地点があり、そこを超えると水圧だけが高くなる。この水深では、音は水中を最も遅いスピードで進む（最低音速）。SOFARチャネルはこの水深の地点にある。これは海の状態によって変化しうる。光ファイバーケーブルが光を伝達するさまにも少し似ているのだが、この深い水平に伸びたチャネルは音波を伝達するだけでなく、他の水深の場合よりもはるかに長距離にわたって音波を温存する。音のスピードが最も遅くなる地点で、音波はチャネルの軸に向かって曲がる（屈折する）。このように、低周波音は長距離を移動できるのである（高周波音はより素早く吸収され、短距離でしか感知されない）。
*28 Evans (1994); Whitman (2005). 海軍の録音データの中にはいまだに機密情報とされているものがある。後には、また別の受動的監視システムが開発された。DIFARは小型ソナー装置（ソノブイ）を航空機から直接投下するか、潜水艦から配備するというもの。また、1970年代には積極的な監視システムが構築された。強力な波動を発して、そのエコーを聴き取るSURTASSというものだ。DIFARとはdirectional LOFAR（lower-frequency analysis and recording 低周波音分析と録音）のこと。以下の文献を参照。D'Spain et al. (1991).
*29 Fish (1954); Fish et al. (1952); Tavolga (2012).
*30 Tavolga (2012).
*31 *New York Times* (1989).
*32 Erskine (2013); Nishimura (1994).
*33 Schevill (1962).
*34 Lubofsky (2019).
*35 Negri (2004).
*36 同前。
*37 Ketten (1997).
*38 Bentley (2005).
*39 Tyack and Clark (2000). 以下の文献も参照。Schevill and Lawrence (1949).
*40 Deecke et al. (2000, 2010); Filatova et al. (2012, 2013); Foote et al. (2006); Janik (2014); Kremers et al. (2012); Weiß et al. (2011).
*41 Brown (2019); Ivkovich et al. (2010).
*42 Holt et al. (2019).
*43 Schiffman (2016).
*44 Clark (1998); D'Spain et al. (1991); Ketten (1997); Mourlam and Orliac (2017).
*45 Whitman (2005).
*46 Watlington (1980); Yandell (2017).
*47 Kwon (2019).
*48 Payne (2021).
*49 Kwon (2019).
*50 Watlington (1982).
*51 CBS Interactive Inc. (2014).
*52 Allchin (2015); Rothenberg (2008). 以下の文献も参照。Johnston-Barnes (2013).
*53 McQuay and Joyce (2015).

究された種（例えば鳥類）において、またより研究が難しい種（例えばコウモリは、人間の聴力の範囲を超える発声をし、多数の個体で混み合ったコロニーの中で1分間に何百回というコール音を発する）においても、発声と複雑な社会的行動の関係を分析できる。以下の文献を参照。Kershenbaum et al. (2016).

＊30 Kimmerer (2015, 158).

＊31 De Chardin (1964) は以下の文献中に引用されている。Fleissner and Hofkirchner (1998, 205); Kreisberg (1995); Steinhart (2008); Yeo et al. (2012); Yin and McCowan (2004).

＊32 McLuhan (1964).

＊33 Archibald (2008); Clutesi (1967); Parent (2018).

＊34 Zadeh and Akbari (2016).

＊35 Langdon (2018).

＊36 Gera (2003).

＊37 Crane (2013). 哲学と動物研究における動物の言語に関するさらなる議論は本書の扱う範囲を越える。さらなる参照は以下の文献。 Derrida (2008).

＊38 Dillon (1997); Hughes (1983); Wertime (1983).

＊39 Borrows (2022); Watts (2013, 2020).

## 第1章　生命の音

＊1 New Bedford Whaling Museum (2020a, 2020b).

＊2 Heller (2020).

＊3 Shoemaker (2005, 2014, 2015).

＊4 Bockstoce (1986).

＊5 Webb (2011).

＊6 Demuth (2017, 2019a, 2019b, 2019c); Jones (2015).

＊7 Bockstoce (1986).

＊8 Aldrich (1889, 61).

＊9 Barr (2020); Barr et al. (2017).

＊10 Melville (2010).

＊11 Aksaarjuk (1987).

＊12 Wright (1895, 41).

＊13 以下のリンク先を参照。https://www.whalingmuseum.org/collections/highlights/photography/finding-aids/#aldrich-collection.

＊14 Aldrich (1889, 33).

＊15 Aldrich (1889).

＊16 以下のリンク先を参照。https://www.whalingmuseum.org/collections/highlights/photography/finding-aids/#aldrich-collection.

＊17 Aldrich (1889, 33).

＊18 Aldrich (1889, 33).

＊19 Aldrich (1889, 34).

＊20 Aldrich (1889, 116).

＊21 Aldrich (1889, 49).

＊22 少なくともクジラの生物音響について言えば、これが、現代においてアルドリッチの物語を取り上げた最初の議論だ。

＊23 Helmreich (2016).

＊15　Gibb et al. (2019); Hill et al. (2018); Whytock and Christie (2017).

＊16　Hoffmann et al. (2012); King and Janik (2013); King et al. (2013); Marconi et al. (2020); Melotti et al. (2021); Slobodchikoff et al. (1991); Slobodchikoff, Paseka, et al. (2009); Slobodchikoff, Perla, et al. (2009); Vergara and Mikus (2019).

＊17　用語に関する注：本書では「noise（音、騒音、雑音）」ではなく「sound（音）」や「vocalizations（発声）」という語を用いている。かつてnoiseという用語は人間以外の生き物の発声を指すことが多かったが、その語源は暗に妨害とか不協和音を示唆する。ラテン語のnausea（船酔い）、nocere（害を与えること）、noxia（迷惑行為）などにその語源が求められる。したがって、筆者はこのnoiseという語の使用について環境汚染を示す場合に留めておくことにする。

＊18　生物音響技術委員会。以下のリンク先を参照。https://tcabasa.org/.

＊19　さらに詳述するなら、生物音響学は動物のコミュニケーションと、その関連行動に注目している。動物の聴覚能力と聴覚機能、発声のための解剖学的構造と動物の神経生理学、そしてバイオソナーである。

＊20　Truax and Barrett (2011).

＊21　都市にもサウンドスケープは存在する。サウンドスケープという語を初めて使ったマイケル・サウスワースは最初に都会の音に注目した。以下を参照。Southworth (1967, 1969).

＊22　Farina (2018); Farina and Gage (2017); Ritts and Bakker (2021); Sueur and Farina (2015); Xie et al. (2020).

＊23　Carruthers-Jones et al. (2019).

＊24　Benson (2010).

＊25　Farley et al. (2018).

＊26　機械学習は人工知能（コンピュータサイエンス）の一分野で、データセットを分析しその中のパターンから論理的結論を導き出すコンピュータのアルゴリズムを開発することによって人間の知能のように機能させることを目指す。アルゴリズムは明示的な指示がなくても学習し、人間よりはるかに高速で（パターン認識のような）タスクを実行できる場合もある。機械学習には数種の異なるタイプがあるが、さらに詳しい議論は本書の範囲を越えるものである。AIの全般的な紹介とその限界に関する批評は、以下の文献を参照。Marcus and Davis (2019).

＊27　例えば以下の文献を参照。Bijsterveld (2019); Darras et al. (2019); Mustafa et al. (2019).

＊28　長期にわたる音響録音では継続的に何週間も何か月も連続で録音でき、したがって何テラバイトものデータを生み出すことになる。これは伝統的な手法を用いて分析する場合には難しい問題となる。音響を用いたモニタリングにはいくつか利点がある。すなわち、対象範囲と時間的範囲がより広い点。客観性（伝統的な手法を用いて直接対面で行う場合には観察者に依存した結果が出ることになる）、それと持続性（録音データは長時間の保存が可能で、長期にわたって比較研究ができる）である。機械学習による分析は強力な手法になりうるが、準備に時間がかかるのが普通だ。教師ありの機械学習ではアルゴリズムの訓練用データセットとしてデータに対し高品質の注釈やラベル付けが欠かせない。このようなラベル付けされたデータセットを準備することは、時間と労力を要し、費用もかかる。アクティブ・ラーニング（能動的学習）はこうした負荷を減少させるために使用できる手法だ。未処理のデータは入手可能だがラベル付けされたデータがわずかな場合、各反復からパターンが選択され（そこには関心のある情報を含む可能性が最も高い）、人間の専門家が手動で注釈をつける。専門家は、音を出している特定の動物を識別し、その音を関連する行動に結びつけることができる。以下を参照。Kahl et al. (2021); Kholghi et al. (2018); Oliver et al. (2018); Shiu et al. (2020); Zeppelzauer et al. (2015).

＊29　Kohlghi et al. (2018). 機械学習によって退屈な分類作業から解放され、少なくとも部分的には、発声の中のパターンを探す労力の多いプロセスは自動化される。機械学習のアルゴリズムはよく研

# 脚注

### はじめに

＊1　筆者が採用した「系統樹（the Tree of Life)」という表現は、現代の科学者たちやチャールズ・ダーウィンと同様、進化系統樹によって異なる種の間の関係性を表す視覚的なメタファーとして、地球上のさまざまな生物群が共通の祖先を有していることを表す——不正確ではあるが——ために用いたものだ。

＊2　Dakin et al. (2016); Freeman (2012); Freeman and Hare (2015). 以下の文献も参照。Yorzinski et al. (2013, 2015, 2017).

＊3　例えば以下の文献を参照。Talandier et al. (2002, 2006).

＊4　Nishida et al. (2000); Suda et al. (1998); Webb (2007).

＊5　地震の種類によっては、地球の大気の外側にある電気的に帯電した粒子のパターンを変化させる大気の乱れ（電離層）を引き起こす場合がある。この現象は、地上受信機と人工衛星の間の無線信号における異常を追跡することで測定できる。リソスフェア（地球のマントルと地殻）と大気の間のこの連動は、科学者の間でコーセイスミック電離圏擾乱（CID）として知られている。Heki (2011); J. Liu et al. (2011); H. Liu et al. (2021).

＊6　Feder (2018); Narins et al. (2016); NOAA Infrasonics Program (2020).

＊7　French et al. (2009). 以下の文献も参照。Bedard and George (2000). 地球の受動的な超低周波音を聞くために使われている集音マイクのいくつかは、全世界で国際監視システム（IMS）の重要な一部となっている。これは包括的核実験禁止条約の遵守を確認するために製造されたものである。IMSの主要な目的は核実験を探査することだが、同時に気象学的な現象や地質学上の事象を検知することもある。

＊8　Bakker et al. (2014); Gagliano (2013a, 2013b); Gagliano, Mancuso, et al. (2012); Gagliano, Renton, et al. (2012); Ibanez and Hawker (2021); Surlykke and Miller (1985).

＊9　Masterton et al. (1969); Sales (2012).

＊10　霊長類の超波音によるコミュニケーションに関する最近の研究は以下を参照。Arch and Narins (2008); Gursky (2015, 2019); Geerah et al. (2019); Klenova et al. (2021); Ramsier et al. (2012); Sales (2010); and Zimmerman (2018). コウモリやハツカネズミ、蛾、ネズミイルカの超音波音によるコミュニケーションに関する最初期の研究は以下を参照。Griffin (1958); Kellogg et al. (1953); Noirot (1966); Pierce (1948); and Roeder (1966).

＊11　Jones (2005).

＊12　コウモリのエコーロケーションのコール音は130デシベルで録音されている。これは人間の聴覚に痛みを与える閾値にあたる。Jones (2005).

＊13　D. Hill (2008).

＊14　例えば、オーストラリア大陸では大陸全体にわたる生物音響観測機関が活動を始めた。これは「連続する生態地域のサウンドスケープを直接かつ恒常的に記録するものだ。ここには人間の手による調査が危険を伴う場合や、不可能な、山火事や洪水に定期的に見舞われる地域が含まれる」(Roe et al. 2021)。米国では生物音響学モニタリングを用いた大規模な枠組みができあがっている。その中にはシエラネバダ地方の200か所に及ぶ集音ステーションのネットワークが含まれる (Reid et al. 2021; Wood, Guti.rrez, et al. 2019; Wood, Popescu, et al. 2019; Wood, Klinck, et al. 2021; Wood, Kryshak, et al. 2021)。

| **異種間<br>コミュニケーション** | 植物 | プロジェクト・フローレンスは自然言語処理のアルゴリズムで、人間の言葉の意味を推測し、翻訳して植物の上に取り付けてあるライトを光らせる。積極的な感情は赤いライトに翻訳され、消極的な感情は青いライトに翻訳される。どちらも電気化学的反応を生じさせ、センサーによって検知される。さらに植物は湿度や温度を計測するセンサーを備えている。そのデータはアルゴリズムによって分析され、前もってプログラムに組み込まれていた文章で記号化され、それを使って、世話をしてくれる人間に反応を文章で伝える（＊39）。 |
|---|---|---|

**表2　異種間コミュニケーションに用いられた生物音響学と生態音響学**

| 目的 | 種 | 例 |
| --- | --- | --- |
| **忌避音響による抑制**<br>大音量の警戒音 | カメ | 低周波音響を用いるとウミガメが刺し網で混獲されるのを減らせる（＊27）。 |
| | イルカ | イルカの「ピンガー（波動音発振装置）」を網に取り付けると混獲されるイルカを減らせる（＊28）。 |
| | オオカミ | オオカミの遠吠えの録音を再生するとオオカミが家畜に近づくのを防ぐ（＊29）。 |
| | ゾウ | ハチの音声を再生するハチの巣フェンスはアフリカでゾウが耕作地に入り込むのを防ぐ（＊30）。 |
| | アライグマ | 犬の吠え声の録音を再生すると、アライグマが潮間帯の生態系に入って採食するのを抑止できる（＊31）。 |
| | コウモリ | 超音波音で警告してコウモリが風力発電所に入り込むのを抑止する（＊32）。 |
| **音響エンリッチメント**<br>音を使って生態系を再生させたり、動物に刺激を与えたりする | サンゴ礁 | 健康なサンゴ礁の音を再生することで魚や甲殻類に刺激を与えて、状態の悪化していたサンゴ礁に棲みつかせる（＊33）。 |
| | ゾウ | ゾウにすでに録音された異なるタイプの音のどちらか（例えば、クジラの歌とゾウの音声など）選べるような接触型デバイスを与えると、飼育ゾウには環境の質的向上になる（＊34）。 |
| | トキ | 野生にいる鳥が求愛行動をしている録音の再生によって、ブロンクス動物園で飼育されているトキの繁殖成功例が増加した（＊35）。 |
| | サル | シロガオサキは自分自身の音楽のプレイリストを作る（＊36）。 |
| **対話型の**<br>**生物模倣型ロボット工学**<br>動物行動を研究する | リス | 生体模倣型ロボットリスは、音響と赤外線の合図を使って野生のリスに脅威を警告し、ガラガラヘビの捕食者を追い払う（＊37）。 |
| | ヤドクガエル | 生体模倣型ロボットカエルは音響と視覚的な合図（鳴嚢の脈動）を送って生きているカエルの縄張りを守る行動を刺激する（＊38）。 |
| **異種間**<br>**コミュニケーション** | ミツバチ | ハイブポリスはデジタル技術で作ったミツバチのコロニーのシステムで、ここでセンサーとロボットミツバチのネットワークを通じて人間とミツバチ、そしてハイブが反応し合い、社会的に協力し合ったりする。 |

**表1**　生物の種を研究するために使用された生物音響学と生態音響学（一部の例）

| 分類 | 活動 | 例 |
|---|---|---|
| **生物分類学** | 隠蔽種（姉妹）の差異化 | アマガエルの音声識別で新種の同定が可能になる（＊16）。 |
| | 分類学的分類の更新 | ピラニア類の生物分類学上の分類は、音響録音に基づいて再分類されるかもしれない（＊17）。 |
| | 新種の発見 | 生態音響学研究によってシロナガスクジラの科学的に知られていなかった生息数が検知できる（＊18）。 |
| **環境モニタリング** | 生物音響学指標を利用した生息数調査 | 生物音響学指標を同時に使用した音響録音は、気候変動やその他の人間が原因の混乱による鳴禽類のコミュニティにおける変化を検知するのに有効かもしれない（＊19）。 |
| | 生態系の健康状態の監視 | 生態音響学は別種のサンゴ礁コミュニティの健康状態を検知する（＊20）。 |
| **個々の種のモニタリング** | クジャク | クジャクは求愛行動の際に超低周波音を用いたコミュニケーションを行う（＊21）。 |
| | スズメ | スズメは都市の騒音レベルの変化に応じてコール音を変える（＊22）。 |
| | アマガエル | アマガエルは雨やヘビからの振動シグナルに反応する（＊23）。 |
| | 人間が手動で行っていた野生生物の調査を、デジタル機器を用いて行う | 自動で行う生物音響録音機器はヨタカを検知する際、人間による録音よりもはるかに性能が良い（＊24）。 |
| **絶滅危惧種の保護** | 生物音響学を用いて絶滅が危惧されている種の存在を確認し、保護活動をする。 | 北米の大西洋沿岸と太平洋沿岸での生物音響学に基づいた、クジラの位置を特定するモニタリング計画。データは船舶に減速をさせたり、漁業者に活動を停止するように指示したりするために使用される（＊25）。 |
| **音声コミュニケーションと音声学習の研究** | 生物音響学は、保護措置を必要とする生物の行動状態のモニタリングに使用される。（例：捕食者の豊富さの代替指標として獲物種の警報音を使用） | 南アフリカのカラハリでは17年間のハゲワシ *Gyps africanus* の減少が、ミーアキャットの警報音が鳴る頻度から推測された（＊26）。 |

はバイオデジタル技術による音響が、系統樹の全体に広がっている音の力について、いかに私たちの理解を広げるかということを示しているのである。

なぜ科学者たちは世界中の音を記録するのか。生物音響学者の中には、大量絶滅が起きて姿を消す前に人間以外の生物の音声の多様さを録音することに専心している者がいる。また、動物の行動やコミュニケーションの新たな側面を発見しようとしている者もいる。**表1**は生物音響学と生態音響学がさまざまな種の研究をする際の、共通の目的を概観したものだ。**表2**では、異なる種とコミュニケーションをとる際、生物音響学と生態音響学が使用された例を4つのカテゴリーに分けている。音響忌避装置、音響エンリッチメント、生体模倣ロボット、それから異種間コミュニケーションだ。

生物音響学と生態音響学は、バイオトレモロジー（生物振動学）とは異なるものだが、関係もある。これは振動の発生と分散、それと伝達に関する研究で、生命体が偶然または意図的に発生させる基盤伝播機械波に関連する。スウェーデンの昆虫学者フレイ・オッシアンニルセンは、1940年代に、基盤伝播震動（空気の分子の動きではなく）が生物同士の間で情報伝達に使われていることを示唆した、最初期の科学者の一人だった。生物振動学という語はここ20年の間に受け入れられており、その研究分野はシグナルの発生と生物間の情報のやり取りを理解することに著しい貢献をしてきた（＊8）。振動は地面や木の枝、葉、植物の幹や草の葉や土壌のような個体気質によって移動する（＊9）。

基盤伝播震動を感じる能力は、バッタからゾウに至るまで数多くの種に見られ（＊10）、振動を使ったコミュニケーションは至るところに現れる——古代からあるシステムで、多くの生き物の間でのコミュニケーションの最も重要なルートとなっている（＊11）。例えば生物学者、カレン・ワルケンティンのアマガエルの研究では、振動の再生実験を使って、アマガエルの胚が、獲物を狙うヘビの接近と雨とを震動を通じて見分けていることを検証した。前者の場合には、アマガエルの胚は孵化を早める決断をし、後者では卵の中で安全に過ごすのだ（＊12）。こうした繊細な振動は木々そのもの——枝や葉のほんのわずかな振動——を通じて胚には伝わるが、人間は気づくことすらない。研究者は目下、生き物の震動コミュニケーションの、これまで見過ごされていた側面を解明しつつある。一例を挙げると、よく知られているショウジョウバエ（広く使われているモデル生物）の求愛ダンスの最近の研究は、基盤伝播震動——単に音が空気中を伝わるのではなく——が求愛行動の中で重要な役割を果たしていることを実証した（＊13）。

生物学者、ペギー・ヒルは、この振動シグナルは実際にコミュニケーションの最も古い——音波よりも古い——形式なのだと断言している。ヒルは次のように述べている。「地球上のほとんどの生き物にとってまったく新しくもないことを実際に見るために、現代人は世界の見方を変える必要があるだろう（＊14）」。昔から音響によると考えられていたコミュニケーションモデルのいくつかは、実際には震動なのだと、ヒルはさらに主張する。生物振動学は本書の範囲を越えているが、この分野のさらなる発展は、注視しておく価値がある。ヒルが書いているように、「聴いてみよう。何か素晴らしいものが見つかる（＊15）」。

は、人間以外の生き物の音声をレコーディングし、解析し、翻訳することを通じて、その世界に対する驚くべき見識を生み出す。高度な処理能力を持つ生物音響機器は、音の感覚的知覚と分析プロセスを人間とコンピュータの間で分配する。自然の音に耳を傾けるという古くからある活動は、今やコンピュータによって単なる生物学ではなく、バイオデジタルで強化されている（＊1）。歴史家ミッキー・ヴァリーが述べているように、地球全体に広がるこの新しい「可聴性インフラ」は科学者が地球とそこに生きる生き物たちとの関係を根本的に新しい方法で理解し直すことを促す（＊2）。

生物音響学と生態音響学は何千という種や自然の景観に適用されて、さまざまな目的に広く利用されてきた。例えば種を分類学的に差異化することや、生息数のレベルのモニタリング、絶滅に瀕した種の保護、音声コミュニケーションと学習などだが、ごく少数の例を挙げただけだ（＊3）。

近年、生物音響学と生態音響学は受動音響モニタリング（PAM）機器のおかげで、研究が加速している。こうした機器は次の4つの理由で例外的に強力だ。まず、全方位的であること（三次元の世界からサンプルを集めること）。より多くのデータをさまざまな角度から集める。これは近づくことが難しい場所や、深い森、起伏の激しい土地などでは特に有効に利用可能だ（＊4）。次に、PAM機器は昼夜を問わず作動してほとんどのカメラよりも広範囲から（特に水中で）サンプルを集めることができる（夜間の行動や運動パターンのより体系的な研究が可能となる［＊5］）。第三の理由は、PAM機器によって活発に音声を発する種のモニタリングが、特に本来の環境の中でその生活を乱すことなく可能となることだ。したがって、PAM機器による研究手法では、種の実際の行動をより反映させやすくなる。またあまり音声を発しない種の存在を特定したり、人間による伝統的な視覚モニタリング手法の際のサンプリング・バイアスを排除することができる。これはアクセスしやすい場所や昼の時間帯からの抽出例が集中する傾向のことだ（＊6）。例えば種の生息を確認したり、生息数を調査するといった目的では、こうしたデジタル録音器は視覚によるモニタリング手法よりも精度が高く明確で、しかもより広範囲の調査ができる。そして第四の理由は、PAM機器が比較的廉価で使いやすいことだ。したがって自身を音響学者だと考えていない研究者も多く利用している。

科学史家のアレクサンドラ・ズッパーとカリン・ベイシュテルフェルトは、生物音響学と生態音響学は合成的、分析的、そして対話的なモードを組み合わせて音を聴き取っていると主張している（＊7）。ベイシュテルフェルトによれば、生物音響学が主として分析的な聴き取りであるのに対して、生態音響学は主に合成的な聴き取りの例であるという。再生研究の場合や生体模倣ロボットを介して音を利用することは、対話的なモードを用いた聴き取りの例だ。

近年では、生物音響学と生態音響学は種や自然の景観について、急速に種類も範囲も広げて適用されている。本書のために背景調査を行うに際して、筆者は1,000を超える種について何千という科学的記事に目を通した。これは生物音響学と生態音響学に関する（音響研究はいうまでもなく）急速に増えている学術文献のほんの概観に過ぎない。以下に掲げる表では、種は広範囲にわたるが、包括的なものではない。現在進行中の研究がいかに多岐にわたっているのかを例証する目的で掲載した。すでに広く研究の進んだ鳥類や昆虫類についての発見内容は、意図的にこの表中では繰り返していない。その代わり、かつて音声を発しないと考えられていた種や、人間の可聴域を超えた音声を出す種に注目している。こうした種に注目することによって、人間にとって聴き取りやすい種だけが音声を出しているという、一般的な誤解を解くことができるのではないかと思う。つまり、こうした例

*World).* Stanford University Press, 2020.
Pinch, Trevor, and Karin Bijsterveld, eds. *The Oxford Handbook of Sound Studies.* OUP USA, 2012.
Robinson, Dylan. *Hungry Listening: Resonant Theory for Indigenous Sound Studies.* University of Minnesota Press, 2020.
Schafer, R. Murray. *The Soundscape: Our Sonic Environment and the Tuning of the World.* Simon & Schuster, 1993.
Stocker, Michael. *Hear Where We Are: Sound, Ecology, and Sense of Place.* Springer Science & Business Media, 2013.
Sterne, Jonathan, ed. *The Sound Studies Reader.* Routledge, 2012.
Tosoni, Simone, and Trevor Pinch. *Entanglements: Conversations on the Human Traces of Science, Technology and Sound.* MIT Press, 2017.
Truax, Barry. *Acoustic Communication.* Greenwood Publishing Group, 2001.
Vallee, Mickey. *Sounding Bodies Sounding Worlds: An Exploration of Embodiments in Sound.* Palgrave Macmillan, 2020.

サウンド・アーティストたちは音響研究に関連する環境問題に目を向けつつある。Gruenrekorder（https://gruenrekorder.bandcamp.com）、Edzi'u（https://www.edziumusic.com）、レベッカ・ベルモア（https://www.rebeccabelmore.com）、Lasse Marc Riek（https://www.lasse-marc-riek.de）、Emeka Ogboh（https://en.wikipedia.org/wiki/Emeka_Ogboh）などだ。その他の文献としては以下のものがある。Frederick Bianchi and V. J. Manzo, eds., Environmental Sound Artists: In Their Own Words (Oxford University Press, 2016); and Jonathan Gilmurray, "Ecological Sound Art: Steps towards a New Field" (Organised Sound 22, no. 1, 2017, 32–41).

生物音響学と生態音響学の他、音響研究に力を注いでいる科学研究室としては、コーネル大学のK. リサ・ヤン保全生物音響センター（K. Lisa Yang Center for conservation Bioacoustics; https://www.birds.cornell.edu/ccb/）、ハーバードのhearing Modernity project（sound studies; https://hearingmodernity.org）、the International Institute for Ecoacoustics（http://www.iinsteco.org）、それからthe Sonic Skills project（http://sonicskills.org）だ。

## ■生物、および生態音響学に関する研究概観

生物音響学者は生きている生物によって発せられる音声を研究する。生態音響学者（音響生態学者と呼ばれることもある）はサウンドスケープ、すなわちある景観（ランドスケープ）によって生み出された音の集積の研究をする。どちらの研究分野もデジタル録音技術と人工知能の利用以前から始まっていたものだが、新技術によって、発展はさらに加速し、広がってきている。こうしたテクノロジー

**サウンドウォークと音響ウォーク**

・NADAのサウンドウォークは、音の中のそれぞれの要素に波長を合わせて、聴いたり、感じたりすることに注目するものだ。例えば、空気は音と手触りを通じて耳と肌に感じることができる。https://www.hildegardwesterkamp.ca/sound/installations/Nada/soundwalk/

・Walking Labは、音を通じて現代の植民地主義的な問題をいかに明らかにすることができるか探求する研究集団だ。https://walkinglab.org

・A Garden through TimeはEchoesアプリ上で可能なサウンドウォークで、イギリス国内50か所のルートでウォーキング中に音響ガイドを聴くことができる。https://www.theguardian.com/travel/2020/nov/16/sound-walks-new-way-to-travel-in-lockdown

音響生態学者ゴードン・ヘンプトンのSound Trackerプロジェクトは、世界中の自然の録音と、静寂が失われることを防ぐ取り組みを共有するものだ。https://soundtracker.com

## ■さらに詳しい参考文献

以下に掲載しているのは生物音響学、生態音響学、音響研究、さらには音響認識論、生命記号論、音楽動物学などを含む、その他関連分野の膨大な資料の中から厳選した文献のリストである。

**文献リスト**


Bijsterveld, Karin. *Sonic Skills: Listening for Knowledge in Science, Medicine and Engineering*. Palgrave Macmillan, 2019.

Farina, Almo. *Soundscape Ecology: Principles, Patterns, Methods and Applications*. Springer Science & Business Media, 2013.

Farina, Almo, and Stuart H. Gage, eds. *Ecoacoustics: The Ecological Role of Sounds*. John Wiley & Sons, 2017.

Gagliano, Monica. "Green Symphonies: A Call for Studies on Acoustic Communication in Plants." *Behavioral Ecology* 24, no. 4 (2013): 789–96.

Hempton, Gordon, and John Grossmann. *One Square Inch of Silence: One Man's Search for Natural Silence in a Noisy World*. Simon & Schuster, 2009.

Hill, Peggy S. M., Reinhard Lakes-Harlan, Valerio Mazzoni, Peter M. Narins, *Meta Virant-Doberlet, and Andreas Wessel, eds. Biotremology: Studying Vibrational Behavior*. Springer, 2019.

Krause, Bernie. *The Great Animal Orchestra: Finding the Origins of Music in the World's Wild Places*. Boston: Little, Brown, 2013.

Payne, Katharine. *Silent Thunder: In the Presence of Elephants*. Simon & Schuster, 1998.

Pettman, Dominic. *Sonic Intimacy: Voice, Species, Technics (Or, How to Listen to the*

# 付録

## ■どこから聴き始めるか

音は地球上に棲むものたちに危害を与えることもあれば、癒し、再生させ、たくさんのことを明らかにする。本書執筆にあたっての望みは、人間以外の生き物の活気に満ちあふれる音の世界に対する畏敬の念を呼び覚ましたいということだ。私たちの周りの世界に対して、再び深く耳を傾けてみるという行動を始めてみよう。まずはこんなところから始めてはどうか。

### 音響アプリを使って自然について学ぼう

・Orcasound webアプリを利用すれば、北東太平洋岸のシャチ（オルカ）が出す音をリアルタイムで誰でも聴くことができる。聴いたクジラの音声から種類を特定して分類し、関連するデータベースに自分たちの聴き取った音についての投稿を作成することも推奨されている。https://www.orcasound.net/portfolio/orcasound-app/
・英国鳥類学トラストによって運営されているNorfolk Bat Surveyは、コウモリのモニターセンターの音響データを使ってコウモリの分布と活動の調査を行っている。2013年以来120万回のコウモリの音声録音を一般の市民が行っており、非常に広範で高度な技術を用いた音響データベースを作り上げている。https://www.batsurvey.org
・Bird Genieは、「鳥のShazam」のように、鳴いている鳥の種類を特定するもので、研究者から一般市民までが利用できる。

### 市民科学者になろう

・BirdNETは一般向けの科学プログラムで、AIを使ったアプリが鳥の鳴き声から種類を特定できるものだ。https://birdnet.cornell.edu
・WildLabsはオンライン上に地球規模で開かれた、自然保護活動家、技術者、エンジニア、データサイエンティストたちのコミュニティだ。ここで情報を共有し合い、テクノロジーを用いて世界最大の自然保護問題の解決策（音響モニタリングを含む）を探る。https://wildlabs.net
・Zooniverseは一般の人が科学的な研究に貢献できるクラウドソーシングのプラットフォームだ。野生動物たちの音響録音に手作業でタグ付けする作業などが含まれる。https://www.zooniverse.org
・Swiftは科学者も一般市民も同様に野生生物の保護に寄与する音響データを収集できるようにしたプラットフォームだ。https://www.birds.cornell.edu/ccb/swift/
・Whale Alartは生物音響技術を利用してカナダと米国沿岸のクジラを追跡調査することで、船舶との衝突を減少させるアプリだ。クジラの目撃情報は一般市民も洋上の船舶からも同様に報告できる。https://apps.apple.com/us/app/whale-alert/id911035973

【な行】



【は行】

【た行】

**【さ行】**

# 索引

著者紹介

カレン・バッカー（Karen Bakker）

ブリティッシュコロンビア大学の教授。研究対象は、政治経済学、政治生態学、環境研究、STS、デジタル地理学など多岐にわたる。ローズ奨学生としてオックスフォード大学で博士号を取得したほか、キャリアを通じて、アネンバーグフェローシップ（スタンフォード大学）、グッゲンハイムフェローシップ、ラドクリフフェローシップ（ハーバード大学）など、数多くの賞を受賞した。

訳者紹介

和田佐規子（わだ・さきこ）

岡山県の県央、吉備中央町生まれ。

東京大学大学院総合文化研究科博士課程単位取得満期退学。

夫の海外勤務につき合ってドイツ、スイス、米国に、合わせて9年滞在。大学院には、19年のブランクを経て44歳で再入学。専門は比較文学文化（翻訳文学、翻訳論）。

現在は首都圏の3大学で、比較文学、翻訳演習、留学生の日本語教育などを担当。

翻訳書に『チーズと文明』『ナチスと自然保護――景観美・アウトバーン・森林と狩猟』『宝石――欲望と錯覚の世界史』『大豆と人間の歴史――満州帝国・マーガリン・熱帯雨林破壊から遺伝子組み換えまで』『庭仕事の真髄――老い・病・トラウマ・孤独を癒す庭』（以上、築地書館）がある。

趣味はガーデニングと庭に来る生き物の観察、ウォーキング。

# 饒舌(じょうぜつ)な動植物たち
## ヒトの聴覚を超えて交わされる、クジラの恋の歌、ミツバチのダンス、魚を誘うサンゴ

2024年12月17日　初版発行

著者　カレン・バッカー
訳者　和田佐規子
発行者　土井二郎
発行所　築地書館株式会社
〒104-0045 東京都中央区築地7-4-4-201
TEL.03-3542-3731　FAX.03-3541-5799
http://www.tsukiji-shokan.co.jp/
印刷・製本　中央精版印刷株式会社
装丁・装画　秋山香代子